不抱怨的
世界

连山 编著

浙江工商大学出版社
ZHEJIANG GONGSHANG UNIVERSITY PRESS

图书在版编目（CIP）数据

不抱怨的世界 / 连山编著 . — 杭州 : 浙江工商大学出版社 , 2017.9

ISBN 978-7-5178-2228-8

Ⅰ . ①不… Ⅱ . ①连… Ⅲ . ①成功心理－通俗读物 Ⅳ . ① B848.4-49

中国版本图书馆 CIP 数据核字（2017）第 141307 号

不抱怨的世界

连山 编著

责任编辑 戚楼璐 谷树新

封面设计 思梵星尚

责任印制 包建辉

出版发行 浙江工商大学出版社

（杭州市教工路 198 号 邮政编码 310012）

（E-mail: zjgsupress@163.com）

（网址 : http://www.zjgsupress.com）

电话 : 0571-88904980, 88831806（传真）

排　　版 北京东方视点数据技术有限公司

印　　刷 北京德富泰印务有限公司

开　　本 710mm×1000mm　1/16

印　　张 19

字　　数 266 千

版 印 次 2017 年 9 月第 1 版　2017 年 9 月第 1 次印刷

书　　号 ISBN 978-7-5178-2228-8

定　　价 48.00 元

浙江工商大学出版社营销部邮购电话　0571-88904970

　　卡内基训练中国公司负责人黑幼龙说过："不抱怨的人一定是最快乐的人，没有抱怨的世界一定最令人向往。"

　　人类的烦恼起源于困难本身，但让烦恼得以延续下去的却是抱怨。心理学家研究发现，人们所有的消极情绪和负面情绪不断滋长的根源就在于抱怨。当出现问题或者面对困境时，大多数人会习惯性地先推卸责任，去指责和抱怨他人。对于抱怨，17世纪的西班牙思想家、哲学家葛拉西安告诫人们："藏起你受伤的手指，否则它会四处碰壁。"抱怨也许是一贴心灵的镇痛剂，能暂时缓解失败的痛苦，但却不能从根本上解决问题，它只会在你的痛觉苏醒的时候让你的痛感更加强烈。久而久之，抱怨就成了难以戒掉的鸦片。一个人的心态决定了他的行为和语言，同样，一个人的行为和语言也折射了他的心态，越是绝少抱怨、积极进取的人将越成功，越是怨天尤人、失意颓废的人将越失败。

　　为了让人们远离抱怨，美国知名牧师威尔·鲍温发起了一项"不抱怨"运动，邀请每位参加者戴上一个紫手环，参加者只要一察觉自己开始抱怨，就将紫手环换到另一只手上，以此类推，直到这个紫手环能持续戴在同一只手上21天为止。威尔·鲍温和他的同事们把这种鼓励人们放下抱怨、用健康的心态面对生活的运动，称为"紫手环的力量"。全世界80多个国家、600多万人参与了这项"不抱怨"的运动，无数人的命运因其而改变。

　　这项运动的发起者威尔·鲍温牧师强调："在你的手中，握有翻转人生的秘密。"抱怨这种负面思维不但是我们最大的敌人，还会影响他人。不抱怨是成功人生的最佳态度。优秀的人很少抱怨，抱怨是失败的标签，愚者的陋习。人生要面对的是非成败实在太多，如果对所得所失不能处之泰然，就会影响到前进的方向。"人生就是与困境周旋"，人生总有诸多不如意，战胜失意才能得意。英国著名诗人、政论家弥尔顿双目失明，德国最伟大的音乐家贝多芬双耳失聪，意大利小提琴大师帕格尼尼最后因病不能发声，但正是这三位最有资格抱怨的不幸的人被称为"世界文艺史上三大怪杰"，是不抱怨、积极面对人生让他们获得了杰出的成就。可以说，抱怨让我们失去，不抱怨让我们获得。

不抱怨是获得幸福生活的秘密所在。"对过去不悔，对现在不烦，对未来不忧。"远离抱怨能够让我们幸福快乐地生活。在无法得到自己想要的东西时，与其耿耿于怀，不如放下心结，整装待发，为下一次的奋斗做好准备。我们抱怨时，其实是在不断强调我们不想要的人、事、物，但最终这些糟粕不会因抱怨而消失，他们还是会挥之不去，围绕在我们身边。不抱怨是一种大智慧，它是最有效的吸引力法则，不抱怨的人是最受欢迎的人，没有人喜欢喋喋不休的抱怨者。一味地抱怨，使人丧失的不只是面对生活的勇气，还有身边的朋友。因此，我们应该学会感恩生活，远离抱怨。

愚者抱怨，智者行动。不抱怨具有正面的、令人积极进取的能量，能让我们拥有成功的人生和幸福的生活，这本《不抱怨的世界》详尽分析了抱怨对人生各个方面的危害，诸如影响人际关系、阻碍事业发展、影响婚姻生活、使不良情绪无止境地蔓延、丧失积极进取的勇气等等，同时阐述了帮助人们远离抱怨的各种方法和技巧，讲授了不抱怨的智慧。本书内容全面，技巧丰富，方法实用，道理深刻，以理论联系实际，以事例为佐证，是个人改善自我、走向成功的心灵读本，也是各种公司、组织提升团队精神、提高员工觉悟、促进整体发展的必选员工励志书。不抱怨，将从阅读本书开始。

目录

第一章　不抱怨的世界

第三章　不抱怨的工作

第五章　不抱怨的自己

第六章 不抱怨的身体

第一章
不抱怨的世界

·第一节·
不抱怨，从"紫手环"运动开始

终结抱怨，接受 21 天的挑战

你对你的现状如何评价？你觉得你的生活幸福吗？你认为你是快乐的吗？你研究过不快乐的人吗？他们为什么会不快乐，你找到答案了吗？

让我们来告诉你：幸福的人生就是不抱怨的人生，快乐的世界就是不抱怨的世界。

尽管我们在抱怨的时候能够尝到一定的甜头：你可能因为抱怨身体不舒服而不用参加社会活动，你可能因为抱怨自己的怀才不遇而获得过别人的同情，你甚至可能因为抱怨公交车太挤而让别人对你的迟到表示谅解……可是，当你为了那一些甜头沾沾自喜的时候，你会发现，原来自己已经变成了一个爱抱怨的人，身边的任何一件小事，都可能引发你的不满情绪。

由于习惯了抱怨，你总是关注于生活中最不好的那一面，于是你会变得越来越悲观失落，你的生活也将被阴霾填满。果真要这样吗？难道你不想改变自己的生活吗？那就赶快加入"不抱怨"运动，接受 21 天的挑战吧！

美国的心灵导师威尔·鲍温与他的同事们一起，组织了这场构建"不抱怨的世界"的活动，他们把这种鼓励人们放下抱怨、用健康的心态面对生活的运动，称为"紫手环的力量"。它的具体环节是这样的：

1. 首先订制一枚紫手环，将它戴在你的手腕上。

2. 如果你发现自己说了抱怨他人的话，这其中也包括对别人的批评和指责、向别人诉苦（比如说自己身体的某个部位不舒服）等，就要将紫手环移至另一只手的手腕上。

3. 你也可以让身边的人对你进行监督。如果别人发现你说出了抱怨的话，对你进行了指正，那么你就必须将紫手环再挪回另一只手上重新开始。当然，如果对方也带着紫手环，那么在他提醒你的那一刻，他也必须将紫手环换手，因为他在指出你的错误的时候，也算是在抱怨。

4. 坚持做下去。尽管活动的计划是 21 天内不抱怨可是通常情况下是不可能在一个月之内完成的。因为抱怨总是纠缠着我们，所以如果没有恒心和毅力，我们是没有办法将这样的活动进行到底的。

5. 心态要放轻松。不要因为参加了这样的活动，就对什么事情都变得小心翼翼了。因为不抱怨并不是你不说出来就算做到了，而是要杜绝抱怨的念头，从心态上改变自己的想法。所以，在这个过程中，你的世界观和价值观也会跟着变化。

当然，如果你已经意识到了抱怨的坏处，并且希望加入这样的活动，接受 21 天的挑战，那么你完全不必等着订制紫手环，因为那不过是一种象征，你可以用身边的橡皮筋、硬币等物品代替它。

只要你有加入过"不抱怨"的活动，有接受过这样的挑战，即使是没有成功，你也会从中了解到：我们几乎每天都在抱怨，而杜绝抱怨却是那么得难。一旦你成功了，你就会发现，原来我们一直用抱怨的眼光看世界，而忽略了它很多的美好。当我们杜绝了抱怨的时候，身边的世界就会变得多彩而充满欢乐了。

抱怨是世界上最没有价值的语言

今天抱怨这个，明天抱怨那个，仿佛一刻不说抱怨的话，我们就感受不到心里的平衡。可是只是一味地去抱怨，对于改善处境没有丝毫益处，只有先静下心来分析自己，并下定决心去改变它，付诸行动，它才能向你所希望的方向发展。一分耕耘，一分收获，不要企望在抱怨或感叹中取得进步，事情的进展是你的行为直接作用的结果。事在人为，只要你去努力争取，梦想终能成真。

画家列宾和他的朋友在雪后去散步，他的朋友瞥见路边有一片污渍，显然是狗留下来的尿迹，就顺便用靴尖挑起雪和泥土把它覆盖了，没想到列宾发现时却生气了，他说："几天来我总是到这来欣赏这一片美丽的琥珀色。"在我们的生活中，当我们老是埋怨别人给我们带来不快，或抱怨生活不如意时，想想那片狗留下的尿迹，其实，它是"污渍"，还是"一片美丽的琥珀色"，都取决于你自己的心态。

不要抱怨你的工作不好，不要抱怨你住在破宿舍里，不要抱怨你的男人穷或你的女人丑，不要抱怨你没有一个好爸爸，不要抱怨你空怀一身绝技没人赏识你，现实有太多的不如意，就算生活给你的是垃圾，你同样能把垃圾踩在脚底下，登上世界之巅。

孔雀向王后朱诺抱怨。它说："王后陛下，我不是无理取闹来诉说，您赐给我的歌喉，没有任何人喜欢听，可您看那黄莺小精灵，唱出的歌声婉转，它独占春光，风头出尽。"

朱诺听到如此言语，严厉地批评道："你赶紧住嘴，嫉妒的鸟儿，你看你脖子四周，如一条七彩丝带。当你行走时，舒展的华丽羽毛，出现在人们面前，就好像色彩斑斓的珠宝。你是如此美丽，你难道好意思去嫉妒黄莺的

3

歌声吗？和你相比，这世界上没有任何一种鸟能像你这样受到别人的喜爱。一种动物不可能具备世界上所有动物的优点。我们赐给大家不同的天赋，有的天生长得高大威猛；有的如鹰一样的勇敢，鹊一样的敏捷；乌鸦则有预告未来之声。大家彼此相融，各司其职。所以我奉劝你停止抱怨，不然的话，作为惩罚，你将失去你美丽的羽毛。"

抱怨对事情没有一点帮助，与其不停地抱怨，不如把力气用于行动。

抱怨的人不见得不善良，但常不受欢迎。抱怨的人认为自己经历了世上最大的不平，但他忘记了听他抱怨的人也可能同样经历了这些，只是心态不同，感受不同。

宽容地讲，抱怨实属人之常情。然而抱怨之所以不可取在于：抱怨等于往自己的鞋里倒水，只会使以后的路更难走。抱怨的人在抱怨之后不仅让别人感到难过，自己的心情也往往更糟，心头的怨气不但没有减少，反而更多了。常言道：放下就是快乐。与其抱怨，不如将其放下，用超然豁达的心态去面对一切，这样迎来的将是一番新的景象。

天下有很多东西是毫无价值的，抱怨就是其中一种。

抱怨往往来自心理暗示

暗示是一种奇妙的心理现象，暗示又可分为他暗示与自我暗示两种形式。他暗示从某种意义上说可以称之为预言，虽然它对我们的生活也起一定作用，但却不及自我暗示的力量大。

自我暗示就是自己对自己的暗示。所有为自我提供的刺激，一旦进入了人的内心世界，都可称之为自我暗示。自我暗示是思想意识与外部行动两者之间沟通的媒介。它还是一种启示、提醒和指令，它会告诉你注意什么、追求什么、致力于什么和怎样行动，因而它能影响支配你的行为。这是每个人都拥有的一个看不见的法宝。

自有人类以来，不知有多少思想家、传教士和教育者都已经一再强调不抱怨的重要性。但他们都没有明确指出：不抱怨其实也是一种心理状态，是一种可以用自我暗示引导和修炼出来的积极的心理状态。

成功始于觉醒，心态决定命运。这是当今时代的伟大发现，是成功心理学的卓越贡献。成功心理、积极心态的核心就是自我主动意识，或者称作积极的自我意识，而这种意识的来源和成果就是经常在心理上进行积极的自我暗示。反之也一样，自卑意识、消极心态，就是经常在心理上暗示，不同的心理暗示也是形成不同的意识与心态的根源。所以说心态决定命运，正是以心理暗示决定行为这个事实为依据的。

不同的心理暗示，会给你带来不同的情绪。

我们多数人的生活境遇，既不是一无所有、一切糟糕，也不是什么都好、事事如意。这种一般的境遇相当于"半杯咖啡"。你面对这半杯咖啡，心里会产生什么念头呢？消极的自我暗示是为少了半杯而不高兴，情绪消沉；而积极的自我暗示是庆幸自己已经获得了半杯咖啡，那就好好享用，因而情绪振作、行动积极。

由此可见，心理暗示这个法宝有积极的一面也有消极的一面，不同的心理暗示必然会有不同的选择与行为，而不同的选择与行为必然会有不同的结果。有人曾说："一切的成就，一切的财富，都始于一个意念。"我们还可以再说得浅显全面一些：你习惯于在心理上进行什么样的自我暗示，就是你贫与富、成与败的根本原因。因而，我们一直强调，发展积极心态、取得成功的主要途径是：坚持在心理上进行积极的自我暗示，去做那些你想做而又怕做的事情，尤其要把羞于自我表现、惧于与人交际的心理改变为敢于自我表现、乐于与人交际的心理。

每个人都带着一个看不见的法宝。这个法宝具有两种不同的作用，这两种不同的力量都很神奇。它会让你鼓起信心勇气，抓住机遇，采取行动，去获得财富、成就、健康和幸福；也会让你排斥和失去这些极为宝贵的东西。

这个法宝的两面就是两种截然不同的心理上的自我暗示，关键就在于你选择哪一面，经常使用哪一面了。

一个人的心理暗示是怎样的，他就会真的变成那样。如果经常给自己一些对现状不满的心理暗示，自然会产生抱怨。所以，我们要调动自己的情绪心理，充分利用积极的心理暗示。只有让自己从内心中剔除抱怨，不断地给自己激励与鼓舞的正面暗示，你才能感受到精神与行动的统一，才能感受到在不抱怨的世界里，那股来自宇宙间的神奇力量。

内心足够强大，生命就会屹立不倒

在每个人的生命中，每一年都会发生各种各样的事情，或大喜或大悲，无论如何，这些事情就像我们生命中的坐标一样，它们或深或浅或明媚或黯淡的色调，构成了我们的人生画卷。

在人生的岁月里，起伏不定常常带给人们不安全感。所以，人们常常抱怨磨难，抱怨那些让我们的生活变得艰苦的事情，抱怨那些让我们的内心承受煎熬的经历。可是，人们在抱怨的时候并没有想到，这些磨难就像烈火，我们只有经过锤炼，才能变得更加坚韧、更加刚强。

德国有一位名叫班纳德的人，在风风雨雨的50年间，他遭受了200多次磨难的洗礼，成为世界上最倒霉的人，但这些也使他成为世界上最坚强的人。

他出生后的第14个月，摔伤了后背；之后又从楼梯上掉下来，摔残了一只脚；再后来爬树时又摔伤了四肢；一次骑车时，忽然不知从何处刮来一阵大风，把他吹了个人仰车翻，膝盖又受了重伤；13岁时掉进了下水道，差点窒息；一辆汽车失控，把他的头撞了一个大洞，血如泉涌；又有一辆垃圾车，倾倒垃圾时将他埋在了下面；还有一次他在理发屋中坐着，突然一辆飞驰的汽车驶了进来……

他一生遭遇无数灾祸，在最为晦气的一年中，竟遇到了17次意外。

令人惊奇的是，他至今仍旧健康地活着，心中充满着自信。他历经了200多次磨难的洗礼，还怕什么呢？

人生不可能一帆风顺，一旦困境出现，首先被摧毁的就是失去意志力和行动能力的温室花朵。经常接受磨炼的人才能创造出崭新的天地，这就是所谓的"置之死地而后生"。

"自古雄才多磨难，从来纨绔少伟男"，人们最出色的成绩往往是在挫折中做出的。我们要有一个辩证的挫折观，经常保持充足的信心和乐观的态度。挫折和磨难使我们变得聪明和成熟，正是因为不断从失败中汲取经验，我们才能获得最终的成功。我们要悦纳自己和他人，要能容忍不利的因素，学会自我宽慰，情绪乐观、满怀信心地去争取成功。

如果能在磨难中坚持下去，磨难实在是人生不可多得的一笔财富。有人说，不要做在树林中安睡的鸟儿，要做在雷鸣般的瀑布边也能安睡的鸟儿，就是这个道理。磨难并不可怕，只要我们学会去适应，那么磨难带来的逆境，反而会让我们拥有进取的精神和百折不挠的毅力。

我们在埋怨自己生活多磨难的同时，不妨想想班纳德的人生经历，或许还有更多多灾多难的人，与他们相比，我们的困难和挫折算得了什么呢？只要我们内心足够自信与强大，生命就能屹立不倒。

习惯抱怨生活太苦、运气太差的人，是不是也能说一句这样的豪言壮语："我已经经历了那么多的磨难，眼下的这一点痛又算得了什么？！"

只要相信自己，就没有什么外在因素可以伤害或摧毁你，至于受老板的责骂、受客户的折磨、被别人批评之类的小事，你还会在乎吗？

别把抱怨当成习惯

从前，有一个国家，连一匹马都没有。这个国家的国王非常忧虑，他下决心不惜重金四处购买骏马。

不久，买来了 500 匹高大的骏马，国王见后，心中非常欢喜，立即命令加以训练。

当 500 匹战马被训练得能够冲锋陷阵的时候，邻国和他建立了邦交，互派使节，表现得非常和气。

国王以为可以高枕无忧了。

这样的和平一直持续了好几年。国王看到这 500 匹马一直养尊处优，而且养马这一笔经费确实为数不少，不禁又烦恼起来。后来，他想出了一个主意："何不把这些马送去从事生产呢？这样不仅减少了开支，而且还能增加国家财政的收入，岂不是两全其美！"于是，他下令将这 500 匹马牵到磨房去磨米。

这 500 匹马每天被工人们用布紧紧蒙住眼睛，又被鞭子抽打，被逼拉着石磨旋转。起初，马非常不习惯，但后来，500 匹战马慢慢地被驯服了，对拉磨也就习以为常了。

国王知道这些情况后，笑道："这些马既能保国，又能生产，我的主意真是一举两得啊！"

不久，邻国突然进兵侵犯他的国境。国王即刻下令召集那 500 匹马应战。国王亲自领着 500 骑兵，浩浩荡荡向战场进发。

到了战场，两军交锋，国王的 500 匹战马虽然壮硕，但因为平常都习惯了拉磨，此时面对敌军也不断地旋转着。骑兵们着急地提鞭抽打，没想到抽打得越快，马旋转得越快。敌军见状大喜，遂驱军直进，横杀直刺，好不痛快，国王的骑兵被杀得落花流水，逃窜而去。

在生活中，不如意的事情时有发生，你是否经常抱怨不断呢？不要让抱怨成为习惯，否则，就会像那些习惯了拉磨的战马一样，陷入了永无止境的旋转轮回。

有这样一则寓言故事：

有一天，素有森林之王之称的狮子来到了天神面前："我很感谢你赐给我如此雄壮威武的体格、如此强大无比的力气，让我有足够的能力统治这整片森林。"

天神听了，微笑地问："这不是你今天来找我的目的吧？看起来你似乎为了某事而困扰呢！"

狮子轻轻吼了一声，说："天神真是了解我啊！我今天的确是有事相求。因为尽管我的能力再好，但是每天鸡鸣的时候，我总是会被鸡鸣声给吓醒。祈求您，再赐给我力量，让我不再被鸡鸣声吓醒吧！"

天神笑道："你去找大象吧，它会给你一个满意的答复的。"

狮子兴冲冲地跑到湖边找大象，还没见到大象，就听到大象踩脚所发出的"砰砰"响声。

狮子加速地跑向大象，却看到大象正气呼呼地直踩脚。

狮子问大象："你干吗发这么大的脾气？"

大象拼命摇晃着大耳朵，吼着："有只讨厌的小蚊子，总想钻进我的耳朵里，害我都快痒死了。"

狮子离开了大象，心里暗自想着："原来体型这么巨大的大象，还会怕那么瘦小的蚊子，那我还有什么好抱怨的呢？毕竟鸡鸣也不过一天一次，而蚊子却是每时每刻地骚扰着大象。这样想来，我可比它幸运多了。"

狮子一边走，一边回头看着仍在踩脚的大象，心想："天神要我来看看大象的情况，应该就是想告诉我，谁都会遇上麻烦事。既然如此，那我只好靠自己了！反正以后只要鸡鸣，我就当作鸡是在提醒我该起床了，如此一想，鸡鸣声对我还算是有益处呢！"

不言而喻，如果稍微遇上一些不顺心的事，就习惯性地抱怨老天亏待我们，那么我们将错失许多美好的机会。有时候觉得自己对生活不满的时候，看看别人，或者给自己换一种心态，你将看到不一样的人生。

9

多给自己积极的心理暗示

1968年，美国心理学家的罗森塔尔博士曾在加州一所学校做过一个著名的实验。

新学期，罗森塔尔对两位教师说："过去几年来的教学表现，证明你们是本校最好的教师。为了奖励你们，今年学校特地挑选了一些最聪明的学生给你们教。记住，这些学生的智商比同龄的孩子都要高。"校长再三叮咛："要像平常一样教他们，不要让孩子或家长知道他们是被特意挑选出来的。"

这两位教师非常高兴，更加努力教学了。

一年之后，这两个班级的学生成绩是全校中最优秀的。知道结果后，校长如实地告诉两位教师真相：他们所教的这些学生智商并不比别的学生高。这两位教师哪里会料到事情是这样的，只得庆幸是自己教得好了。

随后，校长又告诉他们另一个真相：他们两个也不是本校最好的教师，而是在所有教师中随机抽选出来的。

这两位教师相信自己是全校最好的老师，相信他们的学生是全校最好的学生，正是这种积极的心理暗示，才使教师产生了一种努力改变自我、完善自我的进步动力。这种企盼将美好的愿望变成现实，这就是心理暗示的作用。

心理暗示是我们日常生活中最常见的心理现象，它是人或环境以非常自然的方式向个体发出信息，个体无意中接受这种信息并做出相应的反应的一种心理现象。暗示有着不可抗拒和不可思议的巨大力量。

成功心理、积极心态的核心就是自我主动意识，或者称作积极的自我意识，而这种意识的来源和成果就是经常在心理上进行积极的自我暗示。反之也一样，自卑意识、消极心态，就是经常在心理上暗示，而不同的心理暗示也是形成不同的意识与心态的根源。所以说心态决定命运，正是以心理暗示决定行为这个事实为依据的。

每个人都应该给自己以积极的心理暗示。任何时候，都别忘记对自己说一声："我天生就是奇迹。"本着上天所赐予我们的最伟大的馈赠，积极暗示自己，你便开始了成功的旅程。拿破仑·希尔给我们提供了一个自我暗示公式，他提醒渴望成功的人们，要不断地对自己说："在每一天，在我的生命里面，我都有进步。"暗示是在无对抗的情况下，通过议论、行动、表情、服饰或环境气氛，对人的心理和行为产生影响，使其接受有暗示作用的观点、意见或按暗示的方向去行动。

积极的自我暗示，能让我们开始用一些更积极的思想和概念来替代我们过去陈旧的、否定性的思维模式，这是一种强有力的技巧，一种能在短时间内改变我们对生活的态度和期望的技巧。

也就是说，我们可以通过有意识的自我暗示，将有益于成功的积极思想和意识，洒到潜意识的土壤里，并在成功过程中避免因考虑不周和疏忽大意等招致的破坏性后果，全力拼搏，不达目的不罢休。所以，你通过想象不断地进行积极的自我暗示，很可能会成为一个杰出者。

幸福就在你心中

幸福就是在遇到事情的时候，选择好的心态，用积极和乐观的态度发现生活中的乐趣，而不是用悲观的眼睛去丈量生活的土地。

一位少妇，回家向母亲倾诉，说婚姻很是糟糕，丈夫既没有很多的钱，也没有好的事业，生活总是周而复始、单调无味。母亲笑着问："你们在一起的时间多吗？"女儿说："太多了。"母亲说："当年，你父亲上战场，我每日期盼的是，他能早日从战场上凯旋，与他整日厮守，可惜——他在一次战斗中牺牲了，再也没有能够回来，我真羡慕你们能够朝夕相处。"母亲的老泪一滴滴掉下来，渐渐地，女儿仿佛明白了什么。

一群男青年，在餐桌上谈起自己的老婆，说总是被管束得太严，几乎失去了自由，边说边有大丈夫的"凛然正气"，狂饮如牛，扬言回家要和老婆斗争到底。邻桌的一位老叟默默地听了，起身向他们敬酒，问："你们的夫人都是本分人吗？"男青年们点头。老叟叹了一口气，说："我爱人当年对我也是管得太死，我愤然离婚，后来她抑郁而终，如果有机会，我多希望能当面向她道一次歉，请求她时时刻刻地看管着我，小伙子，好好珍惜缘分呀！"男青年们望着神色黯然的老叟，沉默不语，若有所悟。

一位干部，因为人员分流，从领导岗位上退了下来，一时间萎靡不振，判若两人。妻子劝慰他："仕途难道是人生的最大追求吗？你至少还有学历还有专业技术呀，你还可以重新开始你的事业呀，你一直是个善待生活的人，我们并不会因为你不做领导而对你另眼相待，在我的眼里，你还是我的丈夫，还是孩子的父亲，我告诉你，亲爱的，我现在甚至比以前更加爱你。"丈夫望着妻子，久久不语，眼里闪烁着晶莹的泪光。

一位盲人，在剧院欣赏一场音乐会，交响乐时而凝重低缓，时而明快热烈，时而浓云蔽日，时而云开雾散，盲人惊喜地拉着身边的人说："我看见了！我看见了山川，看见了花草，看见了光明的世界和七彩的人生……"

一位病人，医生郑重地告诉他，手术成功，化验结果出来了，从他腹腔内摘除的肿瘤只是一般的良性肿瘤，经过一段时间的疗养便可康复出院，并不危及生命。他顿时满面春风，双目有神，紧紧地握着医生的手，激动地说："谢谢，谢谢，是您给了我第二次生命……"

幸福在哪里？带着这样的问题，芸芸众生，茫茫人海，我们在努力寻找答案。其实，幸福是一个多元化的命题，我们在追求着幸福，幸福也时刻伴随着我们。只不过，很多时候，我们身处幸福的山中，在远近高低的角度看到的总是别人的幸福风景，却往往没有悉心感受自己所拥有的幸福天地。

· 第二节 ·

悦纳生活中的不公平

生命本身并没有残缺

每个人的生命都是完整的。你的身体可能有缺陷或者残缺，但你仍然可以拥有一个完整的人生和幸福的生活。这才是对待生命的正确态度。

1967 年的夏天，对于美国跳水运动员乔妮来说是一段伤心的日子，她在一次跳水事故中身负重伤，全身瘫痪，只剩下脖子以上可以活动。

乔妮哭了，她躺在病床上彻夜难眠。她怎么也摆脱不了那场噩梦，跳板为什么会滑？为什么她会恰好在那时跳下？不论家人怎样劝慰，她总认为命运对她实在不公。出院后，她叫家人把她推到跳水池旁，注视着那蓝莹莹的水面，仰望那高高的跳台。她再也不能站立在光洁的跳板上了，那温柔的水再也不会溅起朵朵美丽的水花拥抱她了，她又掩面哭了起来。从此她被迫结束了自己的跳水生涯，离开了那条通向跳水冠军领奖台的路。

她曾经绝望过，但现在，她拒绝了死神的召唤，开始冷静思索人生的意义和生命的价值。她借来许多介绍前人如何成才的书籍，一本一本认真地读了起来。她虽然双目健全，但读书也是很艰难的，只能靠嘴衔根小竹片去翻书，劳累、伤痛常常迫使她停下来。休息片刻后，她又坚持读下去。通过大量的阅读，她终于领悟到：我是残疾了，但许多人残疾了之后，却在另外一条道路上获得了成功，他们有的成了作家，有的创造出美妙的音乐，我为什么不能？于是，她想到了自己中学时代喜欢画画。为什么不能在画画上有所成就呢？这位纤弱的姑娘变得坚强、自信起来了。她捡起了中学时代曾经用过的画笔，用嘴衔着，开始了练习。

这是一个常人难以想象的艰辛过程。家人担心她累坏了，于是纷纷劝阻她："乔妮，别那么死心眼了，哪有用嘴画画的，我们会养活你的。"可是，他们的话反而激起了她学画的决心，"我怎么能让家人一辈子养活我呢？"她更加刻苦了，常常累得头晕目眩，甚至有时委屈的泪水把画纸也弄湿了。为了积累素材，她还常常乘车外出，拜访艺术大师。好些年头过去了，她的辛勤劳动没有白费，她的一幅风景油画在一次画展上展出后，得到了美术界的好评。

后来，乔妮决心涉足文学。她的家人及朋友们又劝她了："乔妮，你绘画已经很不错了，还搞什么文学，那会更苦了你自己的。"她没有说话，想起一家刊物曾向她约稿，要谈谈自己学绘画的经过和感受，她用了很大力气，可稿子还是没有完成，这件事对她刺激太大了，她深感自己写作水平差，必须一步一个脚印地去学习。

这是一条通向光荣和梦想的荆棘路，虽然艰辛，但乔妮仿佛看到艺术的桂冠在前面熠熠闪光，等待她去摘取。

是的，这是一个很美的梦，乔妮要圆这个梦。终于，又经过许多艰辛的岁月，这个美丽的梦终于成了现实。1976年，她的自传《乔妮》出版并轰动了文坛，她收到了数以万计的热情洋溢的信。又两年过去了，她的《再前进一步》一书又问世了，该书以作者的亲身经历，告诉所有的残疾人，应该怎样战胜病痛，立志成才。后来，这本书被搬上了银幕，影片的主角就是由她自己扮演，她成了青年们的偶像，成了千千万万个青年自强不息、奋进不止的榜样。

乔妮是好样的，她用自己的行动向我们说明了这样一个道理：你的生命没有残缺，无论你的命运面临怎样的困厄，它们也丝毫阻止不了你实现自己的人生价值，相反，它们会成为你人生道路中一笔宝贵的精神财富。

不要抱怨生活的不公平

在现实中，我们难免要遭遇挫折与不公正的待遇，每当这时，有些人往往会产生不满，不满通常会引起牢骚，希望以此引起更多人的同情，吸引别人的注意力。从心理角度上讲，这是一种正常的心理自卫行为。但这种自卫行为同时也是许多人心中的痛，牢骚、抱怨会削弱责任心，降低工作积极性，这几乎是所有人担心的问题。

通往成功的征途不可能一帆风顺，遭遇困难是常有的事。事业的低谷、种种的不如意让你仿佛置身于荒无人烟的沙漠，没有食物也没有水。这种漫长的、接连不断的挫折往往比那些虽巨大但却可以速战速决的困难更难战胜。在面对这些挫折时，许多人不是积极地去找一种方法化险为夷，绝处逢生，而是一味地急躁，抱怨命运的不公平，抱怨生活给予的太少，抱怨时运的不佳。

奎尔是一家汽车修理厂的修理工，从进厂的第一天起，他就开始喋喋不休地抱怨，"修理这活太脏了，瞧瞧我身上弄的"，"真累呀，我简直讨厌死这份工作了"……每天，奎尔都是在抱怨和不满的情绪中度过。他认为自己在受煎熬，在像奴隶一样卖苦力。因此，奎尔每时每刻都窥视着师傅的眼神与行动，稍有空隙，他便偷懒耍滑，应付手中的工作。

转眼几年过去了，当时与奎尔一同进厂的三个工友，各自凭着精湛的手艺，或另谋高就，或被公司送进大学进修，独有奎尔，仍旧在抱怨中做他讨厌的修理工。

抱怨的最大受害者是自己。生活中你会遇到许多才华横溢的失业者，当你和这些失业者交流时，你会发现，这些人对原有工作充满了抱怨、不满和谴责。要么就怪环境条件不够好，要么就怪老板有眼无珠、不识才……总之，牢骚一大堆，积怨满天飞。殊不知这就是问题的关键所在——吹毛求疵的恶习使他们丢失了责任感和使命感，只对寻找不利因素兴趣十足，从而使自己发展的道路越走越窄。他们与公司格格不入，变得不再有用，只好被迫离开。如果不相信，你可以立刻去询问你所遇到的任何 10 个失业者，问他们为什么没能在所从事的行业中继续发展下去，10 个人当中至少有 9 个人会抱怨旧上级或同事的不是，绝少有人能够认识到自己之所以失业的真正原因。

提及抱怨与责任，有位企业领导者一针见血地指出："抱怨是失败的一个借口，是逃避责任的理由。爱抱怨的人没有胸怀，很难担当大任。"仔细观察任何一个管理制度健全的机构，你会发现，没有人会因为喋喋不休的抱怨而获得奖励和提升。这是再自然不过的事了。想象一下，船上水手如果总不停地抱怨：这艘船怎么这么破，船上的环境太差了，食物简直难以下咽，以及有一个多么愚蠢的船长……这时，你认为，这名水手的责任心会有多大？对工作会尽职尽责吗？假如你是船长，你是否敢让他做重要的工作？

如果你受雇于某个公司，就发誓对工作竭尽全力、主动负责吧！只要你依然还是整体中的一员，就不要谴责它，不要伤害它，否则你只会诋毁你的公司，同时也断送了自己的前程。如果你对公司、对工作有满腹的牢骚无从宣泄时，就做个选择吧。一是选择离开，到公司的门外去宣泄；二是选择留下。当你选择留在这里的时候，就应该做到"在其位谋其政"，全身心地投入到工作上来，为更好地完成工作而努力。记住，这是你的责任。

一个人的发展往往会受到很多因素的影响，这些因素有很多是自己无法把握的，工作不被认同、才能不被发现、职业发展受挫、上司待人不公、别人总用有色眼镜看自己……这时，能够拯救自己走出泥潭的只有忍耐。比尔·盖茨曾告诫初入社会的年轻人："社会是不公平的，这种不公平遍布于个人发展的每一个阶段。"在这一现实面前，任何急躁、抱怨都没有益处，只有坦然地接受现实并战胜眼前的痛苦，才能使自己的事业有进一步发展的可能。

耐得住寂寞，才能获得成功

"成就大业者在其创业初期，都是能耐得住寂寞的，古今中外，概莫能外。门捷列夫的化学元素周期表的诞生，居里夫人的镭元素的发现，陈景润在哥德巴赫猜想中摘取的桂冠等，都是他们在寂寞、单调中扎扎实实做学问，在反反复复的冷静思索和数次实践中获得的成就。每个人一生中的际遇肯定不会相同，然而只要你耐得住寂寞，不断充实、完善自己，当际遇向你招手时，你就能很好地把握，获得成功。有"马班邮路上的忠诚信使"称号的王顺友就是这样一个甘于寂寞、耐得住寂寞的人。

王顺友，四川省凉山彝族自治州木里藏族自治县邮政局投递员，2005年全国劳动模范，2007年"全国道德模范"的获得者。他一直从事着一个人、一匹马、一条路的艰苦而平凡的乡邮工作。邮路往返里程360公里，月投递两班，一个班期为14天，22年来，他送邮行程达26万多公里，相当于走了21个二万五千里长征，相当于围绕地球转了6圈！

王顺友担负的马班邮路，山高路险，气候恶劣，一天要经过几个气候带。他经常露宿荒山岩洞、乱石丛林，经历了被野兽袭击、意外受伤乃至肠子被骡马踢破等艰难困苦。他常年奔波在漫漫邮路上，一年中有330天左右的时间在大山中度过，无法照顾多病的妻子和年幼的儿女，却没有向上级单位提出过任何要求。

为了排遣邮路上的寂寞和孤独，娱乐身心，他自编自唱山歌，其间不乏精品，像《为人民服务不算苦，再苦再累都幸福》等。为了能把信件及时送到群众手中，他宁愿在风雨中多走山路，改道绕行以方便沿途群众。他还热心为农民群众传递科技信息、致富信息，购买优良种子。为了给群众捎去生产生活用品，王顺友甘愿绕路、贴钱、吃苦，受到群众的交口称赞。

20余年来，王顺友没有延误过一个班期，没有丢失过一个邮件，没有丢失过一份报刊，投递准确率达到100%，为中国邮政的普遍服务做出了最好的诠释。

王顺友是成功的，因为他耐住了寂寞，战胜了自己。耐得住寂寞，是所有成就事业者共同遵循的一个原则。它以踏实、稳重、沉思的姿态作为特征，以严谨、严肃、严格的态度，追求着一种人生的目标。当这种目标价值得以实现时，仍不喜形于色，而是以更耐得住寂寞的人生态度去探求实现另一个奋斗目标。浮躁的人生是与之相悖的，它以历来不甘寂寞和一味追赶时髦为特征，被一种强烈的功利主义驱使。浮躁的向往，浮躁的追逐，只能产出浮躁的果实。这果实的表面或许是绚丽多彩的，却并不具有实用价值和交换价值。

耐得住寂寞是一种难得的品质，不是与生俱来，也不是一成不变，它需要长期的艰苦磨炼和凝重的自我修养、完善。耐得住寂寞是一种有价值、有意义的积累，而耐不住寂寞是对宝贵人生的挥霍。

一个人的生活中总会有这样那样的挫折，会有这样那样的机遇，只要你有一颗耐得住寂寞的心，用心去对待、去守望，成功就一定会属于你。

在贫穷面前抬起头来

穷人看到有的人大富大贵，以为他们很幸福，但是有钱人心里不一定痛快。有的人，别人看他离幸福很远，他自己却时时与快乐邂逅。我们虽然无法改变自己目前的境况，但可以改变自己创造未来的心态。没了工作不要紧，但不能没有快乐，如果连快乐都失去了，那人生将是一片黑暗而没有边际的森林。追求快乐是人的天性，开心是生命中最顽强、最执着的律动。

在贫穷面前，我们不必抬不起头，金钱给予我们的只是我们所需要的一小部分，我们还有很多值得追求的东西，物质上的贫穷并不代表人生的贫乏。

而且贫困往往只是眼下的，因为你永远有选择现在就动手改变的机会。贫穷与暂时的负债对懦弱的人会产生一股强大的摧毁力，而意志坚定的人却认为是对自己的磨炼。

拿破仑是科西嘉人，他的父亲虽很高傲，但是生活非常拮据。幼时，他父亲令他进入贝列思贵族学校。校中的同学大都恃富而骄，讥讽家境清寒的同学，所以拿破仑常受同学们的欺侮。他起初逆来顺受，竭力抑制自己的愤怒，但同学们的恶作剧愈演愈甚，他终于忍无可忍，于是函请父亲准他转学，希望脱离这可怕的环境。可是他的父亲来信回复他说："你仍须留在校中读书。"他不得已，只能忍受，饱尝了五年的痛苦。他每次遇到同学们的侮辱性的嘲弄，不但没有意志消沉，反而增强了他的决心，准备将来战胜这些卑鄙的纨绔子弟。

拿破仑16岁任少尉的那年，父亲不幸去世，在他微薄的薪俸中，尚需节省一部分钱来赡养他的母亲。那时，他又接受差遣，须长途跋涉，到凡朗斯的军营服役。到了部队，眼见伙伴们大都把闲余的光阴虚掷在狂嫖滥赌上，拿破仑知道自己绝不能和他们一样。他想要甩掉这项贫穷的帽子，改变自己的命运。好在他尚不具有翩翩的风度，无从追求女人；囊中羞涩，更不能使他有一掷千金的豪兴。他把他闲余的光阴，全放在读书上。他早有了理想的目标，他在艰苦的环境中埋首研习，数年的工夫，积下来的笔记后来整理出来，竟有四大箱子。

他绘制了科西嘉岛的地图，并将设防计划罗列图上，根据数学的原理，精确计算。于是，他崭露头角，为长官所赏识，被派担任重要的工作，从此青云直上。其他的人对他的态度大大改观，从前嘲笑他的人，反而接受他指挥，奉承唯恐不及；轻视他的人，也以受他稍一顾盼为荣；挪揄他是一个迂儒书呆、毫无出息的人，也对他虔诚崇拜。

拿破仑的成功，固然是因为他的天才和学识修养，但最重要的还是他坚强的意志。他的意志，是在艰苦环境中磨砺出来的，不经历风雨，他也就可能不会成为世界上人人皆知的军事天才拿破仑。

困苦的环境，固然可以磨砺你的志气，但也可能消沉你的志气。如果你不战胜环境，那么环境便战胜你。你因为受了冷酷无情的打击，便妄自菲薄，以为前途绝无希望，听任命运的摆布，那么你的结局可想而知。而拿破仑绝不是这样，他认为世界上没有不可改造的环境，尽力战胜先天的缺憾，不退却，不放纵。

与其把大好的时间和精力放在为"钱"的忧虑上，还不如打点行装、振作精神去为赚"钱"而做好准备，用良好的心态开创光明的前程。

吃亏有时是种福

做事有长远计划的人，不会只计较自己的获得，而是懂得在适当的时候舍弃。因为他们知道，有时候"吃亏"并不是一种灾难，只有在经历了一番舍弃以后，我们才能获得更多的意外收获。

英国哈利斯食品加工工业公司总经理亨利，有一次突然从化验室的报告单上发现，他们生产食品的配方中，起保鲜作用的添加剂有毒，虽然毒性不大，但长期服用对身体有害。但是如果不用添加剂，则又会影响食品的新鲜度。

亨利考虑了一下，他认为应以诚对待顾客，于是他毅然把这一有损销量的事情告诉了每位顾客，随之又向社会宣布，防腐剂有毒，对身体有害。

做出这样的举措之后，他承受了很大的压力。食品销路锐减不说，所有从事食品加工的老板都联合起来，用一切手段向他攻击，指责他别有用心，打击别人，抬高自己，他们一起抵制哈利斯公司的产品，哈利斯公司一下子跌到了濒临倒闭的边缘。苦苦挣扎了4年之后，亨利的食品加工公司已经无以为继，但他的名声却家喻户晓。

这时候，政府站出来支持亨利了。哈利斯公司的产品又成了人们放心满意的热门货。哈利斯公司在很短时间内便恢复了元气，规模扩大了两倍。哈利斯食品加工公司一举成了英国食品加工业的"龙头公司"。

很多人认为吃亏是一种损失，自己想要的东西没有得到，或者本来应该拥有的没有获得，心里总会有一种失落的感觉。可是，如果你不舍弃自己的利益，成全别人，就不会得到别人的关注和支持。

深圳有一个农村来的妇女，起初给人当保姆，后来在街头摆小摊儿，卖一个胶卷赚一角钱。她认死理，一个胶卷永远只赚一角。现在她开了一家摄影器材店，门面越做越大，还是一个胶卷赚一角；市场上一个柯达胶卷卖23元，她卖16元1角，批发量大得惊人，深圳搞摄影的没有不知道她的。外地人的钱包丢在她那儿了，她花了很多长途电话费才找到失主；有时候算错账多收了人家的钱，她心急火燎找到人家还钱。她听起来像傻子，可赚的钱不得了，在深圳，再牛气的摄影商，也都乖乖地去她那儿拿货。

在很多人眼里，这个深圳妇女总是做着吃亏的傻事，可是正是因为她的勇于吃亏，正是她对于别人的利益的成全，她才能吸引更多的顾客，才能让自己的生意做得越来越红火。所以说，吃亏并不如我们想象中那么可怕，有时候吃亏反而是一种福气。

吃亏是福，需要的是一种潇洒的生活态度，也需要一种做事的魄力。虽然有时候我们需要舍弃的东西并不多，可是能够将自己的东西和利益拱手相让，还是需要一份勇气，一种风度，一种气量。

关键的时候敢于吃亏，这不仅体现我们大度的胸怀，同时也是做大事业的必要素质。赢到最后的人，才是真正的赢家。

失去可能是另一种获得

人生就像一场旅行，在行程中，你会用心去欣赏沿途的风景，同时也会接受各种各样的考验，这个过程中，你会失去许多，但是，你同样也会收获很多，因为，失去是另一种获得。

有一位住在深山里的农民，经常感到环境艰险，难以生活，于是便四处寻找致富的好方法。一天，一位从外地来的商贩给他带来了一样好东西，尽管在阳光下看去那只是一粒粒不起眼的种子。但据商贩讲，这不是一般的种子，而是一种叫作"苹果"的水果的种子，只要将其种在土壤里，几年以后，就能长成一棵棵苹果树，结出数不清的果实，拿到集市上，可以卖好多钱呢！

欣喜之余，农民急忙将苹果种子小心收好，但脑海里随即涌现出一个问题：既然苹果这么值钱、这么好，会不会被别人偷走呢？于是，他特意选择了一片荒僻的山野来种植这种颇为珍贵的果树。

经过几年的辛苦耕作，浇水施肥，小小的种子终于长成了一棵棵茁壮的果树，并且结出了累累硕果。

这位农民看在眼里，喜在心中。因为缺乏种子，果树的数量还比较少，但结出的果实也肯定可以让自己过上好一点儿的生活。

他特意选了一个吉祥的日子，准备在这一天摘下成熟的苹果，挑到集市上卖个好价钱。当这一天到来时，他非常高兴，一大早便上路了。

当他气喘吁吁爬上山顶时，心里猛然一惊，那一片红灿灿的果实，竟然被外来的飞鸟和野兽们吃了个精光，只剩下满地的果核。

想到这几年的辛苦劳作和热切期望，他不禁伤心欲绝，大哭起来。他的财富梦就这样破灭了。在随后的岁月里，他的生活仍然艰苦，只能苦苦支撑下去，一天一天地熬日子。不知不觉之间，几年的光阴如流水一般逝去。

一天，他偶然来到了这片山野。当他爬上山顶后，突然愣住了，因为在他面前出现了一大片茂盛的苹果林，树上结满了累累硕果。

这会是谁种的呢？他思索了好一会儿才找到了答案：这一大片苹果林都是他自己种的。

几年前，当那些飞鸟和野兽在吃完苹果后，就将果核吐在了旁边，经过几年的时间，果核里的种子慢慢发芽生长，终于长成了一片更加茂盛的苹果林。

现在，这位农民再也不用为生活发愁了，这一大片林子中的苹果足以让他过上幸福的生活。

从这个故事当中我们可以看出，有时候，失去是另一种获得。花草的种子失去了在泥土中的安逸生活，却获得了在阳光下发芽微笑的机会；小鸟失去了几根美丽的羽毛，经过跌跌撞撞，却获得了在蓝天下凌空展翅的机会。人生总在失去与获得之间徘徊。没有失去，也就无所谓获得。

如果一扇门关上了，必定有另一扇窗打开。你失去了一种东西，必然会在其他地方收获另一种东西。关键是，你要有乐观的心态，相信有失必有得，要舍得放弃，正确对待你的失去。

·第三节·

不抱怨的磁场，将引来更多的快乐

内心期待什么就能做成什么

我们的内心有着很强大的力量，如果我们一直对生活寄托很多美好的期许，那么即使是在厄运当中，我们的命运也会很快得到扭转。

大学期间，戴尔经常听到同学们谈论想买电脑，但由于售价太高，许多人买不起。戴尔心想："经销商的经营成本并不高，为什么要让他们赚那么丰厚的利润？为什么不由制造商直接卖给用户呢？"戴尔知道，万国商用机器公司规定，经销商每月必须提取一定数额的个人电脑，而多数经销商都无法把货全部卖掉。他也知道，如果存货积压太多，经销商会损失很大。于是，他以很低的价格购得经销商的存货，然后在宿舍里加装配件，改进性能。

这些经过改良的电脑十分受欢迎。戴尔见到市场的需求巨大，于是在当地刊登广告，以零售价的八五折推出他那些改装过的电脑。不久，许多商业机构、医疗机构和律师事务所都成了他的顾客。由于戴尔一边上学一边创业，父母一直担心他的学习成绩会受到影响，父亲劝他说："如果你想创业，等你获得学位之后再说吧。"

可是戴尔觉得如果听父亲的话，就是在放弃一个一生难遇的机会。于是，便坦白地告诉父母："我决定退学，自己开公司。""你的梦想到底是什么？"父亲问道。"和万国商用机器公司竞争。"戴尔说。和万国商用机器公司竞争？他的父母大吃一惊，觉得他太不自量力了。但无论他们怎样劝说，戴尔始终不放弃自己的梦想。最终，他和父母达成了协议：他可以在暑假试办一家电脑公司，如果办得不成功，到9月就要回学校去读书。得到父母的允许后，戴尔拿出全部积蓄创办戴尔电脑公司，当时他19岁。

他以每月续约一次的方式租了一个小小的办事处，雇用了一名28岁的经理，负责处理财务和行政工作。在广告方面，他在一只空盒子底上画了戴尔电脑公司第一张广告的草图。朋友按草图重绘后拿到报社去刊登。戴尔仍然专门直销经他改装的万国商用机器公司的个人电脑。第一个月营业额便达到18万美元，第二个月265万美元，仅仅一年，便每月售出个人电脑1000台。积极推行直销、按客户要求装配电脑、提供退货还钱及对失灵电脑"保证翌日登门修理"的服务举措，为戴尔公司赢得了广阔的市场。大学毕业的时候，迈克尔·戴尔的公司每年营业额已达7000万美元。后来，戴尔停止出售改装电脑，转为设计、生产和销售自己的电脑。如今，戴尔电脑公司在全球16个国家设有分公司，每年收入超过20亿美元，雇员约5500名。1989年，戴尔个人的财产，估计在2.5亿到3亿美元之间。假如戴尔不是忠于梦想，并且基于梦想坚决行动的话，显然他是不可能成为当今世界最年轻的富豪的。

内心期待什么就能做成什么。我们都可以按照自己的渴望设计人生。如果你始终觉得自己的生活过于悲惨，渴望构建一个属于自己的人间天堂，那么你每天都告诉自己："我离天堂很近。"很快你就会觉得自己真的置身于幸福的天堂了。

我们读着弥尔顿的那句话"境由心生"，就会产生很大的感触，原来心中有天堂，我们就生活在天堂里，心中有地狱，我们就会在地狱中挣扎。我们的生活总是跟着内心变化的，内心期许什么，我们就能做成什么。既然是这样，我们为什么不往好的方面想，让那些不快乐的事情远离我们的生活，给予自己一片纯净而又快乐的天空呢？

生命的本质在于追求快乐

亚里士多德说过，生命的本质在于追求快乐，而使得生命快乐的途径有两条：第一，发现使你快乐的时光，增加它；第二，发现使你不快乐的时光，减少它。快乐的人不是没有黑暗和悲伤的时候，只是他们追寻快乐的状态不会被黑暗和悲伤遮盖罢了。

正如德国思想家席勒所说："只有当人是真正意义上的人时，他才游戏。只有当人游戏时，他才完全是人。"

由于人的价值观不同，所以人们对快乐的理解不同。有人以为吃鲍鱼、燕窝、鱼翅是莫大的幸福，有人却为每天吃鲍鱼、燕窝、鱼翅而痛苦。有人以为骑自行车上下班是一种卑微，有人却由于各种压力而不能享受这种轻松自然。

因此，快乐可以分为两类：自然快乐和强迫快乐。如果事情的发展顺遂人意，那么自然要享受快乐，不用刻意寻找快乐。如果事情的发展不尽如人意，而自己又不想承受挫折产生的心灵痛苦，就要想出一些办法，让自己快乐起来。这种快乐就称为强迫性快乐。如果能够在顺心如意的情况下快乐，又能够在背时厄运的情况下保持平和，我们的生活质量就会得到提高。

那么，在竞争激烈的社会中，我们又如何拥有阳光心态，做最快乐的自己呢？

第一，要树立多元化的成功思维模式。

在现代社会中，太多的人不由自主地陷入了一元化成功的陷阱和圈套中。他们在追逐世俗成功标准的过程中，为了达到所谓"成功人士"的要求，过度地追求名利、地位、虚荣和奢华，有时甚至不择手段，结果走进了"成功"的死胡同而不能自拔，越"成功"越烦恼，越"成功"越不快乐。坦途变成了坎坷，天堂变成了地狱。

其实，条条大路通罗马，成功的道路不止一条，成功的标准也不止一条。在竞争中脱颖而出是成功，有勇气不断超越自己、不断超越过去的人，同样是成功者。做最阳光的自己就要求我们抛弃一元化成功思维模式，树立多元化成功思维模式，均衡、全面地理解和阐释成功的定义，在活出真实的自我中享受到阳光般的幸福和快乐。

第二，要能够做到操之在我，褒贬由人。

每个人都希望能够得到别人的认可与肯定，这是人的基本心理需求之一，但是，如果这种需求过分强烈，就会造成沉重的精神负担并最终导致心灵的扭曲。"除非我们能够得到别人的承认，否则我们就是默默无闻的，就是没有价值的。""我们的工作并不重要，得到别人的承认才重要。"这种观念越牢固，精神就越痛苦，越努力就越找不到快乐和幸福。

其实，在很多情况下，我们真的没有自己想象得那么重要。别人邀请你参加晚会或发言，有时只是出于礼貌，甚至希望你最好能知趣地谢绝，或者简单地应付一下即可。西方有句谚语："20 岁时，我们在意别人对我们的看法；40 岁时，我们不理会别人对我们的看法；60 岁时，我们发现别人根本就没有在意我们。"

因此，不必处处要求别人的认可，如果认可降临，你就坦然地接受它；如果它未能如期而至，你也不要过多地去想它。你的满足应该来自你的工作和生活本身，你的快乐是为你自己，而不是为别人。

第三，时刻审视"职业竞争不相信眼泪"的道理。

在崇尚效率和结果的今天，职业竞争是不相信眼泪的，一个人的成功速度取决于他对不良情绪的调整速度。在日新月异的竞争时代，我们没有时间为刚才发生的事情懊恼不已或追悔莫及，我们能做的就是让那些不愉快的事情如瞬间飘逝的烟云，用阳光迅速驱除消极的阴霾，让自己去享受工作的挑战、生活的美好和生命的过程。

我们随时都有选择快乐的权利

如果你遇到了挫折，遭遇了失败，心情低落到了极点，情绪坏到了不能再坏的地步，那么请先让自己冷静下来。铺开一张纸，就好像铺开自己的心情一样，把自己的不快乐都列在这张清单上。当然，你还要找出一张纸，上面写上可能让你得到幸福的事情，不要放过任何一个快乐的源泉，比如你长得漂亮、你的身体很健康、你的家人对你很好等等。紧接着，你就可以对比了。这个时候，你就会发现，让你快乐的理由远远大于悲伤和难过的，既然如此，你就不该再将自己置于悲伤和痛苦的阴影当中了。

多年以前，有一个女孩因为错手伤了人而坐牢，尽管后来被释放，她仍然很痛苦，就到教堂祷告，希望上帝能够分担她的痛苦。看到女孩一脸悲伤，牧师问她发生了什么事。女孩哭了，她泣不成声地说："我多么的不幸啊，我这一辈子都摆脱不了这件事情给我带来的痛苦了……"

听罢她的叙述，牧师对她说："这位小姐，你是自愿坐牢的。"

女孩被牧师的话吓了一跳，说："你说什么？我怎么可能自愿坐牢？"

牧师对她说："你尽管已经从监狱里出来了，但在你的心里，天天心甘情愿地被关在牢里，那你不是自愿坐在心中的牢狱里吗？"

"这是什么意思呢？"女孩不解地问。

"在你身边发生了一件不好的事情，你就好像看了一场不好的电影一样，天天在回想，这不是很笨吗？你改变不了环境，但你可以改变自己；你改变不了事实，但你可以改变态度；你改变不了过去，但你可以改变现在；你不能控制他人，但你可以掌握自己；你不能预知明天，但你可以把握今天；你不可能样样顺利，但你可以事事尽心；你不能延伸生命的长度，但你可以决定生命的宽度；你不能左右天气，但你可以改变心情……"

生活本身已经制造那么多问题了，如果我们又进一步在脑子里提炼出那么多不快乐，的确是在增加心理的负荷。每天都要面对那么多无法预测的事情，还要承受自己给自己制造的不快乐，这本身难道不是一种愚蠢的行为吗？

我们不要再强调那些不快乐，来看看怎么才能停止制造不幸的过程：我们是因为想不快乐的事情，使用我们惯有的悲观情绪去想问题，所以才变得不快乐的。那么，只要我们停止再想这些问题，停止用悲观的眼睛看待世界，就会开心得多。

其实一个人在任何时候都面临着快乐和不快乐两个选择，也许我们不能在任何环境下都选择快乐，但是我们必须知道，我们在任何时候都有选择快乐的权利。

活着，就是一种幸福

有位青年，厌倦了生活，感到一切只是无聊和痛苦。为寻求刺激，青年参加了挑战极限的活动。活动规则是：一个人待在山洞里，无光无火亦无粮，每天只供应 5 千克的水，时间为整整 5 个昼夜。

第一天，青年颇觉刺激。

第二天，饥饿、孤独、恐惧一齐袭来，四周漆黑一片，听不到任何声响。于是他有点向往起平日里的无忧无虑来。

他想起了乡下的老母亲不远千里赶来，只为送一坛韭菜花酱以及一双小孙子的虎头鞋；他想起了终日相伴的妻子在寒夜里为自己披好被子；他想起了宝贝儿子为自己端的第一杯水；他甚至想起了与他发生争执的同事曾经给自己买过的一份工作餐……渐渐地，他后悔起平日里对生活的态度来：懒懒散散，敷衍了事，冷漠虚伪，无所作为。

到了第三天，他几乎要饿昏过去。可是一想到人世间的种种美好，便坚持了下来。第四天、第五天，他仍然在饥饿、孤独、极大的恐惧中反思过去，向往未来。

他责骂自己竟然忘记了母亲的生日，他遗憾妻子分娩之时未尽照料义务，他后悔听信流言与好友分道扬镳……他这才觉出需要他努力弥补的事情竟是那么多。可是，连他自己也不知道，他能不能挺过最后一关。此时，泪流满面的他发现：洞门开了。阳光照射进来，白云就在眼前，淡淡的花香，悦耳的鸟鸣——他又迎来了一个美好的人间。

青年扶着石壁慢慢走出山洞，脸上浮现出了一丝难得的笑容。五天来，他一直用心在说一句话，那就是：活着，就是幸福。

放下死亡的包袱，敞开自己的心扉，积极地对待生活中的每一天，你才能好好地活着。

一位名人去世了，朋友们都来参加他的追悼会。昔日前呼后拥、香车宝马的名人躺在骨灰盒里，百万家财不再属于他，宽敞的楼房也不再属于他，他所拥有的只有一个骨灰盒大小的空间。

从名人的追悼会上回来，几乎每一个人都对生命有了新的看法。那么聪明的一个人，那么会算计的一个人，每一个曾经与他斗的人最终都败下阵来，可是他斗来斗去也斗不过命。撒手人寰以后，一切都是空。

人们想：趁现在好好活着吧，活着就是幸福，什么利、权、势，轰轰烈烈了一世，最后还不是一个人孤零零？以前踩着那么多人的肩膀向上爬，得罪了那么多人，值么？

追悼会是一次洗礼。从死亡的身边经过以后，才知道活着究竟是怎么回事。

可是，明天还是要忙忙碌碌地奔波，勾心斗角地生活。

一边是死亡的震撼，一边是活着的琐碎，我们很容易被死亡震撼，然而我们更容易被活着的琐碎淹没。不要去在意那些繁杂的纠葛、苦痛、伤害、低迷等，一切的一切仅仅是生活中小小的注脚而已。活着，即意味着追求幸福的资本和契机。活着就是幸福，让我们好好珍惜现在鲜活的生命。

活在当下，不透支生活的烦恼

有个小和尚，每天早上负责清扫寺院里的落叶。

清晨起床扫落叶实在是一件苦差事，尤其在秋冬之际，每一次起风时，树叶总随风飞舞。每天早上都需要花费许多时间才能扫完树叶，这让小和尚头痛不已，他一直想要找个好办法让自己轻松些。

后来有个和尚跟他说："你在明天打扫之前先用力摇树，把落叶统统摇下来，后天就可以不用扫落叶了。"小和尚觉得这是个好办法，于是隔天他起了个大早，使劲猛摇树，这样他就可以把今天跟明天的落叶一次扫干净了。一整天小和尚都非常开心。

第二天，小和尚到院子里一看，不禁傻眼了，院子里如往日一样满地落叶。老和尚走了过来，对小和尚说："傻孩子，无论你今天怎么用力，明天的落叶还是会飘下来。"小和尚终于明白了，世上有很多事是无法提前的，唯有认真地活在当下，才是最正确的人生态度。

库里希坡斯曾说："过去与未来并不是'存在'的东西，而是'存在过'和'可能存在'的东西。唯一'存在'的是现在。"

活在当下是一种全身心地投入人生的生活方式。当你活在当下，而没有过去拖在你后面，也没有未来拉着你往前时，你全部的能量都集中在这一时刻，生命因此具有一种巨大的张力。"当下"给你一个深深地潜入生命水中或是高高地飞进生命天空的机会。当然在两边都有危险——"过去"和"未来"是人类语言里最危险的两个词。生活在过去和未来之间的当下就好像走在一条绳索上，在它的两边都有危险。但是一旦你尝到了"当下"这个片刻的甜蜜，你就不会去顾虑那些危险；一旦你跟生命保持同一步调，其他的就无关紧要了。对你而言，生命就是一切。

当生命走向尽头的时候，你问自己一个问题：你对这一生还存有遗憾吗？你认为想做的事你都做了吗？你有没有好好笑过、真正快乐过？

想想看，你这一生是怎么度过的：年轻的时候，你拼了命想挤进一流的大学；随后，你巴不得赶快毕业找一份好工作；接着，你迫不及待地结婚、生小孩；然后，你又整天盼望小孩快点长大，好减轻你的负担；后来，小孩长大了，你又恨不得赶快退休；最后，你真的退休了，不过，你也老得几乎连路都走不动了……当你正想停下来好好喘口气的时候，生命也快要结束了。

其实，这不就是大多数人的写照吗？他们劳碌了一生，时时刻刻为生命担忧，为未来做准备，一心一意计划着以后发生的事，却忘了把眼光放在"现在"，等到时间一分一秒地溜过，才恍然大悟。

智者常劝世人要"活在当下"，到底什么叫作"当下"？简单地说，"当下"指的就是：你现在正在做的事、待的地方、周围一起工作和生活的人。"活在当下"就是要你把关注的焦点集中在这些人、事、物上面，认真地去接纳、品尝、投入和体验这一切。

而事实上，大多数的人都无法专注于"现在"，他们总是若有所想，心不在焉，想着明天、明年甚至下半辈子的事。假若你时时刻刻都将力气耗费在未知的未来，却对眼前的一切视若无睹，你永远也不会得到快乐。一位作家这样说过："当你存心去找快乐的时候，往往找不到，唯有让自己活在'现在'，全神贯注于周围的事物，快乐才会不请自来。"或许人生的意义，不过是嗅嗅身旁绚丽的花，享受一路走来的点点滴滴而已。毕竟，昨日已成历史，明日尚不可知，只有"现在"才是上天赐予我们最好的礼物。

许多人喜欢预支明天的烦恼，想要早一步将它解决掉。其实，明天如果有烦恼，你今天是无法解决的，每一天都有每一天的人生功课要交，努力做好今天的功课再说吧！用平常心对待每一天，用感恩的心对待当下的生活，我们才能理解生活和快乐的真正含义。

幸福在于失意时的忘却

有人这样问："爱情没有了，回忆起来甜蜜多一点还是痛苦多一点？"我们常常会遇到这样的问题，很多人觉得失去了当然是痛苦大于幸福，想起分手时刻的那些伤害，想起流泪时的心情都会让人心中痛苦。而有一个人却说："分手了，我记得最多的还是甜蜜，因为我忘记了那些痛苦，留在记忆里最多的还是曾经有一份很美的爱情。"的确，很多时候，我们伤心、痛苦最多的还是因为我们无法忘记，无法忘记那些伤痛和失意，那些记忆犹如明镜一般被我们悬挂起来，每天都在看，每时都在想，这样的话我们又怎能快乐呢？所以，在失意的时候，应当学会忘记，忘记那些不快，才能够真正地快乐，才能开始新的生活。

生于尘世，每个人都不可避免地要经历苦雨凄风，面对艰难困苦，想开了就是天堂，想不开就是地狱，而忘记就是一副良药，愈合你的伤口，让你怀着新的希望上路。

人的一生，就像一趟旅行，沿途中有数不尽的坎坷泥泞，但也有看不完的春花秋月。如果我们的一颗心总是被灰暗的风尘所覆盖，干涸了心泉、暗淡了目光、失去了生机、丧失了斗志，我们的人生轨迹岂能美好？而如果我们能保持一种健康向上的心态，即使我们身处逆境、四面楚歌，也一定会有"山重水复疑无路，柳暗花明又一村"的那一天。

悲观失望者一时的呻吟与哀叹虽然能得到短暂的同情与怜悯，但最终的结果必然是别人的鄙夷与厌烦；而乐观上进的人，经过长期的忍耐与奋斗，最终赢得的将不仅仅是鲜花与掌声，还有那饱含敬意的目光。

虽然，每个人的人生际遇不尽相同，但命运对每一个人都是公平的。因为窗外有土也有星，就看你能不能磨砺一颗坚强的心、一双智慧的眼，透过岁月的尘寻觅到光辉灿烂的星星。只不过你永远忘不掉曾经的荆棘，所以你总畏惧前行。

很多人在失意的时候学会了抱怨，学会了沉沦。忘不掉别人给予的伤痛，莫过于拿别人的错误来惩罚自己。就如失恋，不是因为你自己不够优秀，也不是因为你自己倒霉，而是你在错误的时间遇到了不适合的人。分开很正常，因为你需要腾出时间和位置去给那个适合的人，但是从你沉沦的那一刻起，你的记忆里装满的都是曾经的伤，又怎能给那个真正适合的人空间呢？所以一个塞满了旧的回忆的大脑，永远无法让新鲜的东西进来。

在生活中，有很多的无奈要我们去面对，有很多的道路需要我们去选择。忘记一些原本不应该属于自己的，去追寻前方更加美好的。忘记一些烦琐，为大脑减负；忘记那些怅惘，为了轻快地歌唱；忘记一段凄美，为了轻柔地梦想。忘记，是一种伤感，但更是一种美丽。

有一颗清净的心

1918年8月19日，一度风流倜傥悠游于海上名流之间的才子、名士李叔同离妻别子，悄然遁入空门，法号弘一。今天，读过弘一大师传记的人，大概都不会忘记他是以怎样珍惜和满足的神情面对盘中餐：那不过是最普通的萝卜和白菜，他用筷子小心地夹起放在嘴里，似在享用山珍海味。正像他的好友所说："在他，什么都好，旧毛巾好、草鞋好、萝卜好、白菜好、草席好……"

而令人惊奇的是，这位备受敬仰的人物，原本生长在"黄金白玉非为贵"的富豪之家。

"惜衣惜食，非为惜财缘惜福；爱人爱物，到了方知爱自己。"以惜福的心态度过生命中的每一天，怎能不会产生知足、欢愉、幸福的感觉呢？

有一场举世瞩目的赛事，台球世界冠军已走到卫冕的门口。他只要把最后那个8号黑球打进球门，凯歌就奏响了。就在这时，不知从什么地方飞来一只苍蝇。苍蝇第一次落在他握杆的手臂上。有些痒，冠军停下来。苍蝇飞走了，这回竟落在了冠军锁着的眉头上。冠军只好不情愿地停下来，烦躁地去打那只苍蝇。苍蝇又轻捷地脱逃了。冠军做了一番深呼吸再次准备击球。天啊！他发现那只苍蝇又回来了，像个幽灵似的落在了8号黑球上。冠军怒不可遏，拿起球杆对着苍蝇捅去。苍蝇受到惊吓飞走了，可球杆触动了黑球，黑球当然没有进洞。按照比赛规则，该轮到对手击球了。对手抓住机会死里逃生，一口气把自己该打的球全打进了。

卫冕失败，冠军恨死了那只苍蝇。在众人的喧哗中，冠军不堪重负，不久就自己结束了生命。临终时他对那只苍蝇还耿耿于怀。一只苍蝇和一个冠军的命运胶着在一起，也许是偶然的。倘若冠军能制怒并静待那只苍蝇飞走的话，故事的结局也许就会重写了。

一个心智成熟的人，必定能控制住自己所有的情绪与行为，不会像野马那样为一点小事抓狂。当你仔细地审思自己时，你会发现自己既是自己最好的朋友，也是自己最大的敌人。特别是你要控制别人之前，一定要先控制住自己。如果你不能征服自己，你就可能永远错失幸福。

虽然生活中，幸福没有统一的答案，也没有一定的模式。但是它同样需要一种捕获的心境。幸福的内涵无限丰富，只要你善于捕捉，用心灵去发现，哪怕是一条温暖的短信问候，一句关爱的叮咛，一缕初夏的凉风，一幕日常生活琐碎的片段……你都能感受到幸福，因为你拥有一颗懂得享受幸福的心。

声色犬马常使心灵浑浊、辛苦、茫然。古人说，淡泊以明志，宁静以致远。简简单单地生活，简简单单地去发觉点滴间存在的小小幸福。

幸福其实是无遮无拦的，它就像山坡上静静地吐着芬芳的野花，没有围墙，也不需要门票，只要有一颗清净的心和一双未被遮住的眼睛，就能得到。

·第四节·

以不抱怨回应生命中的挑战

在逆境中抱怨，等于遗弃幸运

人在一生中，随时都会碰到困难和险境，如果我们仅仅盯着这些困难，看到的只会是绝望。在人生路途上，谁都会遭遇逆境，逆境是生活的一部分。逆境充满荆棘，却也蕴藏着成功的机遇。只要勇敢面对，就一定能从布满荆棘的路途中走出一条阳光大道。正如培根所说："奇迹多是在厄运中出现的。"其实，我们不应该在逆境中抱怨，因为抱怨逆境无疑是在遗弃幸运。想成为一名生活中的强者，就要勇敢地向逆境宣战，像一名真正的水手那样投入生命的浪潮。

道本连自己的名字都不会写，却在大阪的一所中学当了几十年的校工。尽管工资不多，但他已经很满足命运为他所安排的一切。就在他快要退休时，新上任的校长以他"连字都不认识，却在校园工作，太不可思议了"为由，将他辞退了。

道本恋恋不舍地离开了校园，像往常一样，他去为自己的晚餐买半磅香肠，但快到食品店门前时，他想起食品店已经关门多日了。而不巧的是，附近街区竟然没有第二家卖香肠的。忽然，一个念头在他脑海里闪过——为什么我不开一家专卖香肠的小店呢？他很快拿出自己仅有的一点积蓄开了一家食品店，专门卖起香肠来。

因为道本灵活多变的经营，十年后，他成了一家熟食加工公司的总裁，他的香肠连锁店遍及了大阪的大街小巷，并且提供产、供、销"一条龙"服务，颇有名气的道本香肠制作技术学校也应运而生。

当年辞退他的校长早已忘了道本这一位曾经的校工，在得知著名的董事长识字不多时，便十分敬佩地称赞他："道本先生，您没有受过正规的学校教育，却拥有如此成功的事业，实在是太不可思议了。"

道本诚恳地回答："真感谢您当初辞退了我，让我摔了跟头，从那之后我才认识到自己还能干更多的事情。否则，我现在肯定还是一位靠一点退休金过日子的校工。"

正如道本一样，成功者首先是从逆境中崛起的。逆境可以锻炼一个人的品格，也可以激发一个人向上发展的勇气和潜力。在逆境中，当被逼得退无可退、无路可走时，人们往往在最后的时刻想尽办法来自救，无形之中反而促成了人生的辉煌。所以，我们应该感谢逆境和难题，感谢其中所孕育的成功。

任何人都会或多或少遇到或大或小的坎坷颠簸，都有不顺的时候，这是很正常的，无须悲伤，无须抱怨，更不能绝望。世上没有绝望的处境，只有对处境绝望的人。只要勇敢面对，世界上没有过不去的坎。

在我们陷入逆境时，一味地埋怨和诅咒是无济于事的，这只会让我们变得更加沮丧而觉得无望。与其苦苦等待，不如点燃自己手中仅有的"火种"和希望，去战胜黑暗，摆脱困境，为自己创造一个光明的前程。

在灰色的逆境中，不要让冷酷的命运窃喜，既然命运来凌辱我们，就应该用处之泰然的态度予以报复。命运从来不相信抱怨，只相信抗争命运的人。强者的生活就是面对和克服那些像潮流一样涌来的困难，他们不会放过"往上爬"的机会，因为他们经历了太多的逆境。在现实中，我们看到许多成功者都来自于不利的环境，但他们总能够勇敢地走出来。

勇敢地度过生命中的不如意

乔很爱音乐，尤其是喜欢小提琴。在国内学习了一段时间之后，他把视线转到了国外，想出国深造，但是国外没一个认识的人，他到了那里如何生存呢？这些他当然也想过，但是为了自己的音乐之梦，他勇敢地踏出了国门。维也纳是他的目的地，因为那里是音乐的故乡。家里辛辛苦苦地凑了出来这次出国的费用，但是学费与生活费是无论如何也拿不出来了。所以，他虽然来到了音乐之都，却只能站在大学的门外，因为他没有钱。他必须先到街头上拉琴卖艺来赚够自己的学费与生活费。

很幸运地，乔在一家大型商场的附近找到一位为人不错的琴手，他们在那里一起拉琴。这个地理位置比较优越，他们挣到了很多钱。

但是这些钱并没有让乔忘记自己的梦想。过了一段时日，乔赚够了自己必要的生活费与学费，就和那个琴手道别了。他要学习，要进入大学进修，要在音乐的学府里拜师学艺，要和琴技高超的同学们互相切磋。乔将全部的时间和精力都投注在提升音乐素养和琴艺之中。十年后，乔有一次路过那家大型商场，巧得很，他的老朋友——那个当初和他一起拉琴的家伙，仍在那儿拉琴，表情一如往昔，脸上露着得意、满足与陶醉。

那个人也发现了乔，很高兴地停下拉琴的手，热络地说道："兄弟啊！好久没见啦！你现在在哪里拉琴啊？"

乔回答了一个很有名的音乐厅的名字，那个琴手疑惑地问道："那里也让流浪艺人拉琴吗？"乔没有说什么，只淡淡地笑着点了点头。

其实，十年后的乔，早已不是当年那个当街献艺的乔了，他已经成为一位音乐家，经常应邀在著名的音乐厅中登台献艺，早就实现了自己的梦想。

我们的才华、我们的潜力、我们的前程，如果没有胆量的推动，那么很可能只是一场镜花水月，当梦醒来，一切也就醒了。

生命是储存罐，里边有各种财宝可以挖掘，如果想跟生活打交道，就必须学会使用勇气的开罐器，只有用百倍的勇气来同生活抗争；你才能从生命的储存罐里尝到甜头。

一个永不丧失勇气的人是永远不会被打败的。就像弥尔顿所说的："即使土地丧失了，那有什么关系。即使所有的东西都丧失了，但不可被征服的意志和勇气是永远不会屈服的。"如果你以一种充满希望、充满自信的精神进行工作的话，如果你期待着自己的伟业，并且相信自己能够成就这番伟业的话，如果你能展现出自己的勇气的话——任何事情都不能阻挡你前进，你可能遇到的任何失败都只是暂时性的，你最终必定会取得胜利。

相反，如果你觉得自己非常渺小，如果你认为自己是一个效率很低、微不足道的人，并且不相信自己可以出色地完成任务的话——这就会限制你可能达到的人生高度。你不可能超越你的想象。自我贬低和害羞怯懦不但阻止了你的进步，而且严重损害了你的整个职业生涯，甚至还会损害到你的身体健康。

自信和勇气是积极的品质，而恐惧和焦虑则是消极的品质，二者在人的大脑中水火不容。你要么是强大有力、充满信心的，要么就是虚弱和感伤的，面对一项重大的工作总是采取回避态度。任何破坏你勇气的东西都会破坏你的力量、你的效率及工作效能。

"勇气是在偶然的机会中激发出来的。"莎士比亚说。除非你让自己时刻保持一种接受勇气的态度，否则，你不要指望自己的身上会时时刻刻体现出巨大的勇气。在就寝前的每个夜晚，在起床时的每个清晨，你都要对自己说"我会做到的，我能行"，并以此作为自己坚定的信条，然后充满自信地勇敢前进。

冬天里会有绿意，绝境中也会有生机

我们知道，事情的发展往往具有两面性，犹如每一枚硬币总有正反面一样，失败的背后可能是成功，危机的背后也有转机。

1974年，第一次石油危机引发经济衰退时，世界运输业普遍不景气，但当时美国的特德·阿里森家族却收购了一艘邮轮，成立嘉年华邮轮公司，后来这家公司成为世界上最大的超级豪华邮轮公司；世界最大的钢铁集团米塔尔公司，在20世纪90年代末，世界钢铁行业不景气的时候，进行了首次大规模兼并，然后迅速扩张起来。所以说，危机中有商机，挑战中有机遇，艰难的经济发展阶段对企业来说是充满机会的，对企业如此，对个人、对民族、对国家也是如此。

2008年经济危机爆发后，美国很多商业机构和场所顿时萧条了，但酒吧的生意却悄悄地红火起来。原来，精明的酒商们发现美国人开始越来越喜欢喝战前禁酒令时期以及大萧条时期的酒品，比如由白兰地、橘味酒和柠檬汁调制成的赛德卡鸡尾酒。酒商们迅速嗅出了新商机，推出了一款改进的老牌鸡尾酒。美国一个酒业资深人士指出，人们在困难时期，往往会从熟悉的东西那里寻求安慰，老式鸡尾酒自然而然会走俏。这种酒品，不仅让酒商们大赚了一笔，而且还能使疲于应对经济危机的美国人民得到慰藉。

"危中有机，化危为机。"一些中外专家认为，如果危机处置得当，金融风暴也有可能成为个人、企业或国家迅速发展的机遇。所以，冬天里会有绿意，绝境里也会有生机。危机之下，谁都不希望面临绝境，但绝境意外来临时，我们挡也挡不住，与其怨天尤人，还不如奋力一搏，说不定，还会创造一个奇迹。下面是一个在绝境里求生存的真实故事：

第二次世界大战期间，有位苏联士兵驾驶一辆苏H正式重型坦克，非常勇猛，一马当先地冲入了德军的心腹重地。虽然这一下把敌军打得抱头鼠窜，但他自己渐渐脱离了大部队。

就在这时，突然轰隆隆一声，他的坦克陷入了德军阵地中的一条防坦克深沟之中，顿时熄了火，动弹不得。

这时，德军纷纷围了上来，大喊着："俄国佬，投降吧！"

刚刚还在战场上咆哮的重型坦克，一下子变成了敌人的瓮中之物。

苏联士兵宁死也不肯投降，但是现实一点儿也不容乐观，他正处于束手待毙的绝境中。

突然，苏军的坦克里传出了"砰砰砰"的几声枪响，接着就是死一般的沉寂。看来苏联士兵在坦克中自杀了。

德军很高兴，就去弄了辆坦克来拉苏军的坦克，想把它拖回自己的堡垒。可是德军这辆坦克吨位太轻，拉不动苏军的庞然大物，于是德军又弄了一辆坦克来拉。

两辆德军坦克拉着苏军坦克出了壕沟。突然，苏军的坦克发动起来，它没有被德军坦克拉走，反而拉走了德军的坦克。

德军惊惶失措，纷纷开枪射向苏军坦克，但子弹打在钢板上，只打出一个个浅浅的坑洼，奈何它不得。那两辆被拖走的德军坦克，纵然目标近在咫尺，也无法发挥火力，只好像被驯服的羔羊，乖乖地被拖到苏军阵地。

原来，苏联士兵并没有自杀，而是在那种绝境中，被逼得想出了一个绝妙的办法。他以静制动，后发制人，让德军坦克将他的坦克拖出深沟，然后凭着自身强劲的马力，俘虏了两辆德军坦克。

其实，每个人皆是如此，虽然我们的生活并不会时时面临枪林弹雨，但我们总有身处绝境的时候，每当此时，我们往往会产生爆发力，而正是这种爆发力将我们的力量激发出来了。所以，面临绝境的时候，不要灰心、不要气馁，更不要坐以待毙，勇往直前，无所畏惧，你我都可以"杀出一条血路"。

失败不过是从头再来

如果看看世界上那些成功人士的生平经历，就会发现，那些声振寰宇的伟人，都是在经历过无数的失败后，又重新开始拼搏才获得最后的胜利的。

帕里斯的成功之路是艰辛的。

1510 年，帕里斯出生在法国南部，他一直从事玻璃制造业，直到有一天看到一只精美绝伦的意大利彩陶茶杯。这一瞥，改变了他一生的命运。

"我也要造出这样美丽的彩陶。"这是他当时唯一的信念。

他建起煅炉，买来陶罐，打成碎片，开始摸索着进行烧制。

几年下来，碎陶片堆得像小山一样，可他心目中的彩陶却仍不见踪影，他甚至无米下锅了。迫不得已他只得回去重操旧业，挣钱来生活。

他赚了一笔钱后，又烧了3年，碎陶片又在砖炉旁堆成了大山，可仍然没有结果。

长期的失败使人们对他产生了看法。人们都说他愚蠢，是个大傻瓜，连家里人也开始埋怨他。他也只是默默地承受。

实验又开始了，他十多天都没有脱衣服，日夜守在炉旁。燃料不够了。他拆了院子里的木栅栏，怎么也不能让火停下来呀。又不够了！他搬出了家具，劈开，扔进炉子里。还是不够，他又开始拆屋子里的地板。噼噼啪啪的爆裂声和妻子儿女们的哭声，让人听了鼻子都是酸酸的。马上就可以出炉了，多年的心血就要有回报了，可就在这时，只听炉内"嘭"的一声，不知是什么爆裂了。所有的产品都沾染上了黑点，全成了次品。

眼看到手的成功，又失败了！帕里斯又感受到了巨大的打击，他独自一人到田野里漫无目的地走着。不知走了多长时间，优美的大自然终于使他恢复了心里的平静，他又平静地开始了下一次实验。

经过16年无数次的艰辛实验，他终于成功了，而这一刻，他却一片平静。他的作品成了稀世珍宝，价值连城，艺术家们争相收藏。他烧制的彩陶瓦，至今仍在法国的罗浮宫里闪耀着光芒。

他的成功来得何等不易，在一次又一次的失败中一次又一次的重新站起，这正是帕里斯成功的秘诀。

奋斗者不相信失败。他们将错误当作是学习和发展新技能及策略的机会，而不是失败。有人认为失败一无是处，只会给人生带来阴暗。其实恰恰相反，人们从每次错误中可以学习到很多东西，并调整自己的路线，重新回到正确的道路上来。错误和失败是不可避免的，甚至是必要的；它们是行动的证明——表明你正在努力。你犯的错误越多，你成功的机会就越大，失败表示你愿意尝试和冒险。奋斗者应该明白：每一次的失败都使你在实现自己梦想的道路上前进了一步。

西奥多·罗斯福说："最好的事情是敢于尝试所有可能的事，经历了一次次的失败后赢得荣誉和胜利。这远比与那些可怜的人们为伍好得多，那些人既没有享受过多少成功的喜悦，也没有体验过失败的痛苦，因为他们的生活暗淡无光，不知道什么是胜利，什么是失败。"在这个世界上，有阳光，就必定有乌云；有晴天，就必定有风雨。从乌云中挣脱出来，阳光会显得更加灿烂，经历过风雨的洗礼，天空才能更加湛蓝。人们都希望自己的生活平静如水，可是命运却给予人们那么多波折坎坷。此时，我们要知道，困难和坎坷只不过是人生的馈赠，它能使我们的思想更清醒、更深刻、更成熟、更完美。

所以，不要害怕失败，在失败面前，只有永不言弃者才能傲然面对一切，才能最终取得成功，其实，失败真的不过是从头再来！

每一次丢脸都是一种成长

我们曾经听说过很多在"丢脸"当中不断成长并最终取得了巨大成就的人，"英语口语教父"李阳就是其中之一。

李阳从英语不及格到成为著名的英语教师，从不敢接电话、不敢和陌生人说话，到全球著名的中英文演讲大师；从一个自卑的人，成长为千万人成功和自信的榜样；李阳创造了一个个奇迹，而在激励别人的时候，他总是喜欢说，我们要为热爱丢脸的人喝彩！

中国传统英语教学存在"不敢开口、不习惯开口"两大心理障碍及怕丢脸、怕犯错误的心理陋习，李阳极力鼓励他的学生大声说英语。他认为疯狂英语的第一步就是要突破不敢开口、害怕丢脸的心理障碍。他说："我特别喜欢犯错误丢人，因为你犯的错误越多，你的进步就越大。如果你想一辈子不犯错误，那么结果只有一个：当你80岁的时候，你仍然只会对人讲一句'My English is very poor.'。朋友们，请大家暂时把脸皮放进口袋里，尽管大声去说吧！重要的不是现在丢脸，而是将来不丢脸！于是，"I enjoy losing my face（我热爱丢脸）"就成了李阳和广大英语学习者的行动口号。

别怕犯错误丢脸，因为你犯下的错误越多，学到的知识和经验就越多，你进步的可能性就越大。可是，传统观念里，人们总是为了保住自己的颜面而努力着，甚至有一些人，为了面子问题丢失了性命也在所不惜。

公元前206年，项羽占有楚魏东部九郡之地，自封为西楚霸王，又违背"先入关中者为关中王"的前约，改封先入关中的刘邦为汉王，刘邦心中非常不快。

项羽的谋臣"亚父"范增知道刘邦的不满，也知道他定会东山再起，于是建议项羽找借口杀掉刘邦。

项羽就把刘邦找来，准备封刘邦为汉中王，他若去，定有储备实力、自封为王之心；若不去，正好可以杀死他。

刘邦听说项羽召见，虽然明知此去凶多吉少，但又不能公然抗命不去，便在心中盘算着怎样应对这场智斗。刘邦来到殿前，恭恭敬敬地伏在地上，谦恭的样子对项羽异常受用，项羽当即放松了警惕，就对刘邦放行了。刘邦谢恩退出大殿，急忙回到自己的营地，稍加打点，便率军急匆匆地向巴蜀进发。他决心以巴蜀边塞之地为依托，招兵买马，养精蓄锐，待力量充实了，再还三秦，谋取天下。项羽闻知刘邦率军已向巴蜀进发，才感到范增所言极是，立即派季布带三千人马前去追赶，然而为时已晚。

后来刘邦广纳贤才，休兵养士，最终在众贤士的帮助下，使得不可一世的西楚霸王自刎乌江，统一天下。

只因一句"无颜见江东父老"，项羽舍弃了自己的性命，自刎乌江。可见，面子问题一直是中国人的软肋，无数的英雄志士都在为了面子而纠结。

可是，人的一生，谁又能保证不犯错？谁又能一次面子都不丢呢？如果你想逃避丢脸而一辈子不犯错，那么结果只有一个：当你白发苍苍的时候，你仍然什么都不会，因为你什么都不曾尝试去做。

民谚云："要了脸皮，饿了肚皮。"有时害怕丢一次脸，就是白白让出了一条路。所以，不要害怕丢脸，更不应该躲避"丢脸"的历练，而应该拿出自己的勇气，勇敢面对一次又一次的波折，让自己在一次又一次的"丢脸"当中成长起来。

命运的冷遇也是一种幸运

想实现自己的梦想，就要有胆识有胆量，要勇敢地面对挑战，做一个生活的攀登者，只有这样才能攀上人生的顶峰，欣赏到无限的风景。有时候，白眼、冷遇、嘲讽会让弱者低头走开，但对强者而言，这也是另一种幸运和动力。

她从小就"与众不同"，因为小儿麻痹症，不要说像其他孩子那样欢快地跳跃奔跑，就连正常走路都做不到。寸步难行的她非常悲观和忧郁，当医生教她做一点运动，说这可能对她恢复健康有益时，她就像没有听到一般。随着年龄的增长，她的忧郁和自卑感越来越重，甚至，她拒绝所有人的靠近。但也有个例外，邻居家那个只有一只胳膊的老人却成为她的好伙伴。老人是在一场战争中失去一只胳膊的，老人非常乐观，她非常喜欢听老人讲故事。

这天，她被老人用轮椅推着去附近的一所幼儿园，操场上孩子们动听的歌声吸引了他们。当一首歌唱完，老人说道："我们为他们鼓掌吧！"她吃惊地看着老人，问道："你只有一只胳膊，怎么鼓掌啊？"老人对她笑了笑，解开衬衣扣子，露出胸膛，用手掌拍起了胸膛……

那是一个初春，风中还有几分寒意，但她却突然感觉自己的身体里涌动起一股暖流。老人对她笑了笑，说："只要努力，一个巴掌一样可以拍响。你一样能站起来的！"

那天晚上，她让父亲写了一张纸条，贴到了墙上，上面是这样的一行字："一个巴掌也能鼓掌。"从那之后，她开始配合医生做运动。无论多么艰难和痛苦，她都咬牙坚持着。有一点进步了，她又以更大的受苦姿态，来求更大的进步。甚至在父母不在时，她自己扔开支架，试着走路。她坚持着，她相信自己能够像其他孩子一样，她要行走，她要奔跑……

11岁时，她终于扔掉支架，但她又向另一个更高的目标努力着，她开始打篮球和参加田径运动。

1960年罗马奥运会女子100米跑决赛，当她以11秒18第一个撞线后，掌声雷动，人们都站起来为她喝彩，齐声欢呼着这个美国黑人的名字：威尔玛·鲁道夫。

那一届奥运会上，威尔玛·鲁道夫成为当时世界上跑得最快的女性，她共摘取了3枚金牌，也是第一个黑人奥运女子百米冠军。

生活中，我们能够听到这样的话："立即干"、"做得最好"、"尽你全力"、"不退缩"、"我们能产生什么"、"总有办法"、"问题不在于假设，而在于它究竟怎样"、"没做并不意味着不能做"、"让我们干"、"现在就行动"。这些都是攀登者热爱的语言。他们是真正的行动者，他们总是要求行动，追求行动的结果，他们的语言恰恰反映了他们追求的方向。

生活中，当我们遭到冷遇时，不必沮丧，不必愤恨，唯有尽全力赢得成功，才是最好的答复与反击。不因幸运而故步自封，不因厄运而一蹶不振。真正的强者，善于从顺境中找到阴影，从逆境中找到光亮，时时校准自己前进的目标，人生的冷遇也可能成为你幸运的起点。

磨砺到了，幸福也就到了

世间很多事情都是难以预料的，亲人的离去、生意的失败、失恋、失业等等打破了我们原本平静的生活，以后的路究竟应该怎么走？我们应当从哪里起步？这些灰暗的影子一直笼罩在我们的头上，让我们裹足不前。

难道生活真的就这么难吗？日子真的就暗无天日吗？其实，并不是这样的。在这个世界上，为何有的人活得轻松，而有的人却活得沉重？因为前者拿得起，放得下，后者是拿得起，却放不下。很多人在受到伤害之后，一蹶不振，在伤痛的海洋里沉沦。只得到不失去的事情是不可能的，而一个人在失去之后，就对未来丧失信心和希望，又怎么在失去之后再得到呢？人生又怎能过得快乐幸福呢？

被誉为"经营之神"的松下幸之助9岁起就去大阪做一个小伙计，父亲的过早去世使得15岁的他不得不担负起生活的重担，寄人篱下的生活使他过早地体验了做人的艰辛。

22岁那年，他晋升为一家电灯公司的检察员。就在这时，松下幸之助发现自己得了家族病，已经有9位家人在30岁前因为家族病离开了人世。他没了退路，反而对可能发生的事情有了充分的精神准备，这也使他形成了一套与疾病作斗争的办法：不断调整自己的心态，以平常之心面对疾病，使自己保持旺盛的精力。这样的过程持续了一年，他的身体变得结实起来，内心也越来越坚强，这种心态也影响了他的一生。

患病一年来的苦苦思索，改良插座的愿望受阻后，他决心辞去公司的工作，开始独立经营插座生意。创业之初，正逢第一次世界大战，物价飞涨，而松下幸之助手里的所有资金少得可怜。公司成立后，最初的产品是插座和灯头，却因销量不佳，使得工厂到了难以维持的地步，员工相继离去，松下幸之助的境况变得很糟糕。

但他把这一切都看成是创业的必然经历，他对自己说："再下点工夫，总会成功的！已有更接近成功的把握了。"他相信：坚持下去取得成功，就是对自己最好的报答。功夫不负有心人，生意逐渐有了转机，直到6年后拿出第一个像样的产品，也就是自行车前灯时，公司才慢慢走出了困境。

1929年经济危机席卷全球，日本也未能幸免，松下的公司销量锐减，库存激增。日本的战败使得松下幸之助变得几乎一无所有，剩下的是到1949 年欠下 10 亿元的巨额债务。为抗议把公司定为财阀，松下幸之助不下50 次去美军司令部进行交涉。

一次又一次的打击并没有击垮松下幸之助，如今松下已经成为享誉全世界的知名品牌，这个品牌正是在不断的磨砺之中逐渐成长起来的。

如果当初在得知自己患上家族病的那一刻，松下就将自己埋没在悲观之中，那么，或许我们今天就不会看到松下这个品牌了。

生活中有各种各样我们想不到的事情，其实这些事情本身并不可怕，可怕的是我们无法从这件事情所造成的影响中抽身出来，尽早地以最新、最好的状态去投入下面的事情，哪怕我们现在身无分文，我们仍可以从身无分文起步，一点一滴地打拼，磨砺到了，幸福也就到了。

第二章
不抱怨的智慧

·第一节·

别抱怨，每一个人的人生都有坎坷

人生没有过不去的坎

"没有永久的幸福，也没有永久的不幸"，尽管在生活中，我们每个人都会遇到各种各样的挫折和不幸，而且有的人不仅仅要承受一种磨难，甚至受打击的时间可以长达几年、十几年，但是让人极度讨厌的厄运也有它的"致命弱点"，那就是它不会持久存在。

人们在遭受了生活的打击之后，总是习惯抱怨自己的命运不好，身边没有能够帮忙的朋友，家世也不好，没有可依靠的父母，等等。其实抱怨并不能解决问题，当问题发生的时候，我们一定要相信——厄运不久就会远走，好运迟早会到来。

匹兹堡有一个女人，她已经35岁了，过着平静、舒适的中产阶层的家庭生活。但是，她突然连遭四重厄运的打击。丈夫在一次事故中丧生，留下两个小孩。没过多久，一个女儿被烤面包的油脂烫伤了脸，医生告诉她孩子脸上的伤疤终生难消，她为此伤透了心。她在一家小商店找了份工作，可没过多久，这家商店就关门倒闭了。丈夫给她留下一份小额保险，但是她耽误了最后一次保费的续交期，因此保险公司拒绝支付保险金。

碰到一连串不幸事件后，女人近于绝望。她左思右想，为了自救，她决定再做一次努力，尽力拿到保险补偿。在此之前，她一直与保险公司的普通员工打交道。当她想面见经理时，一位接待员告诉她经理出去了。她站在办公室门口无所适从，就在这时，接待员离开了办公桌。机遇来了。她毫不犹豫地走进了经理的办公室，结果，看见经理独自一人在那里。经理很有礼貌地问候了她。她受到了鼓励，沉着镇静地讲述了索赔时碰到的难题。经理派人取来她的档案，经过再三思索，决定应当以德为先，给予赔偿，虽然从法律上讲公司没有承担赔偿的义务。工作人员按照经理的决定为她办了赔偿手续。

但是，由此引发的好运并没有到此中止。经理尚未结婚，对这位年轻寡妇一见倾心。他给她打了电话，几星期后，他为寡妇推荐了一位医生，医生为她的女儿治好了病，脸上的伤疤被清除干净；经理通过在一家大百货公司工作的朋友给寡妇安排了一份工作，这份工作比以前那份工作好多了。不久，经理向她求婚。几个月后，他们结为夫妻，而且婚姻生活相当美满。

这个故事很好地阐释了厄运与好运的意义，厄运不会一直存在于我们的生活里，即使是现在深陷困境，我们也会在不久之后就等到了厄运的夭折期。

易卜生说："不因幸运而故步自封，不因厄运而一蹶不振。真正的强者，善于从顺境中找到阴影，从逆境中找到光亮，时时校准自己前进的目标。"

任何时候，都不要因厄运而气馁，厄运不会时时伴随你，阴云之后的阳光很快就会来临。

日子难过，更要认真地过

经济不景气，大学生刚毕业就待业，裁员、下岗、减薪……这些词汇每天都充斥在工薪阶层的耳旁，扰得人们寝食难安；消费水平提高、物价上涨、孩子上学问题、户口问题、买不起房子买不起车、租个房子还要整天面对苛刻的房东……面对如此尴尬的处境，人们不禁感叹："这日子真的是没法过了。"

虽然艰难的日子让人焦头烂额，可是我们却没有办法选择别样的生活。既然改变不了，那么不如就冷静地接受，认真地过好每一天，这样也许我们就会有很多意外的收获，生活也不会再让我们觉得痛苦了。

众所周知，王宝强是个在少林寺里拳来脚往生活了六年的孩子，因为克制不住内心梦想之火的燃烧，就决定出少林"闯荡江湖"了。他从少林寺伙房师傅的口中得知很多师兄弟都去了北京做武打替身，可以拍电影，还可以和很多大明星接触……被外面五彩缤纷的生活所吸引，也被心中的梦想所牵引，于是王宝强来到北京，开始了所谓的"北漂生活"。

实际上，我们可以想象得到，像王宝强这样没有什么学历和文凭的人，在"北漂"中注定是不能气定神闲的。他曾经回忆："那个时候住排房，屋子很小，夏天非常拥挤，五六个师兄弟挤在一起。不过房租很便宜，一个月一百块，每个人每月也就二十块钱的租金。"可是，就算你空有一身好武功，也要有戏演才能维持生活。而实际上，只凭当替身的那点拳脚费，几乎无法维持生活。于是，那个时候的王宝强，几乎是"替身和民工"并存。

生活的艰难并没有动摇王宝强的信念，不管生活多难，他都咬紧牙关坚持着。在一次访谈中，王宝强的哥哥说："他到了北京忽然和家里失去了联系，信也没有，电话也没有。差不多将近两年的时间。我妈妈想他都快得病了。他忽然有一天打电话回来，说自己得了大奖，开始我们都还不信呢……"

王宝强的确曾经和家里失去联系，他说："那个时候没有钱，就是没钱打电话……而且也不想打，没混出来个人样，觉得没法跟家里交代，没脸和家里人说。"就在那样孤独、艰难的岁月里，王宝强一面做"武替"，一面做民工，才勉强维持了自己的生活。有时候"武替"一天有几十块钱，有时候就只有一顿盒饭，可是即便这样，王宝强也觉得挺好的，来了北京，能吃饱，还能长见识。

很多师兄都劝他："宝强，咱回去吧。你说咱们武功也一般，长得也不好，还没什么文化，哪有导演愿意要咱们这样的呀。不是每个人都有李连杰那样的好运气的。"可是，倔强的王宝强就是不肯认输，就是抱定了"再难也要坚持下去"的观点，坚决要留在北京打拼。记得蒲松龄曾经写过这样的落第自勉联："有志者，事竟成，破釜沉舟，百二秦关终属楚；苦心人，天不负，卧薪尝胆，三千越甲可吞吴。"不知道是不是因为他"愚公移山"的精神感动了上帝，好运终于飘然降临了。

李扬导演相中了他，电影《盲井》中的优秀表演让他脱颖而出，并使他荣获了当年金马奖最佳新人奖。随后，冯小刚导演找到了他，他和中国最优秀的几个一线大明星、众多影帝影后加盟《天下无贼》。那个憨厚的"傻根"让人们一下子记住了他的名字。王宝强的星途从此一帆风顺。

很多人认为王宝强之所以能越来越好，是因为他太幸运了。可是王宝强却说："我并不是幸运的一个，能够有今天的成绩，是因为我一直没有放弃，尽管日子很难过，但是我一直在认真过好每一天。"

尽管在生活中，我们每个人都会遇到各种各样的磨难和考验，可是只有能够认真地过日子的人，才能在最后的关头突破自己，创造生活的奇迹。其实，生活给予我们每个人的机会都是相同的，越是艰难的岁月，就越能给我们提供进步的空间。所以，不要总是抱怨日子不好过，只要我们坚持，认真过好每一天，我们就能抓住希望。

冬天总会过去，春天迟早会来临

四时有更替，季节有轮回，严冬过后必是暖春，这符合大自然的发展规律。在我们人类眼中，事物的发展似乎也遵循着这一条规律，否极泰来、苦尽甘来、时来运转等成语无不反映了人们的一种美好愿望：逆境达到极点就会向顺境转化，坏运到了尽头好运就会到来。所以，我们坚信，没有一个冬天不可逾越，没有一个春天不会来临。这是对生活的信心，也是对生活的希望，有了信心与希望，无论事情多糟糕，我们也会有面对现实的勇气和决心。

约翰是一个汽车推销商的儿子，是一个典型的美国孩子。他活泼、健康，热衷于篮球、网球、垒球等运动，是中学里一个众所周知的优秀学生。后来约翰应征入伍，在一次军事行动中，他所在部队被派遣驻守一个山头。激战中，突然一颗炸弹飞入他们的阵地，眼看即将爆炸，他果断地扑向炸弹，试图将它丢开。可是炸弹却爆炸了，他重重地倒在地上，当他向后看时，发现自己的右腿右手全部炸掉，左腿变得血肉模糊，也必须截掉了。一瞬间他想哭，却哭不出来，因为弹片穿过了他的喉咙。人们都以为约翰再也不能生还，但他却奇迹般地活了下来。

是什么力量使他活了下来？是格言的力量。在生命垂危的时候，他反复诵读贤人先哲的这句格言："如果你懂得苦难磨炼出坚韧，坚韧孕育出骨气，骨气萌发不懈的希望，那么苦难最终会给你带来幸福。"约翰一次又一次默念着这段话，心中始终保持着不灭的希望。然而，对于一个健康的年轻人来说，三截肢（双腿、右臂）这个打击实在太大了！在深深的绝望中，他又看到了一句先哲格言："当你被命运击倒在最底层之后，再能高高跃起就是成功。"

回国后，他从事了政治活动。他先在州议会中工作了两届。然后，他竞选副州长失败。这是一次沉重的打击。但他用这样一句格言鼓励自己："经验不等于经历，经验是一个人经过经历所获得的感受。"这指导他更自觉地去尝试。紧接着，他学会驾驶一辆特制的汽车并跑遍全国，发动了一场支持退伍军人的事业。那一年，总统命他担任全国复员军人委员会负责人，那时他 34 岁，是在这个机构中担任此职务最年轻的一个人。约翰卸任后，回到自己的家乡。1982 年，他被选为州议会部长，1986 年再次当选。

后来，约翰已成为亚特兰城一个传奇式人物。人们可以经常在篮球场上看到他摇着轮椅打篮球。他经常邀请年轻人与他进行投篮比赛。他曾经用左手一连投进了 18 个空心篮。一句格言说："你必须知道，人们是以你自己看待自己的方式来看你的。你对自己自怜，人家则会报以怜悯；你充满自信，人们会待以敬畏；你自暴自弃，多数人就会嗤之以鼻。"一个只剩一条手臂的人能成为一名议会部长，能被总统赏识担任一个全国机构的要职，是这些格言给了他力量。同时，他的成功也成了这些格言的有力佐证。

天无绝人之路，生活有难题，同时也会给我们解决问题的能力与方法。约翰之所以能够生存下来并创造事业的辉煌，是因为他坚信人生没有过不去的坎儿，坚信冬天之后春天会来临。他在困难面前没有低头，昂首挺进，直至迎来了生命的春天。

生活并非总是艳阳高照，狂风暴雨随时都有可能来临。但是每一个人都需要将自己重新打理一下，以一种勇敢的人生姿态去迎接命运的挑战。请记住，冬天总会过去，春天总会来到，太阳也总要出来的。度过寒冬，我们一定会生活得更好。

不要把自己禁锢在眼前的苦痛中

世事无常，我们随时都会遇到困厄和挫折。遇见生命中突如其来的困难时，你都是怎么看待的呢？不要把自己禁锢在眼前的困苦中，眼光放远一点，当你看得见成功的未来远景时，便能走出困境，达到你梦想的目标。

当我们处于厄运的时候，当我们面对失败的时候，当我们面对重大灾难的时候，只要我们仍能在自己的生命之杯中盛满希望之水，那么，无论遭遇何种坎坷，我们都能保持快乐的心情，我们的生命就不会枯萎。

在断崖上，不知何时长出了一株小小的百合。它刚发芽的时候，长得和野草一模一样，但是，它心里知道自己并不是一株野草。它的内心深处，有一个纯洁的念头："我是一株百合，不是一株野草。唯一能证明我是百合的方法，就是开出美丽的花朵。"它努力地吸收水分和阳光，深深地扎根，直直地挺着胸膛，对附近的杂草置之不理。

在野草和蜂蝶的鄙夷下，百合努力地释放内心的能量。百合说："我要开花，是因为知道自己有美丽的花；我要开花，是为了完成作为一株花的庄严使命；我要开花，是由于自己喜欢以花来证明自己的存在。不管你们怎样看我，我都要开花！"

终于，它开花了。它那灵性的洁白和秀挺的风姿，成为断崖上最美丽的风景。年年春天，百合努力地开花、结籽，最后，这里被称为"百合谷地"。因为这里到处是洁白的百合。

我们生活在一个竞争十分激烈的社会，有时在某方面一时落后，有时困难重重，有时失败连连，有时甚至被人嘲笑……无论什么时候，我们都不能放弃努力；无论什么时候，我们都应该像那株百合一样，为自己播下希望的种子。

内心充满希望，它可以为你增添一分勇气和力量，它可以支撑起你一身的傲骨。当莱特兄弟研究飞机的时候，许多人都讥笑他们是异想天开，当时甚至有句俗语说："上帝如果有意让人飞，早就使他们长出翅膀。"但是莱特兄弟毫不理会外界的说法，终于发明了飞机。当伽利略以望远镜观察天体，发现地球绕太阳而行的时候，教皇曾将他下狱，命令他改变主张，但是伽利略依然继续研究，并著书阐明自己的学说，他的研究成果后来终于获得了证实。最伟大的成就，常属于那些在大家都认为不可能的情况下却能坚持到底的人。坚持就是胜利，这是成功的一条秘诀。

暂时的落后一点都不可怕，自卑的心理才是可怕的。人生的不如意、挫折、失败对人是一种考验，是一种学习，是一种财富。我们要牢记"勤能补拙"，既能正确认识自己的不足，又能放下包袱，以最大的决心和最顽强的毅力克服这些不足，弥补这些缺陷。人的缺陷不是不能改变，而是看你愿不愿意改变。只要下定决心，讲究方法，就可以弥补自己的不足。

在不断前进的人生中，凡是看得见未来的人，也一定能掌握现在，因为明天的方向他已经规划好了，知道自己的人生将走向何方。留住心中的"希望种子"，相信自己会有一个无可限量的未来，心存希望，任何艰难都不会成为我们的阻碍。只要怀抱希望，生命自然会充满激情与活力。

别为了关上的门而痛苦，老天还为你留了一扇窗

生活中，我们看到的往往只是事物的一个侧面，这个侧面让人痛苦，但痛苦却可以转化。蚌因身体嵌入沙粒，伤口的刺激使它不断分泌物质来疗伤，如此，就出现一颗晶莹的珍珠。哪颗珍珠不是由痛苦孕育而成？可见，任何不幸、失败与损失，都有可能成为我们有利的因素。

1900多年前，在意大利的庞贝古城里，有一个叫莉蒂雅的卖花女孩。她自小双目失明，但并不自怨自艾，也没有垂头丧气把自己关在家里，而是像常人一样靠劳动自食其力。

不久，一场毁灭性的灾难降临到了庞贝城。没有任何预兆的维苏威火山突然爆发，数亿吨的火山灰和灼热的岩浆顷刻间把庞贝城给吞没了。

整座城市被笼罩在浓烟和尘埃中，漆黑如无星的午夜。惊慌失措的居民跌来碰去寻找出路，却无法找到。许多人来不及逃脱，被活活埋葬；有些人设法躲入地窖，但因熔岩和火山灰层的覆盖而窒息，也没有幸免；城中2万多居民大部分逃到了别处，但仍有2千多人遇难。由于盲女莉蒂雅这些年走

街串巷地卖花，她的不幸这时反而成了她的大幸。她靠着自己的触觉和听觉找到了生路，而且还救了许多人。残疾，成为她的财富。

生活中谁都难免遭遇挫折，只要你树立信心，继续努力，生活中，肯定会有"柳暗花明又一村"的新景象。

西娅在维伦公司担任高级主管，待遇优厚。很长一段时间，她都为到底去什么地方度假而烦恼。但是情况很快就变得糟糕起来。为了应对激烈的竞争，公司开始裁员，而西娅则是被裁掉的一员。那一年，她43岁。

"我在学校一直表现不错！"她对好友墨菲说，"但没有哪一项特别突出。后来，我开始从事市场销售。在30岁的时候，我加入了那家大公司，担任高级主管。"

"我以为一切都会很好，但在我43岁的时候，我失业了。那感觉就像有人给了我的鼻子一拳。"她接着说，"简直糟糕透了。"

西娅似乎又回到了那段灰暗的日子，语气也沉重了许多。但是，不久她凭借自己的优势找到了工作，两年后，她已经拥有了自己的咨询公司。

"被裁员是一件糟糕的事情，但那绝对不是地狱。也许，对你自己来说，可能还是一个改变命运的机会，比如现在的我。重要的是如何看待，我记得那句名言，世界上没有失败，只有暂时的不成功。"西娅真诚地对墨菲说。

在人的一生中，每个人都不能保证事业上能够一帆风顺。很多人刚刚步入社会，自身的经验、才能都尚在成长之中，加上社会上竞争激烈，各个用人单位对人才的要求不尽相同，这期间面试遭淘汰，或者工作不适被辞退，这都是很正常的事情。你不必为此感到屈辱，耿耿于怀。

世界充满了就业的机遇，也充满了被淘汰的可能。被淘汰不一定是坏事，也许这正是上帝在以另一种方式告诉你：你未尽其才，你需要寻找更适合你发展的空间。

错误往往是成功的开始

曾经有人做过分析后指出，成功者成功的原因，其中一条很重要的就是"随时矫正自己的错误"。一个渴望成功、渴望改变现状的人，绝对不会因一个错误而停止前进的脚步，他必定会找出成功的契机，继续前进。

一位老农场主把他的农场交给一位外号叫错错的雇工管理。

农场里有位堆草高手心里很不服气，因为他从来都没有把错错放在眼里。他想，全农场哪个能够像我那样，一举挑杆子，草垛便像中了魔似的不偏不倚地落到了预想的位置上？回想错错刚进农场那会儿，连杆子都拿不稳，掉得满地都是草，有的甚至还砸在自己的头上，非常可笑。等他学会了堆草垛，又去学割草，留下的草歪歪斜斜、高高低低，一片狼藉；别人睡觉了，他半夜里去了马房，观察一匹病马，说是要学学怎样给马治病。为了这些古怪的念头，错错出尽了洋相，不然怎么叫他"错错"呢？

老农场主知道堆草高手的心思，邀请他到家里喝茶聊天。老农场主问："你可爱的宝宝还好吗？平时都由他们的妈妈照顾吧？"高手点点头，看得出来他很喜欢他的孩子。老人又说："如果孩子的妈妈有事离开，孩子又哭又闹怎么办呢？""当然得由我来管他们啦。孩子刚出生那阵子真是手忙脚乱哩，不过现在好多了。"高手说。

老人叹了一口气，说："当父母可不易哦。随着孩子的渐渐长大，你需要考虑的事情还有很多很多，不管你愿意不愿意，因为你是父亲。对我来说，这个农场也就是我的孩子，早年我也是什么都不懂，但我可以学，也经过了很多次的失败，就像'错错'那样，经常遭到别人的嘲笑。"

话说到这个节骨眼上，堆草高手似乎领会了老人的用意，神情中露出愧色。

"优胜劣汰"成为一种必然。但现在人们开始认同另一种说法：成功，

57

就是无数个"错误"的堆积。

错误是这个世界的一部分，与错误共生是人类不得不接受的命运。

错误并不总是坏事，从错误中汲取经验教训，再一步步走向成功的例子也比比皆是。因此，当出现错误时，我们应该像有创造力的思考者一样了解错误的潜在价值，然后把这个错误当作垫脚石，从而产生新的创意。事实上，人类的发明史、发现史到处充满了错误假设和错误观点。哥伦布以为他发现了一条到印度的捷径、开普勒偶然间得到行星间引力的概念，他这个正确假设正是从错误中得到的、再说爱迪生还知道几千种不能用来制作灯丝的材料呢。

错误还有一个好用途，它能告诉我们什么时候该转变方向。只有适时转变方向，才不会撞上失败这块绊脚石。

笑迎人生风雨

生活中难免有痛苦和失落，但是我们不能总是用悲观的心去对待生活，而应该在艰难中给自己一点希望，让自己坚强起来，再苦也要笑一笑。

钟爱东，百亩鱼塘的主人，被评为省"巾帼科技兴农带头人"。

从一名普通的下岗女工到身价千万的养殖大王，不惑之年的钟爱东仍然勤劳淳朴。事业几经起落，她说，横下一条心，没有过不去的坎儿。

1997年1月1日，是钟爱东不能忘却的日子，这一天，本以为捧上"铁饭碗"的她下岗了。在这家工厂工作了近20年，还成了厂里的"一把手"，钟爱东说，她把全部的心血、最好的青春年华，都给了工厂，甚至没有时间照顾年幼的孩子，"当时觉得，心里有什么东西被人硬掰了下来"，钟爱东说。那天，她哭了。

下岗后，她接到的第一个电话，是花都区妇联打来的，她说，就是这个电话，在最艰难的时候教会她"用笑容去迎接困难"。钟爱东在当厂长的时候就经常与周围的农民接触，知道养殖水产有赚头，看准这一点，她拿出了仅有的 2000 元"压箱底钱"，又东奔西走借了些款，一咬牙承包了 200 亩低洼田，资金不够，就赚一分投入一分，滚动式周转。几年下来，天天"泡"鱼塘、搞技术，200 亩低洼田变成了水产养殖地。钟爱东说，那时照看鱼塘就是她全部的生活了。她每天早上都要花一个小时绕池塘走上几圈。

钟爱东没想到，生活中的第二次打击来得这么快。那一天，是钟爱东最伤心的日子。一场大洪水淹没了她刚刚兴旺的鱼塘。站在堤坝上，看着不断上涨的洪水一点点吞没了鱼塘，钟爱东绝望地回了家。"哪里跌倒就从哪里爬起来。"钟爱东说，这是当时丈夫说的唯一的话，倔强的她这次没有流泪。她开始带着工人挖塘、养苗，引进新技术、新鱼种，被洪水淹没的鱼塘一点点"回来"了。

钟爱东成了远近闻名的"鱼王"，鱼塘越做越大，还办起了企业。经过多年的艰难经营，"养鱼为生"的钟爱东对技术情有独钟：一个没有创新、没有新产品的企业，就像脱水的鱼。

钟爱东有个温暖的四口之家，她说，在最困难的时候，家人的支持成了她的精神支柱。"当初好多次想到放弃，是他们帮我挺过了难关。"屡经磨难，钟爱东说最重要的是要学会如何看待失败，"下岗、失败都不用怕，路是自己走出来的，认定目标走下去，一定会成功。"

生命，有起有落，有悲有喜，起伏不定，但是太阳却依然明亮，月亮仍然美丽，星星依旧闪烁……一切的一切仍旧是那么和谐，而生命，依然会有着更美丽的色彩，亟待我们去开发。明天，总是美好的，只要我们有心，只要我们在艰难中咬紧牙关，我们就能够在痛苦中盼来新一轮的朝阳。

·第二节·

用感恩的心驱走抱怨的"恶魔"

感恩的心才能念动幸福的咒语

一位哲人说，世界上最大的悲剧和不幸就是一个人大言不惭地说："没人给过我任何东西。"对生活常怀有一颗感恩之心的人，即使遇上再大的灾难，也能熬过去。

在日本"推销之神"原一平的奋斗史中，最受人们推崇的是"三恩主义"，即社恩、佛恩和客恩。

即使被尊称为"推销之神"，原一平也没有骄傲，反而以谦恭为怀，时时刻刻感谢公司的栽培，认为没有公司提供的平台，就没有今日的他，因此他十分尊敬公司，晚上睡觉脚不敢朝向公司的方向，这就是社恩。原一平一生的成功，除了自己的辛苦奋斗之外，串田董事长功不可没。不过，他内心里最感谢的是启蒙恩师吉田胜逞法师、伊藤道海法师，没有他们的一语道破及指点迷津，或许原一平还只是一名推销的小卒呢！这就是佛恩。对参加保险的客户和周围合作的同事心怀感激，这就是客恩。据原一平自称：他的所得除10％留为己用外，其余皆回馈给公司及客户。因为他对公司有着感恩的胸怀，所以处处为公司的利益着想，为客户提供无微不至的服务，从而也锻炼了自己的能力，得到上司和客户的回赠，登上了事业的高峰。

感恩，可以使我们浮躁的心态得以平静下来，也使我们能够从全新的角度来看待身边的事物。

中国电力国际发展公司首席执行官李小琳在中国电力市场被称为"一

姐"，统领市值近百亿的中国电力，也是香港 H 股、红筹股上市公司中唯一女性 CEO。

感恩，是李小琳平时用得最多的字眼。对此她有着自己的说法："常怀感恩之情，我们就会时刻有报恩之心，报祖国之恩、组织之恩、父母之恩、老师之恩、同志之恩、朋友之恩……"常怀感恩之心，就会将给予视为最大的快乐；就会内生一种定力，在纷繁复杂的社会生活中保持那种难得的"律己"。

她早已养成静坐禅修的习惯，在没有打扰的情况下，可以静坐上一个小时，甚至更长时间。"吾当一日而三省吾身"，静思时，一天的所思所想、所作所为，无不撞击心头，让她警醒觉悟。

李小琳说："我能有今天的成果，要感谢很多人的恩惠。"一个懂得感恩的女人，无须言他，本身就是一种成功和美丽的理由。

感恩是一种处世哲学，是生活中的大智慧。人生在世，不可能一帆风顺，我们需要勇敢地面对、旷达地处理种种失败、无奈。当挫折、失败来临时，是一味地埋怨生活，从此变得消沉、萎靡不振，还是对生活满怀感恩，跌倒了再爬起来？

英国作家萨克雷说："生活就是一面镜子，你笑，它也笑；你哭，它也哭。"感恩不纯粹是一种心理安慰，也不是对现实的逃避，更不是阿 Q 的"精神胜利法"。感恩，是一种歌唱生活的方式，它来自对生活的爱与希望。

感恩之情是滋润生命的营养素，它使我们的生活充满芳香和阳光。一个不懂得感恩的人，即使家财万贯，他仍是个贫穷的人；懂得感恩，才是天下最富有的人。

得到别人的好处要想到回报

在第一次世界大战中，有一种德国特种兵的任务是深入敌后去抓俘虏回来审讯。

当时打的是堑壕战，大队人马要想穿过两军对垒前沿的无人区，是十分困难的。但是一个或几个士兵悄悄爬过去，溜进敌人的战壕，相对来说就比较容易了。参战双方都有这方面的特种兵，经常被派去抓回敌军的士兵审讯。

有一个德军特种兵以前曾多次成功地完成这样的任务，这次他又出发了。他很熟练地穿过两军之间的地域，出乎意料地出现在敌军的战壕中。

一个落单的士兵正在吃东西，毫无戒备，一下子就被缴了械。他手中还举着刚才正在吃的面包，这时，他本能地把一些面包递给对面突然出现的敌人。这也许是他一生中做得最正确的一件事了。

面前的德国兵忽然被这个举动打动了，并导致了他奇特的行为——他没有俘虏这个敌军士兵回去，而是自己回去了，虽然他知道回去后上司会大发雷霆。

这个德国兵为什么这么容易就被一块面包打动呢？人的心理其实是很微妙的。人一般有一种心理，就是得到别人的好处或好意后，就想要回报对方。德国兵虽然从对手那里得到的只是一块面包，或者他根本没有要那个面包，但是他感受到了对方对他的一种善意，即使这善意中包含着一种恳求。但这毕竟是一种善意，是很自然地表达出来的，在一瞬间打动了他。他在心里觉得，无论如何不能把一个对自己好的人当俘虏抓回去，甚至要了他的命。

其实这个德国兵不知不觉地受到了心理学上"互惠定律"的左右。这种得到对方的恩惠，就一定要报答的心理，就是"互惠定律"，这是人类社会中根深蒂固的一个行为准则。

一位心理学教授做过一个小小的实验，证明了这个定律。他在一群素不相识的人中随机抽样，给挑选出来的人寄去了圣诞卡片。虽然他也估计会有一些回音，但却没有想到大部分收到卡片的人，都给他回了一张，而其实他们都不认识他啊！

给他回赠卡片的人，根本就没有想到过打听一下这个陌生的教授到底是谁。他们收到卡片，自动就回赠了一张。也许他们想，可能自己忘了这个教授是谁了，或者这个教授有什么原因才给自己寄卡片。不管怎样，自己不能欠人家的情，给人家回寄一张，总是没有错的。

这个实验虽小，却证明了"互惠定律"的作用。当从别人那里得到好处，我们总觉得应该回报对方。如果一个人帮了我们一次忙，我们也会帮他一次，或者给他送礼品，或请他吃饭；如果别人记住了我们的生日，并送我们礼品，我们也会如此回馈。

中国人讲究礼尚往来也是"互惠定律"的表现。这似乎是人类行为不成文的规则。

在不是很熟悉的朋友之间，你求别人办事，如果没有及时回报，下一次又求人家，就显得不太自然。因为人家会怀疑你是否感激他对你的付出。及时地回报，可以表现出自己是知恩图报的人，有利于相互的继续交往。

让心中的抱怨工厂关门大吉

杯子里只有半杯水了，一个人看见会说："唉，只有半杯水了。"而另一个则说："啊，还有半杯水呢！"这就是对待事物的不同心态。前者是抱怨而悲观的，而后者是感恩而乐观的。我们应该要养成积极的心态，确信天黑透了，就能够看见星星，而不是去抱怨没有太阳，因为太阳绝不会听到你的抱怨。

在我们的生活和工作中，为什么有人觉得自己活得很累，不停地抱怨，又有的人觉得很轻松？为什么有的人觉得这个世界很丑恶，又有的人觉得这个世界很美好？可以说，这一切的一切都来源于心态的不同。

1972 年，新加坡旅游局给总统李光耀打了一份报告，大意是说，我们新加坡不像埃及有金字塔，不像中国有长城，不像日本有富士山，不像夏威夷有十几米高的海浪。我们除了一年四季直射的阳光，什么名胜古迹都没有，要发展旅游事业，实在是巧妇难为无米之炊。

李光耀看过报告，非常气愤。据说，他在报告上批示了这么一行字：你想让上帝给我们多少东西？阳光，阳光就够了！

后来，新加坡利用那一年四季直射的阳光种花植草，在很短的时间里，发展成为世界上著名的"花园城市"，连续多年，旅游收入列亚洲第三位。

与旅游局长心存抱怨形成鲜明对照的是，李光耀总理心存感谢。即使是一缕阳光，那也是上天的恩赐，新加坡正是抓住了阳光，做大了阳光产业，新加坡从而发展成为"亚洲四小龙"之一。一个国家如此，一个人也应如此，一定要心怀感恩：对自己的生活环境充满感激，对自己的家人充满感激，对自己的朋友充满感激。

有的人会对工作抱怨，诸如今天又遇到比较烦的事，比较难沟通的客户，但如果你换个角度想想，假如你把比较烦的事情都做好了，比较难沟通的客户给协调好了，那说明你的服务水平又提高了，你又有进步了。如果你用积极乐观的心态去做事，相信从此你会多一分快乐，少一分抱怨。

不知感恩是一种严重的职业癌症，会严重阻碍职业发展，甚至把自己毁灭掉。得了这种癌症的病人的症状是：不是千方百计想办法战胜困难，而是先指责、埋怨一番。

在某企业的一次招聘中有两个年轻人脱颖而出，最后主考官单独约见了他们，问了他们同一个问题："你觉得以前你工作的那个公司怎么样？"

一个面试者抱怨说："糟透了，同事们整天不干正事，主管的水平实在太低！真难以想象我在那里是怎么度过了两年的！"

另外一个面试者却说："虽然我原来工作的是一家很小的公司，管理也不是很规范，不过在我工作的那段时间里，学到了不少的东西。正因如此，我现在才有勇气坐在这里。我很感激原来工作的公司。"

最后被录取的，毫无疑问，当然是后者！

不知感恩，缺乏感恩心态，失去免疫能力会导致一个人的情感变得麻木，对人对事缺乏热情与认真，工作、生活懈怠，渐渐蜕化成冷漠无情的动物。

不懂感恩的人，他们的存在价值大打折扣。

我们或许有时会感叹自己的工作平淡无味，有时会觉得自己的生活琐碎繁重，有时会气馁于某种失败，但其实只要我们用一种感恩的眼光去看待生活，就会发现我们的人生早就给我们安排了快乐和幸福，只是我们一直都被悲观遮住了眼睛。

《圣经》上说："一生一世，都是恩惠。"我们应该把拥有的一切看成是"天上掉的馅饼"，没有一个快乐的人不深爱自己的生活，没有一个幸福的人不懂得感恩。一个不懂感恩的人，抱怨自己生活和工作现状的人，必定不善于利用手中的资源，也无法发掘现有的价值优势。

所以，只有关闭心中的抱怨"工厂"，搭建心中的感恩"花园"，你的生活将会实现神奇的改变。从现在开始，每天抽出一点时间，为自己目前所拥有的一切而感恩，为自己的生活而感谢吧。

感谢折磨，锤炼自己

人不能总停留在原地，而是要努力向前。感谢折磨你的人，你将得到更迅捷的发展速度。

对于生活中的各种折磨，我们应时时心存感激。只有这样，我们才会常常有一种幸福的感觉，纷繁芜杂的世界才会变得鲜活、温馨和动人。一朵美丽的花，如果你不能以一种美好的心情去欣赏它，它在你的心中和眼里就永远娇艳妩媚不起来，而如你的心情一般灰暗和没有生机。

只有心存感激，我们才会把折磨放在背后，珍视他人的爱心，才会享受生活的美好，才会发现世界原本有太多的温情。心存感激，是一种人格的升华，是一种美好的人性。只有心存感激，我们才会热爱生活，珍惜生命，以平和的心态去努力地工作与学习，使自己成为一个有益于社会的人。心存感激，我们的生活就会洋溢着更多的欢笑和阳光，世界在我们眼里就会更加美丽动人。

面对人生中各种各样的坎坷，你要保持感谢的态度，因为唯有折磨才能使你不断地成长。法国启蒙思想家伏尔泰说："人生布满了荆棘，我们的唯一办法是从那些荆棘上面迅速踏过。"人生是不平坦的，但同时也说明生命正需要磨炼，"燧石受到的敲打越厉害，发出的光就越灿烂。"正是这种敲打才使它发出光来，因此，燧石需要感谢那些敲打。人也一样，感谢折磨你的人，你就是在锤炼自己。

美国独立企业联盟主席杰克·弗雷斯从13岁起就开始在他父母的加油站工作。弗雷斯想学修车，但他父亲让他在前台接待顾客。当有汽车开进来时，弗雷斯必须在车子停稳前就站到司机门前，然后去检查油量、蓄电池、传动带、胶皮管和水箱。

弗雷斯注意到，如果他干得好的话，顾客大多还会再来。于是弗雷斯总是多干一些，帮助顾客擦去车身、挡风玻璃和车灯上的污渍。有一段时间，每周都有一位老太太开着她的车来清洗和打蜡。这个车的车内踏板凹陷得很深，因此很难打扫，而且这位老太太极难打交道。每次当弗雷斯给她把车清洗好后，她都要再仔细检查一遍，让弗雷斯重新打扫，直到清除掉每一缕棉绒和灰尘，她才满意。

终于有一次，弗雷斯忍无可忍，不愿意再侍候她了。他的父亲告诫他说："孩子，记住，这就是你的工作！不管顾客说什么或做什么，你都要记住做好你的工作，并以应有的礼貌去对待顾客。"

父亲的话让弗雷斯深受触动，许多年以后他仍不能忘记。弗雷斯说："在加油站的工作使我学到了严格的职业道德和应该如何对待顾客，这些东西在我以后的职业生涯中起到了非常重要的作用。"

其实，弗雷德的成功与他懂得感谢那些折磨自己的人有着莫大的关系。"吃一堑，长一智"，你为什么不对他心存感激呢？学会感谢折磨你的人，这样，你注定会与成功结缘。

向批评鞠个躬

当人类世界被现代技术网罗成一个村庄的时候，无论你身在何处，也不管你是为了学习还是工作，我们都无法和网络撇清关系。即便是身为天王级巨星的刘德华也不得不经常上网。他沉迷网络，甚至到了每天不上网不自在的地步。但是他上网和我们经常看到的上网"聊天"、"打游戏"有所不同。用他自己的话说："他们将全球有关我的信息集合起来给我看，让我知道世界各地的人对我的看法，他们觉得我是一个怎样的人，这是我很想知道的事。加上地球上有时差关系，所以我每天不止上一次网去看看这些有关我的信息。"

原来，刘德华上网是为了接受更多的批评，让自己更加了解自己。有勇气接受别人的批评，才能够不断取得进步。同时，敢于接受别人批评的人，也显示了自己莫大的勇气和自信。相反，一个听到别人的批评就暴跳如雷、反唇相讥的人，不但缺乏涵养、心胸狭窄，而且这种冲动的做法还会造成难以预测的后果，使每个想帮助他的人都敬而远之。坦然接受他人的批评，无论是正面的还是负面的，你才能成为一个心胸宽广、受别人欢迎的人。

刘德华刚出道时，香港有家知名电台的老板听了他的歌后，当即表示："这个人不懂唱歌，也没有歌唱的天分。"从此不再听他唱歌，并在很多场合坦言刘德华是歌坛"四大天王"里最差的一个。但是刘德华并没有因为别人的打击和嘲笑而气馁，从此，他每逢演唱会必定要给这个人送票，邀请他去听歌。十几年后，那个老板终于肯去听他的演唱会，并且为华仔的歌声所打动，不禁夸赞道："原来是我错了，华仔真的很会唱歌。"

刘德华能够在别人的批评和讽刺之下不气馁，用自信做支撑，用实力去说话，逐渐走出了一条属于自己的星光大道。

世界是五光十色的，世界上的人们也用各不相同的视角来看待生活。不同的人站在不同的方位看待同一个事物，也会产生不同的观点。正如"一千个读者眼中就有一千个哈姆雷特"一样，人们对刘德华的看法也褒贬不一。对此，他开怀地说："世上当然会出现有人喜欢或不喜欢我的情况，好评语自然会吸引我多看，但对我不好的评语我也会清楚地看一次，这样可以完全了解网友是如何看待我的，让我可以加深了解自己，并且为我提供改进的空间。"每个人都需要面对世界，不管你肯不肯；每个人都要面对别人的评论，不管你愿意不愿意。我们在面对别人的评论时，最好的解决方式就是像刘德华那样，让执拗的想法带动心怀转一个弯，这样我们看到的就不会是别人的苛刻和刁钻，而是自己应该进一步提升的空间。

可是在现实生活中，我们总是希望按照自己的想法去勾勒我们的世界，希望一切都按照自己的计划进行，也希望别人都在为了自己的世界服务，所以我们总是不愿意听到不同的声音，不希望有人给予我们批评和指责。

按照自己的理想搭建的世界，毕竟只是我们一厢情愿的，虽然我们一直希望自己是最完美的，可是谁都没有办法抹杀自己身上的不足。有时候，因为过于理想化，我们常常会只看到自己身上的优点，而忽略了所有的缺点。所以，经常听一听别人的声音，虚心接受别人的批评和指正，也未尝不是一个让自己更加完美的方法。

所以，对于敢于批评和指正我们的人，不要总是把他们当成我们的敌人来对待。当我们从他们的话语里了解了一个我们看不到的自己的时候，我们就应该给予他们最真诚的感谢。

感谢别人给你的一片阳光

很多人才貌双全，拥有让人羡慕的家境和学历，但他们却不快乐。无论物质上是多么的丰厚，他们都不会感到满足和幸福。而不幸福的人，往往容易被时间摧残，淡忘生活的意义。

其实，幸福是一种感觉，虽然有外在的因素，但更多地取决于自己的内心。

拥有感恩的心才是快乐的秘诀。对生活拥有一颗感恩的心的人，即使物质生活再贫穷，也可以拥有很多的快乐。感恩的心不是天生就有的，它是后天培养的。

一个常怀感恩之心生活的人，一定是个幸福的人。感恩是爱的根源，也是快乐的必要条件。如果我们对生命中所拥有的一切能心存感激，便能体会到人生的快乐、人间的温暖以及人生的价值。拥有一颗感恩的心，我们才能更懂得珍惜生命、热爱生活，那么，即使遇上再大的困难，也能够绕过去。

一家外资公司的公关部需要招聘一位职员，前来应聘的人经过甄选，最后只剩下了五个。公司告诉这五个人，聘用谁得经过经理层会议讨论才能决定，结果会在三天内发到他们的邮箱里。

三天后，其中一位的电子邮箱里收到一封信，信是公司人事部发来的，内容是："经过公司研究决定，很抱歉，你落选了。虽然我们很欣赏你的学识、气质，但名额有限，这实是割爱之举。公司以后若有招聘名额，必会优先通知你。你所提交的材料在被复印后，不日将邮寄返还于你。另外，为感谢你对本公司的信任，我们还随信寄去本公司产品的优惠券一份。祝你好运！"

看完电子邮件，她知道自己落选了，有点难过，但又为该公司的诚意所感动，便顺手花了一分钟时间回复了一封简短的感谢信。

但在两天后，她却接到了那家外资公司的电话，说经过经理层会议讨论，她已被正式录用为该公司职员。

她很不解，后来才明白邮件其实是公司最后的一道考题。她能胜出，只不过因为多花了一分钟时间去感谢。

在日常生活中，常有父母抱怨孩子不听话，孩子抱怨父母不理解她们，男朋友抱怨女朋友不够温柔，女孩抱怨男孩不够体贴；在工作中，也常出现领导埋怨下级工作不得力，下级埋怨上级不够理解，不能发挥自己的才能……

总之，对生活永远是抱怨，而不是感激。她们只是在意自己没有得到什么好处，却不曾想别人付出了多少。一个二十几岁的女人如果不能够经受世界的考验，感受这个世界的美好，心胸只能容得下私利，那她就得不到幸福。

生命的整体是相互依存的，世界上每一样东西都依赖其他的东西。父母的养育，师长的教诲，配偶的关爱，他人的服务，大自然的慷慨赐予……你从出生那天起，便沉浸在恩惠的海洋里。你只有真正明白了这个道理，才会感谢大自然的福佑，感谢父母的养育，感谢社会的安定，感谢食之香甜，感谢衣之温暖，感谢花草鱼虫，感谢苦难逆境。就连自己的敌人，你也不忘感谢，因为真正促使自己成功，使自己变得机智勇敢、豁达大度的，不是顺境，而是那些常常可以置自己于死地的打击、挫折和对立面。

"打击"你的人可能更爱你

人跟人是不同的，有的人比较直接，所以跟别人表达自己的感情也比较直接：喜欢你就会告诉你，对你好也会让你感觉出来。有些人比较内敛：即使是关心你的，也不会表现出来，反而会给你个很严肃的表情，让你觉得好像欠了他的钱一样。这种人，最容易遭到别人的误解，以为跟他的关系是很难相处的，事实上他对你早就有了一份关心和爱护。相对于你的误解，他往往更注意自己应该怎样做才对你有利，怎样做才能让你成长得更快。

日本大企业家福富先生就曾遇到过这样的人。在他做服务生的时候，他的老板毛利先生常常会很严厉地责骂他。

尽管挨骂的时候，自己的心里是很难过的，可是福富发现自己每次挨了责骂后都会得到一些启示，学会一些事情，所以福富当时总是"主动地"寻找挨骂。只要遇见了毛利先生，福富绝不会像其他怕麻烦的服务生一样逃之夭夭，他会掌握机会，立刻趋身向前，向毛利先生打招呼，并请教说："早安！

请问我有什么地方需要改进？"

这时，毛利先生便会对他指出许多需要注意的地方，福富在聆听训话之后，必定马上遵照他的指示改正缺点。

福富之所以殷勤主动到毛利先生面前请教，是因为他深知年轻资浅的服务生很难有机会和老板交谈，只有如此把握机会，别无他法。而且向老板请教，通常正是老板在视察自己工作的时候，这就是向老板推销自己的最佳时机。所以，毛利先生对福富的印象就深刻，对福富有所指示时，也总是亲切直呼他的名字，告诉福富什么地方需要注意。

他就这样每天主动又虚心地向他请教，持续了两年。有一天，毛利先生对福富说："我长期观察，发现你工作相当勤勉，值得鼓励，所以明天开始请你担任经理。"就这样，19岁的服务生一下子便晋升为经理，在待遇方面也提高很多。被人指责训斥，就是在接受另一种形式的教育。对于毛利先生一年365天的不断教导，福富至今仍感谢不已。

在被指责或训斥时，心里总是会受到一定的打击，会觉得很沮丧甚至很失望。尤其是对方说话或者做事的态度很难让你接受的时候，你就会觉得对方很讨厌，甚至会对他产生怨恨。但是，你有没有静下心来想一想：在你承受对方给你的压力之后，你是否成长了？或者说，对方是出于什么心态来"打击"你的？难道他是跟你有仇，还是只为了自己的一时发泄？

对方给予你"打击"，正是希望你能从中知道自己的错误，并且能够从中学习到一些东西。尽管处理事情的方式可能与你不同，可是，给予你"打击"的人，往往是比任何人都关心你、爱护你的。就如同自己的家长，可能每天都在骂你，但是他们的真实心愿是你能尽快地成才；你的上司，可能每天都在责罚你，可是他往往是想让你尽快地成长……

人与人之间，表达感情的方式是不一样的，所以，在遭受委屈而对"打击"你的人产生抱怨的时候，一定要用心地想一想：他为什么这么对我？这样，你很快就会明白，"打击"你的人，原来都是为了你好。

·第三节·

学会忍耐，让宽容代替抱怨

宽容比怨恨更具威慑力

古今中外，许多大人物身上都有大度、宽容的美德，这也是他们能够被人们尊重的原因之一。

一天，在开往费城的火车上，一个妇人中途上了车，她走进一节车厢，坐在了座位上。对面是一位略显肥胖的男子，正在吸烟。这位妇女禁不住咳了几声，可是，那个男子丝毫没注意到她的暗示。最后，妇人忍不住开口说："你多半是外国人吧！大概不知道这趟车有一节吸烟车厢，这里是不让吸烟的。"那个男子一声不吭，掐灭了香烟，扔出了窗外。

这时，列车员走过来对妇人说，这里是格兰特将军的私人车厢，请她离开。她听了大吃一惊，心里很害怕，站起身往门口走。而格兰特将军仍像刚才一样，没有给她任何难堪，甚至没有取笑、嘲弄她的神情。

宽容也并非大人物的专利，普通人也同样有之。

有这样一个故事：格林夫妇带着两个儿子在意大利旅游，不幸遭劫匪袭击。7岁的长子尼古拉死于劫匪的枪下，在医生证实尼古拉的大脑确实已经死亡后的10个小时内，孩子的父亲做出了决定，同意将儿子的器官捐出。4小时后，尼古拉的心脏移植给了一个患先天性心脏畸形的14岁孩子，一对肾分别使两个患先天性肾功能不全的孩子有了活下去的希望，一个19岁的濒危少女，获得了尼古拉的肝，尼古拉的眼角膜使两个意大利人重见光明。

就连尼古拉的胰腺，也被提取出来，用于治疗糖尿病……

"我不恨这个国家，不恨意大利人。我只是希望凶手知道他们做了些什么。"格林说，嘴角的一丝微笑掩不住内心的悲痛。而他的妻子玛格丽特的庄重、坚定的面容，和他们四岁幼子脸上小大人般的表情，尤其震撼意大利人的灵魂！他们失去了自己的亲人，但事件发生后他们所表现出来的宽容与大度，令全体意大利人深感羞愧。

生活中，我们要学会宽容、大度。古人说："大度集群朋。"一个人若能有宽宏的度量，他的身边便会集结起大群的知心朋友。大度，表现为对人、对事能"求同存异"，不以自己的特殊个性或癖好对待他人。大度，也表现为能听得进各种不同的意见，尤其能认真听取相反的意见。

大度，还要能容忍他人的过失，尤其是当他人对自己犯有过失时，能不计前嫌，一如既往。大度，更应表现为能够虚心接受批评，发现自己的过失，便立即改正，和他人发生矛盾时，能够主动检讨自己，而不文过饰非、推诿责任。大度者，能够关心人、帮助人、体贴人，责己严、责人宽。

有首打油诗写道："占便宜处失便宜，吃得亏时天自知。但把此心存正直，不愁一世被人欺。"内心正直、胸怀雅量，才能包容万物，才能以美好、善良之心看待万物。

那么，如何培养度量呢？

凡是小事，不要太过计较，要原谅别人的过失。

不如意的事来临时，泰然处之，不为所累。

受人讥讽，不要睚眦必报。

学会吃亏，把便宜让给别人。

多看别人的优点，少盯着别人的缺点。

俗语说："将军额上能跑马，宰相肚里能撑船。"宽容是一种境界、一种美德，它能使复杂的事情变简单，使人生跃上新的台阶。

与人争辩，你永远不会真赢

与别人看法和意见不一致，就去跟别人争辩。这样的想法是错的。因为在你争辩的过程当中，势必会想办法证明自己是对的，别人是错的。

通常情况下，没有人愿意听到别人对于自己的批评，所以即使我们说的是对的，他也未必能够听进去。再者，争论的过程中，每一方都以对方为"敌"，试图将一己的观念强加给别人，最终一定会伤害彼此之间的情感，引发很多不必要的误解。

美国耶鲁大学的两位教授曾经做过一项实验。他们耗费了 7 年的时间，调查了种种争论的实态。例如，店员之间的争执、夫妇间的吵架、售货员与顾客间的斗嘴等，甚至还调查了联合国的讨论会。结果，他们证明了凡是去攻击对方的人，绝对无法在争论方面获胜。

当别人在和你谈话时，他根本没有准备请你说教，若你自作聪明，拿出更高超的见解，对方绝不会乐意接受。所以，你不可随便摆出要教导别人的姿态。你的同事向你提出一个意见时，你若不能赞同，最低限度也要表示可以考虑，不可马上反驳。要是你的朋友和你谈天，你更要注意，太多的执拗会把一切有趣的生活变得乏味。遇上别人真的错了，又不肯接受批评或劝告时，别急于求成，往后退一步，把时间延长些，隔一天或两个星期再谈吧！否则大家都固执，就不仅没有进展，反而互相伤害感情，造成隔阂了。

因为许多人喜欢表示不同意见，而得罪了同事，所以常常有人认为不要轻易表示出不同意见。这种看法是很片面的。只要你的办法是正确的，向别人表示自己的不同意见，不但不会得罪人，而且有时还会大受欢迎，使人有"听君一席话，胜读十年书"之感。

那么怎样才能有效避免争论呢？大致可以从以下几个方面做起：

1. 欢迎不同的意见。

当你与别人的意见始终不能统一的时候，这时就要求舍弃其中之一。人的脑力是有限的，有些方面不可能完全想到，因而别人的意见是从另外一个人的角度提出的，总有些可取之处，或者比自己的更好。这时你就应该冷静地思考，或两者互补，或择其善者。如果采取的是别人的意见，就应该衷心感谢对方，因为有可能此意见可以使你避开了一个重大的错误，甚至奠定了你一生成功的基础。

2. 不要相信直觉。

每个人都不愿意听到与自己不同的声音。当别人提出与你不同的意见时，你的第一个反应是要自卫，为自己的意见辩护并竭力去寻找根据，这完全没有必要。这时你要平心静气地、公平、谨慎地对待两种观点（包括你自己的），并时刻提防你的直觉（自卫意识）对你做出正确抉择的影响。值得一提的是，有的人脾气不好，听不得反对意见，一听见就会暴躁起来。这时就应控制自己的脾气，让别人陈述观点，不然，就未免气量太窄了。

3. 耐心把话听完。

每次对方提出一个不同的观点，不能只听一点就开始发作了，要让别人有说话的机会。一是尊重对方，二是让自己更多地了解对方的观点，以判断此观点是否可取，努力建立了解的桥梁，使双方都完全知道对方的意思，不要弄巧成拙。否则的话，只会增加彼此沟通的障碍和困难，加深双方的误解。

4. 仔细考虑反对者的意见。

在听完对方的话后，首先想的就是去找你同意的意见，看是否有相同之处。如果对方提出的观点是正确的，则应放弃自己的观点，而考虑采取他们的意见。一味地坚持己见，只会使自己处于尴尬境地。

5. 真诚对待他人。

如果对方的观点是正确的，就应该积极地采纳，并主动指出自己观点的不足和错误的地方。这样做，有助于解除反对者的武装，降低他们的防卫，同时也缓和了气氛。

及时原谅别人的错误

如果世界上没有宽容和信任，一切亲情、友情、爱情都将失去存在的基础，每个角落都是尔虞我诈的欺骗，社会将毫无温情可言。

只因偶尔的过错完全否定自己的朋友，以至于不再信任他了，这不仅是对朋友的背叛，也是对自己的背叛。

过错与过错是不一样的，有的过错不可原谅，有的过错可以原谅。对朋友偶尔犯下的过错，只要他承担了自己应负的责任，作为朋友理当予以原谅。

在一个小镇上有一个出名的地痞，整日游手好闲，酗酒闹事，人们避之唯恐不及。一天，他醉酒后失手打伤了上门讨债的债主，被判刑入狱。

入狱后的地痞幡然悔悟，对以往的言行深深感到懊悔。

一次，他成功地协助监狱管理人员制止了一次犯人的集体越狱，获得减刑的机会。

地痞（原谅这样继续称呼他）从监狱中出来后，回到小镇上重新做人。他先是想找个地方打工赚钱，结果全被拒绝。食不果腹的地痞又来到亲朋好友家借钱，看到的都是一双双不相信的眼睛，他那一颗刚充满希望的心，开始滑向失望的边缘。这时，地痞少年时代的朋友听说了，就取出了 100 美元送给他，地痞接钱时没有显出过分的激动，他平静地看了一眼"昔日的朋友"后，消失在镇口的小路上。

数年后，地痞从外地归来。他靠 100 美元起家，苦命拼搏，终于成了一个腰缠万贯的富翁，不仅还清了亲朋好友的旧账，还领回来一个漂亮的妻子。他来到了昔日的朋友家，恭恭敬敬地捧上了 200 美元，然后，流着泪说道："谢谢你！你是我真正的朋友，是你的宽容之心和真诚的信任给了我站起来的勇气。"

可见，宽容他人，信任他人，即是对人性的肯定，也是对人的帮助。

要做到胸襟开阔，一般需要认识到"人无完人"，要做到"得理让人"，宽容别人。

小赵大学毕业初入社会，在一家公司外贸部就职。他的顶头上司每天下班后总是跟着外方科长拼命"加班"，无事瞎忙，把白天理好的文件弄得一团糟，出了错，又把责任推给小赵。小赵的稚嫩决定他不是一个会"争"的人，只好忍气吞声地等外方科长长出"火眼金睛"，看出此中曲直来，结果等了几个月，还是等不来一句公道话。

一气之下，小赵辞职去了另一家公司，在那里，他的出色工作博得了许多同事的称赞，但无论怎样也没法使苛刻、暴躁的经理满意。心灰意冷间，他又萌生了跳槽之念，于是向总经理递交了辞呈。总经理先生没有竭力挽留小赵，只是告诉他自己处世多年得出的一个经验：如果你讨厌一个人，你就要试着去爱他。总经理说，他就像鸡蛋里挑骨头一样在每一位上司身上找优点，结果，他发现了老板的两大优点，而老板也逐渐喜欢上了他。

小赵依旧讨厌他的经理，但已悄悄收回了辞呈。作为一个成熟的人，应该放开心胸去包容一切，爱一切。

就算我们没办法爱我们的敌人，起码也应该爱惜自己。不要让敌人控制我们的心情、左右我们的健康以及外表。

当耶稣说，我们应该原谅我们的仇人"77次"时，他实际上也是在教我们做人的道理。

当然，人非圣贤，要去爱我们的敌人也许真的有点强人所难，但出于自身的健康与幸福，学习宽恕敌人，甚至忘了所有的仇恨，也可以算是一种明智之举。有句名言说："无论被虐待也好，被抢掠也好，只要忘掉就行了。"

让谣言止于平静

生存于一个团体之中，无论你如何做人，也无法让每一个人都满意，更何况当有利益纷争的时候呢？出于种种原因，对我们不利的谣言就来了，有攻击我们能力的，也有诽谤我们的信誉和人格的。

流言很多，常常令我们身陷被动的境地。怎么处理它成为每个人关心的问题，其实对于身陷谣言旋涡中的人来说，最需要的是冷静的头脑，而非沮丧的心情和失望的愤怒。

他人对我们造谣的动机各种各样，但无论是出于嫉妒还是别的阴谋，我们在越不顺心的时候就越要保持冷静，绝不能被谣言的制造者打倒。

1952 年，尼克松参加了艾森豪威尔总统的竞选班子。就在这时，有人揭发：加利福尼亚的某些富商以私人捐款的方式暗中资助尼克松，而尼克松将那笔钱据为己有。

尼克松据理反驳，说那笔钱是用来支付政治活动开支的，绝没有据为己有。但是，艾森豪威尔要求他的竞选伙伴必须"像猎狗的牙齿一样清白"，准备把尼克松从候选人的名单中除去。

这样，那一年 10 月的一天晚上，10 时 30 分，全国所有的电视台、电台将各自的镜头、话筒对准了尼克松——他不得不通过电视讲话解释这些捐款的来龙去脉，为自己的清白而作辩护。

尼克松在讲话中并没有单刀直入地为自己辩解，而是多次提到他的出身如何低微，如何凭借自己的一股勇气、自我克制和勤奋工作才得以逐步上升的，博得了观众和听众的同情。

说着说着，他话题一转，似乎是顺便提起了一件有趣的往事，他说道："在我被提名为候选人后，的确有人给我送来一件礼物。那是在我们一家人动身去参加竞选活动的当天，有人说寄给了我家一个包裹。我前去领取，你们猜会是什么东西？"

尼克松故意打住，以提高听众的兴趣。"打开包裹一看，是一个条箱，里面装着一条西班牙长耳朵小狗儿，全身有黑白相间的斑点，十分可爱。我那六岁的女儿特莉西亚喜欢极了，就给它起了一个名字，叫'棋盘'。大家都知道，小孩子们都是喜欢狗的。所以，不管人家怎么说，我打算把狗留下来……"

这就是历史上有名的尼克松的"棋盘演说"。

事后，美国的一份娱乐杂志马上把这次"棋盘演说"嘲讽为花言巧语的产物。好莱坞制片人达里尔·扎纳克则说："这是我见过的最为惊人的表演。"

尼克松当时还以为自己失败了，可最后事态的发展完全出乎大家的意料，成千上万封赞扬他的电报涌进了共和党总部，他因为表现出色而最终被留在了候选人的名单上。

冷静是卓越的基础，只有冷静才能让自己不乱方寸，在谣言的旋涡中立住脚，以便伺机出击、反击对手。

冷静更是保证我们准确判断的重要因素，没有冷静的头脑就不会制定出正确的决策和行之有效的计划。

谣言并不是什么可怕的事，冷静思考是我们对待谣言的最佳处理办法。

阮玲玉就曾因为谣言漫天飞舞而割腕自杀，只留下了"人言可畏"四个字！一代名伶，最后竟以这样的方式香消玉殒，这不得不说是没能保持头脑冷静的结果。

冷静是一种出色的自制力，一个遇事总是头脑发热、丧失理智的人是非常危险的。当不利于我们的谣言出现时，告诉自己这很正常，要用冷静击破它。

拥有忍耐力可以战胜一切

当"智慧"已经钝化，"天才"无能为力，"机智"与"手腕"已经机关算尽，其他的各种能力都已束手无策、宣告绝望的时候，就只剩下"忍耐"。

在别人都已停止前进时，你仍然坚持；在别人都已失望放弃时，你仍然进行。这是需要相当的勇气的。使你得到比别人更高的位置、更多的薪资，使你超乎寻常的，正是这种坚持、忍耐的能力，不以喜怒好恶改变行动的能力。

忍耐的精神与态度，是许多人能够成功的关键。

推销商品时，不管对方怎样傲慢无礼，总不要怒然而返，这种商人才能得到胜利。一次推销不成，两次、三次、四次，最后使对方不但钦佩你的勇气与决心，而且感受到你的耐力与诚恳的精神并成全了他照顾你的生意。

在商界中，能做最多的生意、得到最多的主顾的人，往往是那些决不在困难时说出"不"字来的人，是那种有忍耐的精神、谦和的礼貌，足以使别人感觉难拂其意、难却其情的人。

一受刺激就不能忍耐的人，不会有大成就。

人们的天性决定了他们对各商家的推销员，总有些不欢迎。但当他们遇到了一个有忍耐精神、谦和态度的推销员，事情就不同了。他们知道，有忍耐精神的推销员是不容易打发的，他们常常由于钦佩某个推销员的忍耐精神而购买他的商品。

有谦和、愉快、礼貌、诚恳的态度，同时又兼具忍耐精神的人，是非常幸运的。

做我们高兴做的事，做我们愿意做的事，这是很容易的，但是要全神贯注地去做那种不快的、讨厌的、为我们的内心所反对的，而同时又因为别人不得不去做的事，却是需要勇气、耐性的。每天怀着勇气与热诚去从事我们所不适宜、不想做的工作，从事我们内心反抗、不得不干的事，年复一年这样下去，真是需要英雄般的勇气与耐力。

认定了一个大目标，不管它可喜或可厌，不管自己高兴或不高兴，总是全力以赴——这样的人，总能得到胜利。

定下了一个固定的目标，然后集中全部精力去实现那个目标。这种能力，最能获得他人的钦佩与尊敬。

没有不顾障碍而坚持奋斗的勇气与百折不回的忍耐精神，不能成就大的事业。懦弱、意志不坚定、不能忍耐的人，不能得到他人的信任与钦佩。只有积极的、意志坚强的人，才能得到大家的信任。如果没有大家的信任，那么事业的成功是没什么希望的。

不管社会发生什么变化，意志坚定的人总能在社会上找到位置。人人都相信百折不回、能坚持、能忍耐的人，意志的坚定能生出信用来。你假使能够不管情形如何，总是坚持，总能忍耐，则你已经具备了"成功"的要素了。

所以，从某个角度来说，忍耐不失为一种技巧和一种策略。

多点雅量面对嘲笑

面对他们的嘲笑，一定要有胸襟，有雅量，这同时也是一种做人的智慧。

曾任美国总统的福特在大学里是一名橄榄球运动员，体质非常好，所以他在 62 岁入主白宫时，他的身体仍然非常挺拔结实。当了总统以后，他仍继续滑雪、打高尔夫球和网球，而且非常擅长。

在 1975 年 5 月，他到奥地利访问，当飞机抵达萨尔茨堡，他走下舷梯时，他的皮鞋碰到一个隆起的地方，脚一滑就跌倒在跑道上。他跳了起来，没有受伤，但使他惊奇的是，记者们竟把这次跌倒当成一项大新闻，大肆渲染起来。在同一天里，他又在丽希丹宫的被雨淋湿了的长梯上滑倒了两次，险些跌下来。随即一个奇妙的传说散播开了：福特总统笨手笨脚，行动不灵敏。自萨尔茨堡以后，福特每次跌跤或者撞伤，记者们总是添油加醋地把消息向全世界报道。后来，竟然反过来，他不跌跤也变成新闻了。哥伦比亚广播公司曾这样报道说："我一直在等待着总统撞伤头部，或者扭伤胫骨，或者受点轻伤之类的来吸引读者。"记者们如此的渲染似乎想给人形成一种印象：福特总统是个行动笨拙的人。电视节目主持人还在电视中和福特总统开玩笑，喜剧演员切维·蔡斯甚至在节目里模仿总统滑倒和跌跤的动作。

福特的新闻秘书朗·聂森对此提出抗议，他对记者们说："总统是健康而且优雅的，他可以说是我们能记得起的总统中身体最为健壮的一位。"

"我是一个活动家，"福特抗议道，"活动家比任何人都容易跌跤。"

他对别人的玩笑总是一笑了之。1976年3月，他还在华盛顿广播电视记者协会年会上和切维·蔡斯同台表演过。节目开始，蔡斯先出场。当乐队奏起乐曲时，他"绊"了一下，跌倒在歌舞厅的地板上，从一端滑到另一端，头部撞到讲台上。此时，每个到场的人都捧腹大笑，福特也跟着笑了。

当轮到福特出场时，蔡斯站了起来，佯装被餐桌布缠住了，弄得碟子和银餐具纷纷落地。蔡斯装出要把演讲稿放在乐队指挥台上，可一不留心，稿纸掉了，撒得满地都是。众人哄堂大笑，福特却满不在乎地说道："蔡斯先生，你是个非常、非常滑稽的演员。"

生活是需要睿智的。你如果不够睿智，那至少可以豁达。以乐观、豁达、体谅的心态看问题，就会看出事物美好的一面；以悲观、狭隘、苛刻的心态去看问题，你会觉得世界一片灰暗。两个被关在同一间牢房里的人，透过铁窗看外面的世界，一个看到的是美丽神秘的星空，一个看到的是地上的垃圾和烂泥，这就是区别。

面对嘲笑，最忌讳的做法是勃然大怒，大骂一通，其结果只会让嘲笑之声越来越炽。要让嘲笑尽快平息，最好的办法是一笑了之。一个目标明确的人，不会去考虑别人多余的想法，而是有风度、有气概地接受一切非难与嘲笑。伟大的心灵多是海底之下的暗流，唯有小丑式的人物，才会像一只烦人的青蛙一样，整天聒噪不休！

原谅生活，是为了更好地生活

人生在世，我们不必总跟自己过不去，也别跟生活过不去，没理由不滋润、不快活，关键是我们选择什么样的角度看生活与看自己。我们有我们的悲哀，生活有生活的难处，应当学会原谅生活。

宋代大诗人苏轼说："人有悲欢离合，月有阴晴圆缺，此事古难全。"古人有古人的悲哀，可古人很看得开，他把人世间的悲欢离合比作月的阴晴圆缺，一切全出于自然，其中有永恒不变的真理，它像一只无形的手在那里翻云覆雨，演绎着多色多味的世界。今人也有今人的苦恼，因为"此事古难全"。

有一位哲学家，当他是单身汉的时候，和几个朋友一起住在一间小屋里。尽管生活非常不便，但是，他一天到晚总是乐呵呵的。

有人问他："那么多人挤在一起，连转个身都困难，有什么可乐的？"

哲学家说："朋友们在一块儿，随时都可以交换思想、交流感情，这难道不值得高兴吗？"

过了一段时间，朋友们一个个相继成家了，先后搬了出去。屋子里只剩下了哲学家一个人，但是每天他仍然很快活。

那人又问："你一个人孤孤单单的，有什么好高兴的？"

"我有很多书啊！一本书就是一个老师。和这么多老师在一起，时时刻刻都可以向它们请教，这怎能不令人高兴呢？"

几年后，哲学家也成了家，搬进了一座大楼里。这座大楼有七层，他的家在最底层。底层在这座楼里环境是最差的，上面老是往下面泼污水、丢死老鼠、破鞋子、臭袜子和杂七杂八的脏东西。那人见他还是一副自得其乐的样子，好奇地问："你住这样的房间，也感到高兴吗？"

"是呀！你不知道住一楼有多少妙处啊！比如，进门就是家，不用爬很高的楼梯；搬东西方便，不必费很大的劲儿；朋友来访容易，用不着一层楼一层楼地去叩门询问……让我特别满意的是，可以在空地上养些花，种些菜。这些乐趣呀，数之不尽啊！"

后来，那人遇到哲学家的学生，问道："你的老师总是那么快快乐乐，可我却感到，他每次所处的环境并不那么好呀。"

学生笑着说："决定一个人快乐与否的，不在于环境，而在于心境。"

苦恼和悲哀常常引起人们对生活的抱怨，哀自己命运，怨生活的不公。其实生活仍然是生活，关键看你从什么角度去看。

人生是什么？从某种意义上说，难道不像一场赌局吗？用你的青春去赌事业,用你的痛苦去赌欢乐,用你的爱去赌别人的爱。要不诗人顾城怎么说:"如果你觉得活得没意思了,那就该死了。"

每逢沮丧失落时,我们对一切感到乏味,生活的天空阴云密布,看什么都不顺眼,像T恤衫上印着的:别理我,烦着呢!生活中有很多时候令我们心情不好。面对落榜,面对失恋,面对解释不清的误会,我们的确不易很快超脱。但是人有逆反心理,更多的时候是"多云转晴",忧郁被生气勃勃的憧憬所取代。烦些什么? 你的敌人就是你自己,战胜不了自己,没法不失败;想不开、钻死胡同,全是想不开所致。

原谅生活有那么多阴差阳错,因为它要让你学会坚强、珍惜。生活在这个世界上,我们不得不怀着一颗宽大的心去原谅众多人和事,原谅上天对人的不公,因为它总要去考验一些人、捉弄一些人……

报复是对别人的打击,也是对自己的摧残

大多数人都一直以为,只要我们不原谅对方,就可以让对方得到一些教训,也就是说:只要我不原谅你,你就没有好日子过。而实际上,不原谅别人,表面上是令别人尴尬,其实真正倒霉的人却是我们自己,一肚子窝囊气不说,甚至连觉都睡不好。没多久就积出病来。这样看来,报复不仅让我们对别人的打击不能实现,反倒对自己的内心是一种摧残。

有一位好莱坞的女演员,失恋后,怨恨和报复心使她的面孔变得僵硬而多皱,她去找一位最有名的化妆师为她美容。这位化妆师深知她的心理状态,中肯地告诉她:"如果你不消除心中的怨和恨,我敢说全世界任何美容师也无法美化你的容貌。"

当你被痛苦折磨得筋疲力尽时,不妨学着宽恕,忘记怨恨,沉浸在痛苦的回忆中是徒劳的。与其咒骂黑暗,不如在黑暗中燃起一支明烛。忘记怨恨能让你告别过去的灰暗情绪,重新变得积极乐观起来。

生活中,我们难免与别人产生误会、摩擦。有的伤了自己的面子,有的

让自己下不了台，有的当众给了自己难堪，有的对自己有成见，等等。如果不注意，在我们萌生恨意之时，仇恨袋便会悄悄成长，你的心灵就会背负上报复的重负而无法获得自由。

英国作家乔治·赫伯特说："不能宽容的人将会损坏他自己必须去过的桥。"这句话的智慧在于，宽容使给予者和接受者都受益。当真正的宽容产生时，没有疮疤留下，没有伤害，没有复仇的念头，只有愈合。宽容是一种医治的力量，不仅能医治被宽容者的缺陷，还可以挖掘出宽容者身上的伟大之处，正如美国作家哈伯德所说："宽容和受宽容的难以言喻的快乐，是连神明都会为之羡慕的极大乐事。"

有人给宽容作了一个十分美丽的比喻，他说："一只脚踩扁了紫罗兰，它却把香味留在那脚跟上，这就是宽容。"

1944 年冬天，苏军已经把德军赶出了国门，成百万的德国兵被俘虏。一天，一队德国战俘从莫斯科大街上穿过，所有的马路都挤满了人。他们每一个人，都和德国人有着一笔血债。

妇女们怀着满腔仇恨，当俘虏出现时，她们把手攥成了拳头。士兵和警察们竭尽全力阻挡着她们，生怕她们控制不住自己。

这时，最令人意想不到的事情发生了：一位上了年纪的犹太妇女，从怀里掏出一个用印花布方巾包裹的东西。里面是一块黑面包，她把它塞到了一个疲惫不堪的、几乎站不住的俘虏的衣袋里。

她转过身对那些充满仇恨的同胞们说："当这些人手持武器出现在战场上时，他们是敌人。可当他们解除了武装出现在街道上时，他们是跟所有别的人，跟'我们'和'自己'一样的人。"

于是，气氛改变了。妇女们从四面八方一齐拥向俘虏，把面包、香烟等各种东西塞给这些战俘。

仇恨是带有毁灭性的情感，只会激化矛盾，酿成大祸。宽容的心却能轻易将恨意化解，让紧张的气氛化成温情脉脉。能将宽容之心给予敌对方，已经可以称得上圣洁了，即便只是一个贫苦的犹太老妇人，也完全担得起"伟大"两个字。

有智慧的人，不会将"仇人"恨之入骨。每个人站的角度不同，考虑的事情自然有所差异，不管想法和你是否接近，每个角度的"出发点"自有它存在的理由。我们应该学会宽容：把自己当成别人，站在对方的角度去感受对方的情感；把别人当成自己，感同身受用亲身去体验别人的感受；把别人当成别人，我们无法强求别人改变，只能去理解别人；把自己当成自己，我们的一切理解和包容并非为了别人，而是为了自己，设身处地地包容别人，其实也是在包容我们自己。

消灭嫉妒的"毒瘤"

有人的地方，就有比较。所以人与人之间的交往，一直遵循着"攀比定律"，即别人有的东西，我也要有；别人没有的东西，我最好也有。这样我们就会产生心理上的优越感，否则就只能看着别人的东西生气。嫉妒的痛苦是难以用语言来形容的。

一般来说，心胸狭窄的人都有一颗善于嫉妒别人的心，而一个人的嫉妒心常常会让他采取一些过激行为，这对于个人的成长来说不啻于一颗毒瘤。在某大学曾经发生过一个悲惨的故事：一名生物系即将毕业的女研究生用水果刀将自己的导师刺伤，随即举刀自尽。

这个女生自小就性格孤僻，爱嫉妒他人，虽然在升学的道路上，她成绩优异，一帆风顺，但她孤僻而爱嫉妒的性格始终没有改变。在就读研究生时，她的刻苦精神深得导师器重，但导师更喜欢另一位男生灵活而幽默的性格。于是女生妒火中烧，数次在导师面前中伤那位男生。导师明察之后，发现多数事情纯属子虚乌有，便委婉地批评了女生。由此，女生怒不可遏，做出了伤师残己的愚蠢行为。

类似上面的事情在我们身边不止一次地发生，然而我们却常常只当故事来听、来看。其实，嫉妒的杀伤力远超过我们的想象，每当心中怀着一股嫉妒之火时，受到伤害的就是自己。

一只老鹰常常嫉妒别的老鹰飞得比它高。有一天，它看到一个带着弓箭的猎人，便对他说："我希望你帮我把在天空飞的其他老鹰射下来。"

猎人说："若你提供一些羽毛，我就把它们射下来。"

这只老鹰于是从自己的身上拔了几根羽毛给猎人，但猎人却没有射中其他的老鹰。它一次又一次地提供身上的羽毛给猎人，直到身上大部分的羽毛都拔光了。于是猎人转身过来抓住它，把它杀了。

嫉妒对嫉妒者的伤害，正如铁锈对钢铁的伤害一样。心胸狭窄者之所以避免不了失败的结局，就在于他们心存不良。不愿别人超过自己倒还罢了，要命的是，当自己倒霉之时，也要别人没好日子过。要达到这样的目的，除了伤人害己，别无他途了。

听一听智者的箴言，让我们再次认识嫉妒之害。英国作家萨克雷说："一个人妒火中烧的时候，事实上就是个疯子，不能把他的一举一动当真。"

另一位英国作家亚当契斯说："不要让嫉妒的毒蛇钻进你的心里，这条毒蛇会腐蚀你的头脑，毁坏你的心灵。"

英国逻辑学家罗素说："善嫉的人，不但从自己所有的东西中拿掉快乐，还从他人所有的东西中拿走痛苦。"

英国诗人雪莱说："妒忌的眼睛易受欺骗。"

英国哲学家培根说："妒忌会使人得到短暂的快感，也能使不幸更辛酸。"

德国散文家海涅说："失宠和嫉妒曾使天使堕落。"

英国戏剧家莎士比亚说："善妒者必惹忧愁。"

既然嫉妒如毒素，就要转移它，不让嫉妒之火成为心中的绳索。你要明白，嫉妒实质上是在不知不觉中毁灭了你自己。一滴水成不了海洋，一棵树成不了森林。任何事业的成功都少不了合作，而嫉妒却总是会拆散所有的合作。因而，为了克服嫉妒，你就要时刻提醒自己：只有你自己将一事无成。

著名的华尔街投资大师巴鲁克说："不要妒忌。最好的办法是假定别人能做的事情，自己也能做，甚至能做得更好。"记住，你一旦开始妒忌，也就是承认自己不如别人。你要超越别人，首先你得超越自身。坚信别人的优秀并不妨碍自己的前进，相反，它可能给你前所未有的动力。事实上，每一个真正埋头投入自己事业的人，是没有工夫去嫉妒别人的。

·第四节·

该做就做，行动比抱怨更有效

青春经不起一再蹉跎

时光悠悠，童年的稚气已在花开花落的四季轮回里渐渐褪去，理想的双翅还未来得及完全展开，转眼我们就到了青春的花期。"花无百日红"，随着年龄的增长，记忆力会出现衰退，容颜也渐渐憔悴，青春易逝，所以说，人生拼搏就趁早。

安妮是大学艺术团里的歌剧演员。在一次校际演讲比赛中，她向人们展示了一个最为璀璨的梦想：大学毕业后，先去欧洲旅游一年，然后要在纽约百老汇中成为一名优秀的主角。当天下午，安妮的心理学老师找到她，尖锐地问："你今天去百老汇跟毕业后去有什么差别？"安妮仔细一想："是呀，大学生活并不能帮我争取到去百老汇工作的机会。"于是，安妮决定下学期就去百老汇闯荡。

老师紧追不舍地问："你下学期去跟今天去，有什么不一样？"安妮激动不已，她情不自禁地说："好，给我一个星期的时间准备一下，我很快就出发。"

老师步步紧逼："所有的生活用品在百老汇都能买到，你一个星期以后去和今天去有什么差别？"

安妮终于双眼盈泪地说："好，我明天就去。"老师赞许地点点头。第二天，安妮就飞赴到全世界最巅峰的艺术殿堂——美国百老汇。当时，百老汇的制片人正在酝酿一部经典剧目，几百名各国艺术家前去应征主角。按当时的应聘步骤，是先挑出十个左右的候选人，然后，让他们每人按剧本的要求演绎一段主角的对白。这意味着要经过百里挑一的两轮艰苦角逐才能胜出。安妮到了纽约后，费尽周折从一个化妆师手里要到了将排的剧本。这以后的两天中，安妮闭门苦读，悄悄演练。正式面试那天，安妮是第48个出场的，制片人听到传进自己鼓膜里的声音，竟然是将要排演的剧目对白，而且，面前的这个姑娘感情如此真挚，表演如此惟妙惟肖，他惊呆了！他马上通知工作人员结束面试，主角非安妮莫属。就这样，安妮来到纽约的第三天就顺利地进入了百老汇，穿上了她人生中的第一双红舞鞋。

最宝贵的是时间，最被轻视的也是时间。现在的年轻人都崇尚悠闲，安于"散漫"，三三两两聚在一起能聊个天昏地暗，有什么不顺心的事能郁闷好几天，刚准备看看书，一个电话打来，就兴高采烈地随老友逛街了。他们总以为自己有用不完的时间，于是毫不怜惜地蹉跎着时间，挥霍着光阴——这是一件多么可悲、可惜的事啊。

你可能没有傲人的姿色、出色的才能、高贵的出身，但是请你相信，上帝给了你公平的时间。所以，别看比尔·盖茨富可敌国，别看妮可·基德曼艳光四射，任何人都会败给时间。荣华可以无限，时间却是有限。然而生命虽然有限，精彩可以无限。积极地投身生活吧，你没有下一个轮回，你只有现世。别在生命的尽头才遗憾自己的生命并未"燃烧"。"人生能有几回搏"，让我们尽情释放自己，做一朵在风雨中迎风起舞的"铿锵玫瑰"！

等待永远是美好的最大敌人

任何人都是一样，年轻时需要积累，年老时才来享受，年轻时正是积累自身实力的时期，年老力衰的时候才能靠着智慧经验或者年轻时储蓄的财富过日子，否则年纪大了再来吃苦，就是"自造孽"，看看那些下岗女工再就业，看看中老年离婚的妇女，你是否能从中得到一些危机的启示？

1904 年，正当年轻的爱因斯坦潜心于研究的时候，他的儿子出生了。于是，在家里，他常常左手抱儿子，右手做运算。在街上，他也是一边推着婴儿车，一边思考着他的研究课题。妻儿熟睡了，他还到屋外点灯撰写论文。爱因斯坦就是这样抓住每一个"今天"，通过日积月累，一年中完成了四篇重要的论文，引领了物理学领域的一场革命。

"明日复明日，明日何其多。我生待明日，万事成蹉跎。"要想不荒废岁月，干出一番事业，就要克服拖拉，珍视今天。

有个创意家，一直给人悠闲无事的感觉，但收入却不少。记者问他是怎么做到的，他说："做时间的主人，别让时间做你的主人。"

这话听起来有些玄妙，意思是说，你可以决定什么时间做什么事，而不是让时间来决定你应该做什么事。

时间对他而言只是桥梁，通过它，可以找到更合适的生活，而不仅仅是谋取财富。在他看来，时间还有更重要的使命："有时间的人是活人，没有时间的人是死人。"

宋国大夫戴盈之曾对孟子说："现在的税负太重了，很想按照以前的井田制度，只征收 1/10 的税，但是目前执行起来有困难，只能暂时减一点，明年再看着办，你以为如何？"孟子不置可否，只举了个例子："有一个小偷，每天都偷邻居的鸡，别人警告他，再偷就将他送官，他哀求说，从今天开始，我每个月少偷一只，明年就洗手不干了，可以吗？"

等待永远是美好的最大敌人，拖拉者的一个悲剧是，一方面梦想仙境中的玫瑰园出现，另一方面又忽略窗外盛开的玫瑰。昨天已成为历史，明天仅是幻想，现实的玫瑰就是"今天"。拖拉所浪费的正是这宝贵的"今天"。

钟表王国瑞士有一座温特图尔钟表博物馆。在博物馆里的一些古钟上，都刻着这样一句话："如果你跟得上时间的步伐，你就不会默默无闻。"这句富有哲理的话，一定早已铭刻在许多成功者的心灵深处了。

所以，成功者从来都不希望坐在那里等待，而是积极地投入行动之中，为了理想而努力，为了事业而拼搏。尽管道路中会经历风雨，可是等到他们品尝到了成功的甘甜的时候，他们就会感谢曾经的行动，因为正是行动成就了他们的明天。

清理抱怨，清理行动障碍

你如果有了理想，就一定要行动。尽管在尝试的过程中可能会遇到障碍，但是请不要抱怨不曾得到上苍的偏爱，而是要努力坚持，继续追求梦想，这样，你才有机会获得成功。

史泰龙的父亲是一个赌徒，母亲是一个酒鬼。父亲赌输了，又打母亲又打他，母亲喝醉了也拿他出气发泄。他下定决心，要走一条与父母迥然不同的路，活出个人样来。他想到了当演员——不需要文凭，更不需要本钱，而一旦成功，却可以名利双收。但是他显然不具备演员的条件，长相就很难使人有信心，又没有接受过任何专业训练，没有经验，也无"天赋"。然而，"一定要成功"的驱动力促使他认为，这是他今生今世唯一出头的机会。在成功之前，决不能放弃！于是，他来到好莱坞，找明星，找导演，找制片……找一切可能使他成为演员的人，四处哀求："给我一次机会吧，我要当演员，我一定能成功！"

他一次又一次被拒绝了，但他并不气馁，他知道，失败定有原因。每次被拒绝之后，他就把它当作是一次学习。一定要成功，痴心不改，又去找人……不幸得很，一晃两年过去了，钱花光了，他便在好莱坞打工，做些粗重的零活。两年来他遭受到1000多次拒绝。

他想出了一个"迂回前进"的办法：先写剧本，待剧本被导演看中后，再要求当演员。一年后，剧本写出来了，他又拿去遍访各位导演："这个剧本怎么样，让我当男主角吧！"人们认为他的剧本挺好，但要让他当男主角是不可能的。他再一次被拒绝了。

"我一定要成功，也许下一次就行，再下一次……"

在他一共遭到1300多次拒绝后的一天，一个曾拒绝过他二十多次的导演对他说："我不知道你是否能演好，但至少你的精神令我感动。我可以给你一次机会，但我要把你的剧本改成电视连续剧，同时，先只拍一集，就让你当男主角，看看效果再说。如果效果不好，你便从此断绝这个念头吧！"

第一集电视剧创下了当时全美最高收视纪录。从此，史泰龙也成了国际知名影星。

史泰龙的健身教练哥伦布医生曾这样评价他：

"史泰龙每做一件事都100%投入。他的意志、恒心与持久力都是令人惊叹的。他是一个行动家，他从来不呆坐着让事情发生——他主动地令事情发生。"

富兰克林说："把握今日等于拥有两倍的明日。"将今天该做的事拖延到明天，而即使到了明天也无法做好的人，占了大约一半以上。今日事，今日毕，才能成就大事。

歌德说："把握住现在的瞬间，从现在开始做起。"只要坚持做下去就行，在实干的过程当中，你的心态会越来越成熟。有了开始，不久之后你的工作就可以顺利完成了。"

很多成功者真正的才能在于他们审时度势之后付诸行动的速度，这才是他们出类拔萃、真正成功的秘诀。什么事一旦决定，马上付诸实施是他们共同的本质，"现在就干，马上行动"是他们的口头禅。而如果在行动中，遭遇了一次失败，或者遇到了什么困难，就开始怨天尤人，那么你将没有办法再集中精神对梦想全力以赴了。

抱怨是很消极的东西，你一旦产生了这样的情绪，你就开始失去了积极的动力，也就失去了全力以赴的信念。所以，在实现梦想的道路上，不管遇到什么困难，都不应该抱怨，而是要勇敢地面对，用坚定的行动获得成功。

抱怨失败不如用行动接近成功

很多人以为只要拥有一部成功的宝典，就可以一夜之间功成名就，这显然是极其错误的。对此，卡耐基一再告诫我们：

一张地图，不论它多么详细，比例尺有多么精确，绝不能够带它的主人在地面上移动一寸。一本羊皮纸的法典，不论它有多么公正，也绝不能够预防罪行。一个卷轴，绝不会赚一分钱或制造一个赚钱的字。只有行动，才是导火线，才能够点燃地图、羊皮纸、卷轴的价值。行动，才是滋润成功的食物和水，因此我们必须铭记"行动"这个成功准则，绝不拖延和犹豫不决。

我们不逃避今天的责任而等到明天去做，因为"明日复明日，明日何其多"。让我们现在就采取行动吧，即使行动不会为我们马上换回财富，但是，动而失败总比坐而待毙好。即使财富可能不是行动所摘下来的那个果子，但是，没有行动，任何果子都会在藤上烂掉。从今以后，我们要一遍又一遍、每一小时、每一天重复这句话，而跟在它后面的行动，要像我们眨眼睛那种本能一样迅速。有了这句话，我们就能够振作我们的精神，实现使我们成功的每一个行动。有了这句话，我们就能够振作我们的精神，迎接失败者躲避的每一次挑战。

我们要一次又一次地重复这句话。

当我们醒来，而失败者还要多睡一个小时的时候，我们要说这句话，接着从床上跳下来。

当我们走进市场，而失败者还在考虑是否会遭到拒绝的时候，我们要说这句话，并立刻面对我们第一个可能的顾客。

当我们遇到人家闭着门，而失败者带着惧怕和惶恐的心情在门外徘徊的时候，我们要说这句话，并随即敲门。

当我们面临诱惑的时候，我们要说这句话，抄大路行动，离开邪恶。

当我们想停下来明天再做的时候，我们要说这句话，并立刻行动。

只有行动才能决定我们在市场上的价值，要想扩大我们的价值，就要加强我们的行动。我们要走到失败者怕走的地方去。

当失败者想休息的时候，我们要工作。

当失败者仍在沉默的时候，我们要说话。

当失败者说太迟的时候，我们要说已经做好了。

我们只想着现在，明日是为懒人保留的工作日，而我们并不懒惰。明日是使邪恶变好的日子，而我们并不邪恶。明日是衰弱变强壮的日子，而我们并不衰弱。明日是失败者要成功的日子，而我们并不是一个失败者。

狮子饥饿的时候会吃，苍鹰口渴的时候会喝，它们如果不采取行动的话，两者都会灭亡。我们要饱食成功与富裕，我们渴望幸福和心灵的宁静。我们如果不采取行动，我们就会在失败、贫困和彻夜失眠的生活中灭亡。

成功不会等待，财富也不会从地下冒出来，如果我们犹豫不决，它就会永远弃我们而去。

让问题止于自己的行动

美国总统杜鲁门上任后，在自己的办公桌上摆了个牌子，上面写着一句话，翻译成中文是"问题到此为止"，意思就是说："让自己负起责任来，不要把问题丢给别人。"把这句话引申到生活中，让问题止于自己，而不是把所有的过错都推给别人。大多数情况下，人们会对那些容易解决的事情负责，而把那些有难度的事情推给别人，这种思维常常会导致我们的失败。

美国钢铁大王安德鲁·卡内基年轻的时候，曾经在铁路公司做电报员。有一天正好他值班，突然收到了一封紧急电报，原来在附近的铁路上，有一列装满货物的火车出了轨道，要求上司通知所有要通过这条铁路的火车改变路线或者暂停运行，以免发生撞车事故。

因为是星期天，一连打了好几个电话，卡内基也找不到主管上司，眼看时间一分一秒地过去，而正有一次列车驶向出事地点。此时，卡内基做了一个大胆的决定，他冒充上司给所有要经过这里的列车司机发出命令，让他们立即改变轨道。按照当时铁路公司的规定，电报员擅自冒用上级名义发报，唯一的处分就是立即开除。卡内基十分清楚这项规定，于是在发完命令后，就写了一封辞职信，放到了上司的办公桌上。

第二天，卡内基没有去上班，却接到了上司的电话。来到上司的办公室后，这位向来以严厉著称的上司当着卡内基的面将辞职信撕碎，微笑着对卡内基说："由于我要调到公司的其他部门工作，我们已经决定由你担任这里的负责人。不是因为其他任何原因，只是因为你在正确的时机做了一个正确的选择。"

老板聘用一个人，给他一个职位，给他与这个职位相应的权力，目的是让他完成与这个职位相应的工作，妥善及时地解决工作中出现的问题，而不是听他讲关于问题长篇累牍的分析。

1999年，曾是美国第一大零售商的凯玛特开始显露出走下坡路的迹象，有一个关于凯玛特的故事在广泛流传。

在1990年的凯玛特总结会上，一位高级经理认为自己犯了一个"错误"，他向坐在他身边的上司请示如何更正。这位上司不知道如何回答，便向上级请示："我不知道，您看怎么办。"而上司的上司又转过身来，向他的上司请示。这样一个小小的问题，一直推到总经理帕金那里。帕金后来回忆说："真是可笑，没有人积极思考解决问题的办法，而宁愿将问题一直推到最高领导那里。"2002年1月22日，凯玛特正式申请破产保护。凯玛特的破产很大一部分原因在于管理和运作上的问题，还与公司内部流行的"把问题留给老板"的办事作风有着莫大的关系。

美国肯塔基丰田装配厂的管理者迈克·达普里莱把丰田生产方式描述为三个层次：技术、制度和哲学。他说："许多工厂装了紧急拉绳，如果出现问题，你可以拉动绳子让装配线停下来。5岁的孩子都能拉动这根绳，但是在丰田的工厂里，工人被灌输的哲学是，拉动这根绳子是一种耻辱，所以人人都仔细操作，不使生产线出现问题，所以那根绳子潜在的意义远远大于它的实际作用。"

在这里，是否拉动这根绳子，其实体现的是对待问题的态度。一个不把问题留给别人的人是不容许自己去拉动这样的紧急拉绳的，相反，他们会想出自己所有的办法，让问题止于行动。

在生活中，我们随时都可能遇到很多难题，这个时候自己如果不去解决，而是把所有的问题都推给别人，那么我们将一事无成。你只有去积极地解决问题，才能有机会获得成功。

最佳的任务完成期是昨天

埃克森·美孚石油公司是一家全球利润最高的公司。2002年，埃克森·美孚的资本回报率达到十年以来的最高值——14.7%。知名投资分析师鲍勃说："这种回报率是其他公司数年来一直可望而不可及的。"

更多的人说，李·雷蒙德是工业史上绝顶聪明的CEO之一，是洛克菲勒之后最成功的石油公司总裁——没有人能够像他一样，令一家保守行业的超级公司股息连续21年不断攀升，并且成为世界上一台最赚钱的机器。

埃克森·美孚石油公司跃升为全球利润最高的公司，不仅有着埃克森公司和美孚公司携手的因素，更是因为它拥有一支绝不拖延的员工队伍。这家公司的实践再一次告诉我们，员工克服拖延的毛病，培养一种简捷高效的工作风格，可以使公司的绩效迅速提升，并使每一位员工的工作乃至生命都更有价值。

有一次，李·雷蒙德和他的一位副手到公司各部门巡视工作。到达休斯敦一个区加油站的时候，已经是下午三点了，李·雷蒙德却看见油价告示牌上公布的还是昨天的数字，并没有按照总部指令将油价下调5美分每加仑进行公布，他十分恼火。

李·雷蒙德立即让助理找来了加油站的主管约翰逊。

远远地望见这位主管，他就指着报价牌大声说道："先生，你大概还在昨天的梦里熟睡吧！要知道，你的拖延已经给我们公司的荣誉造成很大损失。因为我们收取的单价比我们公布的单价高出了5美分，我们的客户完全可以在休斯敦的很多场合贬损我们的管理水平，并使我们的公司沦为笑柄。"

意识到问题的严重性，约翰逊连忙说道："是的，我立刻去办。"

看见告示牌上的油价得到更正以后，李·雷蒙德面带微笑说："如果我告诉你，你腰间的皮带断了，而你却不立刻去更换它或者修理它，那么，当众出丑的只有你自己。这是与我们竞争财富排行榜第一把交椅的沃尔玛的信条，你应该要记住。"

然后，李·雷蒙德和副手一起离开了加油站。从此之后，那位主管约翰逊做事再也不拖拖拉拉了。

商场就是战场，工作就如同战斗。任何一家公司要想在市场上立于不败之地，就必须拥有一支高效能的战斗团队。任何一位经营者都知道，对那些做事拖延的人，是不可以给予太高期望的。

第三章
不抱怨的工作

·第一节·

抱怨工作不如热爱工作

"庸马"和"驽马"在抱怨

有一天，佛陀坐在金刚座上，开示弟子们道：

"世间有四种马：第一种良马，主人为它配上马鞍，驾上辔头，它能够日行千里，快速如流星。尤其可贵的是当主人一抬起手中的鞭子，它一见到鞭影，便能够知道主人的心意，迅速缓急，前进后退，都能够揣度得恰到好处，不差毫厘，这是能够明察秋毫、洞察先机的第一等良驹。

"第二种好马，当主人的鞭子打下来的时候，它看到鞭影不能马上警觉，但是等鞭子打到了马尾的毛端，它也能领受到主人的意思，奔跃飞腾，这是反应灵敏、矫健善走的好马。

"第三种庸马，不管主人几度扬起皮鞭，见到鞭影，它不但迟钝毫无反应，甚至皮鞭如雨点地挥打在皮毛上，它都无动于衷。等到主人动了怒气，鞭棍交加打在结实的肉躯上，它才能有所察觉，顺着主人的命令奔跑，这是后知后觉的庸马。

"第四种驽马，主人扬起了鞭子，它视若无睹；鞭棍抽打在皮肉上，它也毫无知觉；等到主人盛怒了，双腿夹紧马鞍两侧的铁锥，霎时痛刺骨髓，皮肉溃烂，它才如梦初醒，放足狂奔，这是愚劣无知、冥顽不化的驽马。"

庸马和驽马是职场中许多平庸员工的生存写照。他们总是抱怨老板对他们太苛刻，工资太低，抱怨公司没有为他们提供更好的舞台，没有给他们以施展才华的机会。

职场中，数不清的庸马和驽马正在拼命地为自己的失败寻找借口，造成了职场人生的萎靡与黯然。相比之下，"良马"式员工从不会寻找理由为自己的行为开脱，更不会去抱怨自己的处境与外在的人与事。他们任何时候坚守着自己的信念，让自己朝着卓越奋进！下面故事中讲到的布莱克，就是"良马"式人物的典范。

罗杰·布莱克，一位体育界的成功人士，他曾获奥林匹克运动会 400 米银牌和世界锦标赛 400 米接力赛的金牌，可他的出色和优秀并不仅仅是因为他令人瞩目的竞技成绩。更让人为之动容的是，他所有的成绩是在他患心脏病的情况下取得的，他没有把患病当作自己的借口。

除了家人、医生和几个亲密的朋友，没有人知道他的病情，他也没向外界公布任何的消息。当第一次获得银牌之后，他对自己并不满意，倘若他如实地告诉人们他的身体状况，即使他在运动生涯中半途而废，也同样会获得人们的理解与体谅的，可罗杰并没有这样做，他说："我不想小题大做地强调我的疾病，即使我失败了，也不想以此为借口。"

通过这个故事，我们可以发现，真正优秀的人从来不去抱怨环境给予了自己什么，也不会为了自己的失败找寻任何的借口。他们只会勇敢地面对生活，即使面临委屈的处境，也不会觉得难过。可是，在职场中，很多人却一直在为自己找寻借口。这样的人，注定了只能做"庸马"和"驽马"，而不会走向成功。

带着怨气不如带着快乐工作

旋！旋！旋！满满的一车螺丝钉都要旋出来！对于刚做旋车工的萨姆尔来说，他似乎觉得自己的一生都要消磨在旋钉子这件琐事上了。他满腹牢骚，老想着自己干什么别的不好，偏偏一定要来这旋钉子呢？就算他把这一大堆的螺丝钉都旋完了，马上又会有另一车堆在原来的地方，然后，自己又得不停地旋啊！旋啊！这一切多么可怕呀！

在第二架旋车上的旋车工荷维德听了萨姆尔的埋怨，也很郁闷地叹了口气，以表同情。他和萨姆尔一样，也很讨厌这份工作。

有什么办法呢？难道去找工头说：以自己的能力，做这种简单的体力活简直就是大材小用，因此，我希望得到另外一份更好的工作？但是，可以想象得到工头听到这些话时的轻蔑神情。要么，干脆就辞职不干了，另外再去找一份工作？但这可是他费了九牛二虎之力才找到的一份工作啊！萨姆尔是绝对不能轻易辞掉的。

难道就没有别的办法来改变这种讨厌的工作吗？办法总归会有的，关键在于你肯不肯动脑子去思考。当萨姆尔想到这一点时，他立刻想出一个很聪明的方法，可以使这种单调乏味的工作变成一件很有趣味的事——他要把它变成一种游戏。他转过头来对他的同伴说："让我们来比赛比赛吧，荷维德。你在你的旋机上磨钉子，把外面一层粗糙的东西磨下来。然后，我再把它们旋成一定的尺寸。我们比一比，看谁做得快。过一会儿如果你磨钉子磨烦了，我们再换着做。"

荷维德同意了他的建议，于是，他们俩之间的比赛马上就开始了。这样一来，果不其然，工作起来并不像以前那么烦闷啦，而且工作效率还比以前提高了。不久，工头便给他们调换了一个较好的工作。

这位聪明的年轻人萨姆尔就是后来鲍耳文火车制造厂的厂长。

萨姆尔并不是咬紧他的牙齿，好像受酷刑一样去从事自己所痛恨的工作，而是把工作变成了一种游戏，使自己做起来饶有趣味。后来他说："你如果不能在你所从事的工作中闯一条路出来，就应该换一个工作试一试。"

这是一个很好的忠告，秘诀便在寻求的方法上，一味地埋怨和厌烦是无法找到的，而是要通过一种更好的方法去做到这一点。

钢铁大王安德鲁·卡内基曾说过："如果一个人不能在他的工作中找出点'罗曼蒂克'来，这不能怪罪于工作本身，而只能归咎于做这项工作的人。"

成功学大师卡耐基能够取得巨大成功，主要原因就在于他既知道享受生活中的快乐，而且还能以工作为乐。

决定将来的工作是一种快乐还是一种折磨，多半取决于你对工作的态度，而不在于工作本身。你如果能将你事业的第一块基石安放在有价值的生活根基上，就可以使工作成为一种享受。

一个人的降生，便是表示他在自然界中最大的游戏——生活的游戏中被选为选手之一。你如果能让自己主动加入这一伟大的游戏中，你所体验到的震惊该会是相当巨大的！每一个黎明便是一个新的召唤，每一次跌倒后的爬起来都是一个新的起点。

你昨天失败过，那又有什么关系，今天新升的太阳又会给你带来一个崭新的机会，让你好好重新开始。你如果能将每天的生活视为一种去克服暂时的困难的机会，你每天得胜的机会便比前一天多。每天早晨，当你睁开双眼的时候，你便可以看到新的机会、新的得胜的可能、新的可得的奖品、新的可学的规则，以及新的竞争者。

尽情地享受生活还是以生活为苦役，这一切都要看你自己的选择。

对于你所从事的工作，应当抱有一种积极乐观的态度，这样，你才可以做得更好。只有比别人做得更好，你才能脱颖而出。如果你能尽自己最大的努力去做自己的工作，不错过每一个机会，这样一直坚持不懈地努力下去，胜利总会在某个地方拥抱你的。

你的工作就是你的事业

拿破仑说过："不想当将军的士兵不是好士兵。"同样，在老板看来，不想当老板的职员也不会是好职员。老板喜欢和自己一样认真对待工作的职员，喜欢敬业负责，把每一份工作都当成自己的事业来对待的职员。这样的员工不仅是老板事业上的合伙人，而且也是工作中追求卓越，不断超越老板期望，忠诚敬业，最具领导潜质的员工。

彼得和杰克同在一个车间里工作，每当下班的铃声响起，杰克总是第一个换上衣服，冲出厂房；而彼得总是最后一个离开，他十分仔细地做完自己的工作，并且在车间里走一圈，确信没有问题后才关上大门。

有一天，杰克和彼得在酒吧里喝酒，杰克对彼得说："你让我们感到很难堪。"

"为什么？"彼得有些疑惑不解。

"你让老板认为我们不够努力。"杰克停顿了一下又说："要知道，我们不过是在为别人工作。"

"是的，我们是在为老板工作，但更是为自己的梦想而工作。"彼得的回答十分肯定有力。在彼得看来，自己在为他人工作的同时，也是在为自己工作——不仅为自己赚到养家糊口的薪水，还为自己积累了工作经验，工作带给他的是远远超出薪水的东西。

从某种意义上来说，工作真正是为了自己，工作是属于自己的一份事业。

15岁那年，齐瓦格家中一贫如洗，只受过短暂学校教育的他到了一个山村做了马夫。然而齐瓦格并没有自暴自弃，他无时无刻不在寻找着发展的机遇。三年后，齐瓦格来到钢铁大王卡内基下属的一个建筑工地打工。一踏进建筑工地，齐瓦格就抱定了要做同事中最优秀的人的决心。当其他人在抱怨工作辛苦、薪水低而怠工的时候，齐瓦格却默默地积累着工作经验，并自学建筑知识。

一天晚上，同伴们在闲聊，唯独齐瓦格躲在角落里看书。那天恰巧公司经理到工地检查工作，经理看了看齐瓦格手中的书，又翻开他的笔记本，什么也没说就走了。第二天，公司经理把齐瓦格叫到办公室，问："你学那些东西干什么？"齐瓦格说："我想我们公司并不缺少打工者，缺少的是既有工作经验，又有专业知识的技术人员或管理者，对吗？"经理点了点头。

不久，齐瓦格就被升为技师。打工者中，有些人讽刺挖苦齐瓦格，他回答说："我不光是在为老板打工，更不单纯为了赚钱，我是在为自己的梦想打工，为自己的远大前途打工。我们只能在业绩中提升自己。我要使自己工作所产生的价值，远远超过所得的薪水，只有这样我才能得到重用，才能获得机遇！"抱着这样的信念，齐瓦格一步步升到了总工程师的职位上。25岁那年，齐瓦格又做了这家建筑公司的总经理。

卡内基的钢铁公司有一个天才的工程师兼合伙人琼斯，他在筹建公司最大的布拉德钢铁厂时，发现了齐瓦格超人的工作热情和管理才能。当时身为总经理的齐瓦格，每天都最早来到建筑工地。当琼斯问齐瓦格为什么总来这么早的时候，他回答说："只有这样，如有什么急事，才不至于耽搁。"工厂建好后，琼斯推荐齐瓦格做了自己的副手，主管全厂事务。两年后，琼斯在一次事故中丧生，齐瓦格便接任了厂长一职。因为齐瓦格的卓越管理艺术及认真工作态度，布拉德钢铁厂成了卡内基钢铁公司的灵魂。几年后，齐瓦格被卡内基任命为钢铁公司的董事长。

当然，我讲这个故事，并不是说只要努力，我们就一定能够成为老板，而是说我们应当学习齐瓦格这种把工作当成自己的事业来对待的敬业精神和事业心。事实上，你如果能够以对待事业的态度来对待工作中的每一件事，并把它们当成使命，你就能发掘出自己特有的能力，即使是烦闷、枯燥的工作，你也能从中感受到价值，在完成使命的同时，你的工作也会真正变成一项事业。

不只为薪水工作，成长比成功更重要

某公司有一位员工，已经工作了 10 年，薪水却不见涨。有一天，他终于忍不住内心的不平，当面向老板诉苦。老板说：“虽然你在公司待了 10 年，但你的工作经验却不到 1 年，能力也只是新手的水平。”

这名可怜的员工在他最宝贵的 10 年青春中，除了得到 10 年的新员工工资外，其他一无所获。

也许，老板对这名员工的判断有失公允，但我相信，在当今这个日益开放的年代，这名员工能够忍受 10 年的低薪和持续的内心郁闷而没有跳槽到其他公司，足以说明他的能力的确没有得到其他公司的认可，换句话说，他的现任老板对他的评价基本上是客观的。

这就是只为薪水而工作的结果！

在一个人的事业发展过程中，能力比金钱重要万倍。

许多成功人士一生跌宕起伏，有攀上顶峰的兴奋，也有坠落谷底的失意，但最终都能重返事业的巅峰，俯瞰人生。原因何在？是因为有一种东西永远伴随着他们，那就是能力。他们所拥有的能力，无论是创造能力、决策能力还是敏锐的洞察力，绝非一开始就拥有，也不是一蹴而就，而是在长期工作和学习中积累得到的。

一位纽约的百万富翁在回顾自己的成功历程时说，当年，他在一家百货公司的薪水最初只有每周 7.5 美元，后来一下子就涨到了每年 10000 美元，而这之间竟然没有任何的过渡，没过多久，他还成为这家百货公司的合伙人。

刚去公司的时候，他和公司签订了五年的工作合约，约定这五年内薪水保持不变。但他暗下决心：绝不满足于这每周7.5美元的低微薪水，绝不能就此不思进取。他一定要让老板知道，他绝不比公司中的任何一个人逊色，他是最优秀的人。

他卓越的工作能力很快引起了周围人的注意。三年之后，他已经如鱼得水、游刃有余，以至于另一家公司愿意以3000美元的年薪，聘用他为海外采购员。但他并没有向老板们提及此事，在五年的期限结束之前，他甚至从未向他们暗示过要终止工作协定。也许有很多人会说，不接受如此优厚的条件，他实在是太愚蠢了。但是，在五年的合同到期之后，他所在的公司给予了他每年10000美元的高薪。老板们都很清楚，这五年来他所付出的劳动要比他所领的薪水高出数倍，理所当然，他成为一个获利者。

假如他当时对自己说："每周7.5美元，他们只给我这么多，我既然只领着每周7.5美元，那么我何必去考虑每周50美元的业绩呢！"如果那样，你说结局会怎样？实际上，这些话正是当下很多年轻人的想法，他们一边以玩世不恭的态度对待工作，对公司报以冷嘲热讽，频繁跳槽，蔑视敬业精神，消极懒惰，一边却怨天尤人，埋怨自己怀才不遇、生不逢时。因为老板所付不多就敷衍自己的工作，正是这种想法和做法，令成千上万的年轻人与成功绝缘。

对于一个雇员来说，还有比薪水更重要的东西，那就是工作后面的机会、工作后面的学习环境和工作后面的成长过程。工作固然是为了生计，但比生计更重要的是品格的塑造和能力的提高。如果一个人的工作仅是为了工资的话，那么，我们可以肯定，他注定是一个平庸的人，无法走出平庸的生活模式。

学会必要的忍耐

美国第三任总统杰弗逊在给子孙的告诫中有一条是："当你气恼时，先数到10后再说话；假如怒火中烧，那就数到100。"

生活中，在遇到一些不顺心和不如意的事情时，我们的情绪往往会被超常激发起来，陷入激动、委屈、不安等情绪状态中。此时最容易被情绪操纵，不顾理智做出鲁莽之事。"忍一时风平浪静，退一步海阔天空"，在这个时候，务必要记住"忍耐"二字。强制自己把心情平静下来，认真选择利最大、弊最小的做法，以求达到在当时可能取得的最好效果。

每个人从出生就面临来自方方面面的竞争和挫折。一个人的成功不仅需要不断提高自己的能力，而且需要经受自己在前进道路上的成功与失败的各种考验，需要具备良好的心理素质。由于我们每个人自身的缺点，由于社会还存在着一些阴暗面，还存在着一些人不那么光明正大，失败在所难免，有时甚至还不得不忍受"飞来横祸"。在这种情况下，有时需要进行必要的斗争，但是，更多的时候需要的是忍耐。我们在自己遭到失败的时候，当然希望周围的人同情自己、帮助自己，但是更为重要的是，忍耐住失败的痛苦，学会自己擦净自己伤口的鲜血，并走出痛苦，走向新的生活。要忍耐，以争取自己超越困难，同时，要灵活一些，争取更好的环境，努力奋斗，走向辉煌。

作为命运的主宰者——人，我们应该学会忍耐，因为它常会让我们有意想不到的收获。人在现实中生活，犹如驾一叶扁舟在大海中航行，巨浪和旋涡就潜伏在你的周围，随时可能会袭击你，因此，你要当个好舵手，同时还得具有克服艰难的毅力和勇气，设法绕过旋涡，乘风破浪前进。换言之，忍耐也是面对磨难的一种方法，以不变应万变；忍耐更是一种力量，它能磨钝利刃的锋芒。但忍耐不是软弱，不是退却，也不是背叛，而是以退为进的策略，是求同存异，是寻找合作。

对俞敏洪的创业经历，《中国青年报》记者卢跃刚在《东方马车——从北大到新东方的传奇》一文中，有详细记录。其中令人印象尤深的是对俞敏洪一次醉酒经历的描述，看了令人不禁想落泪。

俞敏洪那次醉酒，缘起于新东方的一位员工贴招生广告时被竞争对手用刀子捅伤。俞敏洪意识到自己在社会上混，应该结识几个警察，但又没有这样的门道。最后通过报案时仅有一面之缘的那个警察，将刑警大队的一个政委约出来"坐一坐"。卢跃刚是这样描述的：

他兜里揣了3000块钱，走进香港美食城。在中关村十几年，他第一次走进这么好的饭店。他在这种场面交流上有问题，一是他那口江阴普通话，别别扭扭，跟北京警察对不上牙口，二是找不着话说。为了掩盖自己内心的尴尬和恐惧，劝别人喝，自己先喝。不会说话，只会喝酒。因为不从容，光喝酒不吃菜，喝着喝着，俞敏洪失去了知觉，钻到桌子底下去了。老师和警察把他送到医院，抢救了两个半小时才活过来。医生说，换一般人，喝成这样，回不来了。俞敏洪喝了一瓶半的高度五粮液，差点喝死。

他醒过来喊的第一句话是："我不干了！"学校的人背他回家的路上，一个多小时，他一边哭，一边撕心裂肺地喊着："我不干了！再也不干了！把学校关了！把学校关了！我不干了……"

他说："那时，我感到特别痛苦，特别无助，四面漏风的破办公室，没有生源，没有老师，没有能力应付社会上的事情，同学都在国外，自己正在干着一个没有希望的事业……"

他不停地喊，喊得周围的人发怵。

哭够了，喊累了，睡着了，睡醒了，酒醒了，晚上7点还有课，他又像往常一样，背上书包上课去了。

实际上，酒醉了很难受，但相对还好对付，然而精神上的痛苦就不那么容易忍受了。当年"戊戌六君子"谭嗣同变法失败以后，被押到菜市口去砍头的前一夜，说自己乃"明知不可为而为之"，有几个人能体会其中深沉的痛苦？醉了、哭了、喊了、不干了……可是第二天醒来仍旧要硬着头皮接着干，仍旧要硬着头皮夹起皮包给学生上课去，眼角的泪痕可以不干，该干的事却不能不干。拿"观察家"卢跃刚的话说："不办学校，干吗去？"

现在大家都知道俞敏洪是富翁，但又有谁知道俞敏洪这样一类创业者是怎样成为千万富翁、亿万富翁的呢？他们在成为千万富翁、亿万富翁的道路上，付出了怎样的代价，付出了怎样的努力，忍受了多少别人不能够忍受的屈辱、憋闷、痛苦，有多少人愿意付出与他们一样的代价，获取与他们今天一样的财富？

当你不愿让命运来主宰你的一切，但又没有反击命运的能力时，切记，应学会忍耐！

儒家与道家都强调忍耐的重要，只有忍到最后一刻才会发生意想不到的变化，才有希望看到转机。或许你仍在向往一帆风顺，可是却在面对曲折的人生。其实所谓的一帆风顺只是对自己心灵的一种安慰而已，坚信唯有奋斗不息才能成为命运的主人。而在这一步步的努力中，你必须学会忍耐！

忍耐是沉默，功亏一篑是因为不懂得忍耐的真正含义，而坚忍不拔地追求并排除万难有所超越才是忍耐的外延。

实际上，忍耐是一种酝酿胜利的高超手段。实际上，忍耐是一种动态的平衡，是一种形式的转换，不要被利益所陶醉，也不要因没有利益而悲伤。忍耐可以帮助我们摆脱烦恼，获得人生的真谛。

非洲的一位总统问一位友人做总统有什么好经验，这位友人就说了一句话："忍耐。"忍耐不是目的，是策略，是胜敌的关键所在，但一般人做不到。"小不忍则乱大谋"这句话很正确。三国演义中诸葛亮三气周瑜，愣是活活把周瑜气死了。如果周瑜学会忍耐，哪会有这样的结果呢！

我们有时候不妨学一学鸵鸟，逆来顺受。但是，这不是叫大家颓废，只是让大家学会忍让，为将来的爆发，也就是成功创造条件，同时它也可以为你提供丰富的经验。日常生活中，每一个人总会遇到他人的一些伤害，无缘由的中伤、诽谤……

平白无故的是非给我们带来身心伤害。类似的事件大家也许经历过，以后的日子也可能会遇到。在这种时候，大家应泰然处之，将忍耐进行到底，终有一天所有的错误都将改正。平和的心态不只是给我们自己带来了宁静，也给予他人更多！

百忍成钢，人生就像一个磨刀的过程，忍耐好比磨刀石。当心性修炼得清澈如镜，达到这种不以物喜，不以己悲的境界时，那就是我们历经千锤百炼的刀已炼成。

工作中的折磨使你不断超越自我

一个人不但要接受他所希望发生的事情，而且还要学会接受他所不希望发生的事情。要适应现实，接受任何不可改变的事实，心平气和，以平常心面对周围所发生的一切，而不是唉声叹气，自寻烦恼，更不要企求社会来适应你，奢望世界为你一人而改变，这是不可能实现的空想。在困难面前，你如果能承受折磨，你将会赢得长足发展；如果你不能忍受，那么等待你的也许就是被社会淘汰。

上海某高校计算机系一男生，毕业后如愿进了一个颇有名气的软件开发公司，本以为可以用上往日在学校里学习积累起来的编程技术，在公司一展身手，出人头地。可没想到就在他工作3个月后，上司竟突然让他负责计算机病毒的防治工作，这与他在学校里所关注和学习的内容有很大的差别。开始，他不禁产生了消极情绪，怎么办呢？经过沉思后，他想通了，只有面对现实，于是又拿起了病毒方面的书籍，开始学习新的知识来适应现在的环境。渐渐地，他竟然喜欢上了反病毒这个行业，而且很快就开发了一个全新的反病毒软件，给公司带来了可观的收入。

当我们面对不如意的事情时，当我们面对现实和理想的冲突时，唯有面对现实，适应现实，克服困难，奋发图强，才可做一个勇往直前的成功者。

我们如果没能学会面对、适应现实，而是逃避现实的话，我们将因经不起考验而被现实所淘汰，成功也将与我们擦肩而过。

一位年轻人毕业后被分配到北京某研究所，终日做些整理资料的工作，时间一久，觉得这样的工作索然寡味。恰好机会来了，一个海上油田钻井队来他们研究所要人，到海上工作是他从小就有的梦想。领导也觉得他这样的专业人才待在研究所光整理资料太可惜，所以批准他去海上油田钻井队工作。在海上工作的第一天，领班要求他在限定的时间内登上几十米高的钻井架，把一个包装好的漂亮盒子送到最顶层的主管手里。他拿着盒子快步登上高高的、狭窄的舷梯，气喘吁吁、满头是汗地登上顶层，把盒子交给主管。主管只在上面签下自己的名字，就让他送回去。他又快跑下舷梯，把盒子交给领班，领班也同样在上面签下自己的名字，让他再送给主管。

他看了看领班，犹豫了一下，又转身登上舷梯。当他第二次登上顶层把盒子交给主管时，浑身是汗，两腿发颤，主管却和上次一样，在盒子上签下名字，让他把盒子再送回去。他擦擦脸上的汗水，转身走向舷梯，把盒子送下来，领班签完字，让他再送上去。

这时他有些愤怒了，他看看领班平静的脸，尽力忍着不发作，又拿起盒子艰难地一个台阶一个台阶地往上爬。当他上到最顶层时，浑身上下都湿透了，他第三次把盒子递给主管，主管看着他，傲慢地说："把盒子打开。"他撕开外面的包装纸，打开盒子，里面是两个玻璃罐，一罐咖啡，一罐咖啡伴侣。他愤怒地抬起头，双眼喷着怒火，射向主管。

主管又对他说："把咖啡冲上。"年轻人再也忍不住了，"叭"的一下把盒子扔在地上："我不干了！"说完，他看看倒在地上的盒子，感到心里痛快了许多，刚才的愤怒全释放出来了。

这时，这位傲慢的主管站起身来，直视着他说："刚才让你做的这些，叫作承受极限训练，因为我们在海上作业，随时会遇到危险，要求队员身上一定要有极强的承受力，承受各种危险的考验，才能完成海上作业任务。可惜，前面三次你都通过了，只差最后一点点，你没有喝到自己冲的甜咖啡。现在，你可以走了。"

这位年轻人可能自己也没有想到，领导和主管对自己的折磨是一种考验，更是一种锻炼，经过这些考验之后，你的能力和意志力都会得到极大的提高。经受住各种考验，多用心，多忍耐，你就会获得相应的提高。

· 第二节 ·

方法总比问题多

实干的人，还要会巧干

作为华人首富，李嘉诚的名字家喻户晓，他之所以能成为首富，也并非偶然：从打工的时候起，他就是一个找方法解决问题的高手。

李嘉诚的父亲是一名老师，他非常希望李嘉诚能够考个好大学。然而，父亲的突然去世使得这个梦想破灭了：家庭的重担全部落到了才十多岁的李嘉诚身上，他不得不靠打工来维持整个家庭的生存。

他先是在茶楼做跑堂的伙计，后来应聘到一家企业当推销员。干推销员首先要能跑路，这一点难不倒他，以前在茶楼成天跑前跑后，早就练就了一副好脚板；可最重要的，还是怎样千方百计把产品推销出去。

在做推销员的整个过程中，李嘉诚都很重视分析和总结。在干了一段时间的推销员之后，公司的老板发现：李嘉诚跑的地方不比别的推销员多，成交量却最多。

他是如何做到这一点的呢？

原来，他将香港分成几片，对各片的人员结构进行分析，了解哪一片的潜在客户最多，有的放矢地去跑，这样一来，他获得的收益自然要比别人多。

不错，当别人都认为工作只需要按部就班做下去的时候，偏偏有一些优秀的人会找到更有效的方法，将效率更快地提高，将问题解决得更好。正因为他们有这种找方法的意识和能力，他们才能以最快的速度得到了认可。

联想老帅柳传志的经典名言就是："撒上一层新土，夯实，再撒上一层新土。当确认脚下是坚实的黄土地之后，撒腿就跑。"柳传志还说："没钱赚的事不能干，有钱赚但是投不起钱的事不能干，有钱赚也投得起钱但是没有可靠的人去做，这样的事也不能干。"

正是因为柳传志知道革命不能胡干蛮干，所以联想在 20 世纪 90 年代初的房地产泡沫经济运行过程中没有跟风，并因此抓住了其他竞争对手实力下滑的时机一跃而出，从此一路领先。

张瑞敏曾说："世界上长盛不衰的百年企业，不变的是其创新的精神。"为了使巧干在海尔形成一种气候，提高员工巧干的理念与能力，让每个员工多谋创新之策，多出创新之招，多做创新之事，海尔给每个员工都发了"合理化建议卡"。员工对管理、技术、工作等任何方面有好的建议，都可以提出来。而对于合理化的建议，海尔会立即采纳并实行，对提出者还有一定的物质和精神奖励。

20 年间，家电市场竞争日趋激烈，海尔却始终保持了高速、稳定发展的势头，奥秘只有两个字：巧干！

"推磨子不如打碾子，干活儿不如想点子。"实干不是傻干、蛮干，巧干也不是乱干、胡干，否则要么事倍功半，要么一事无成。带着思想工作就得"狼狈为奸"——既要有"狼"的勇敢、团队精神，还得有"狈"的鬼点子、好主意。

抱怨的人往往是没找对方法

我们常常听到这样的抱怨：

"这份工作太难了，根本就做不好。"

"这么难，让我无从下手，可怎么做啊？"

他们认为找不到方法来解决问题，自然工作是做不好的。这些只能说是推脱之词，只有主动去找方法才会有办法。

我们说：没有解决不了的问题，只有找不到方法的人。只要拥有方法这把宝剑，工作中再大的障碍也会被夷为平地。

第25届世乒赛时，有一个戏剧性情节：中国选手容国团战胜自己的同胞队友杨瑞华。杨瑞华则大胜匈牙利老将西多，不是偶然获胜，而是每战必胜，被称为西多的克星。西多则每每战胜容国团，不是偶胜，而是常胜，两天前的团体赛就赢得很爽快，被称为容国团夺冠的拦路虎。最后的冠亚军决赛由容国团对阵西多。第一局，容国团很快就告负了。赛场预测，男单冠军必属西多无疑。可是，最后的结果却相反，容国团为我国体育代表队夺得了第一个世界冠军。这是为什么？中国队采取了什么战术？

在第一局结束后，教练傅其芳退后，队员杨瑞华临时充当教练，指导容国团。杨瑞华时而示范动作，时而侧目西多，眼中充满火药味。西多见杨瑞华为容国团面授机宜，浑身觉得不自在，心里直发怵。他双眼直盯杨瑞华，自己的教练说了什么都未能听进去，一副忧心忡忡的样子。第二局开始，荣国团士气大振，越战越勇，西多却步伐紊乱，连连失误。最后，容国团以3：1夺冠。

教练导演了一个戏剧性变化，赢得了中国体育历史上值得大书特书的一块金牌。让我们看看这一方法的根蒂：

一是场上条件不足场外补。根据历史表现与现实表现，教练断定，容国团战胜西多的概率很小，换句话说，仅靠容国团个人在场上的力量很难制服对方。场上条件不足，但我们有场外条件优势，让它发挥出来，不无小补，这是一个极为出格的决策。

二是技术条件不足心理补。很明显，在技术条件上，容国团根本不占优势，甚至说是遇上了拦路虎。场外条件虽好，但鞭长莫及，替代不了，那就提供心理力量：教练的创新打击了西多的求胜心理。对阵的还是容国团、西多两人，两人的技术也不可能在瞬间发生很大的变化，客观条件很难改变。着力点就在主观上——让西多的克星杨瑞华站到教练席上，对西多实施精神压迫。杨瑞华面授机宜，尽管客观上不一定发挥多大作用，这让西多听不懂，猜不透，以为自己的弱点被对方抓住了，心中没了底气。同时，安排杨瑞华"侧目怒视"，充满火药味，进一步给西多施加压力。

教练的计谋，增添了容国团的自信心。而有杨瑞华点破西多的破绽，自己对西多的畏惧也消除了，在杨瑞华的点拨下，他对自己的攻击力也有自信了，斗志自然更加旺盛了。

我们常常看到这样的情况：面对同一种工作，有的人认为无从下手，而有的人却可以做得很好。其中的差别就在于能不能转换自己的思路，并积极地寻找解决问题的方法。

相信大家都读过"把梳子卖给和尚"的故事。乍一看，这是一个难以完成的任务，却有人可以做出很不错的业绩。原因就在于，他突破了传统思维的限制，梳子除了用来梳头发还可以做什么呢？可以做纪念品。如果在其上刻上"积善梳"三字，其意义又非同寻常了，根据不同的香客身份赠送不同品种的梳子，市场也就更为广阔了。

这就是方法的力量。有了找方法的人，原来看似难以解决的困难都可以迎刃而解，看似难以完成的工作都可以顺利完成。

正确的方法比执着的态度更重要

我们无一例外地被教导过，做事情要有恒心和毅力，比如"只要努力，再努力，就可以达到目的"等说法，我们早已十分熟悉了。你如果按照这样的准则做事，就常常会不断地遇到挫折和产生负疚感。由于"不惜代价，坚持到底"这一教条的原因，那些中途放弃的人，就常常被认为"半途而废"，令周围的人失望。

正是这个害人的教条，使我们即使有捷径也不去走，而是去简就繁，并以此为美德，加以宣扬。

一个胖女孩最近在减肥，她一直认为发胖是吃的食物太多造成的，所以，从决定减肥时起便开始节食。她果然有毅力，每天的主食绝不超过二两，其余皆用水果、蔬菜来填补。然而，两个月之后，她的脂肪就像舍不得离开她一样，牢牢地附在她的身上，可由于营养不良，她已变得十分虚弱，爬三层楼梯都会气喘吁吁。

尽管这样，她仍认为是自己坚持的时间太短，又过了一个月，情况还是那样。没有办法，家人把她送到了医院，征求医生的意见。医生告诉她，减肥是要讲科学、讲方法的，不能只靠节食，还要结合运动，并保持心情舒畅。

女孩听了医生的话，意识到了曾经的"坚持"都是无谓的。按照医生教的方法，她每天坚持锻炼，适当节食，并通过听音乐等方式愉悦心情。现在，她已经取得了很大的成效。

其实，不只减肥要讲方法，无论做什么事都要讲究正确的方法。在我们的工作和生活中，类似的例子屡见不鲜。销售经理对业务受挫的推销员经常说："再多跑几家客户！"父母对拼命读书的孩子常说："再努力一些！"但是这些建议都有一个漏洞。就像有人曾经问一位高尔夫球高手："我是不是要多做练习？"高尔夫球高手却回答道："不，如果你不先把挥杆要领掌握好，再多的练习也没用。"其实，正确的方法往往比执着的态度更重要。

为工作设定目标是一件很重要的事情，我们也常会设计一套工作方案，并执着地依照这套方案行事，而完全忘记了要根据形势的变化更换方案。其实，头脑稍稍地转动一下，选用正确的方法，就可以获得更好的结果。

肯·富奇辞掉了美国电话电报公司的业务员工作，改当顾问，有一段时间，大概因为刚刚进入新行业，他变得十分散漫，工作时经常状态不佳，出了很多错。他痛苦极了，决定养成一个能一直保持下去的习惯。这时有人建议他每天早上当他走下楼梯到楼下的办公室时，打扮得就像要去外面的公司上班一样。这样做显得专业，随时为突然有人来邀请他与客户约会准备中，可以让自己一直处在工作状态中，后来肯·富奇发现，这的确是一个很好的工作方法。

态度执着者经常自己摸索方法。但既然成功可以复制，经验可以传承，又何苦去慢慢学炸鸡的技巧？加盟肯德基开家分店吧，操作手册上写得很清楚，你会很快就能够炸出美味的鸡肉，并且招聘来的员工即使没学过做快餐，按照炸鸡配方及流程照做一遍，也能有和你所吃的肯德基炸鸡一样的味道。走遍每一家分店，都会吃到一样好吃的炸鸡，就是这个道理。

在工作中，我们不可能总是一帆风顺，当遇到难题的时候，绝对不应该一味下蛮力去干，要多动些脑筋，看看自己努力的方向是不是正确。

抓住问题的根源，在危机中找转机

在老板看来，一名称职员工最关键的素质是解决问题的能力，尤其是在紧要关头。正如一家知名的跨国集团总裁所说的那样："通向最高管理层的最迅捷的途径，是主动承担别人都不愿意接手的工作，并在其中展示你出众的创造力和解决问题的能力。"

然而解决问题不能一味地靠决心和蛮力，最重要的还是要发现问题的关键。在危机之中找到转机。

在美国纽约，有一家公司为了进一步谋求发展，斥巨资新建了一栋52层高的总部大楼。工程马上就竣工了，但如何面向社会宣传呢？公司的广告部人员绞尽了脑汁，仍然找不到一个满意的宣传方式。

就在这时，值班人员报告，在大楼的32层大厅中发现了大群的鸽子。这群鸽子似乎将这个大厅当成巢穴了，把整个大厅搞得脏乱不堪。可是，应该怎样处理这群鸽子呢？如果处理得不好，势必会引起环保组织的攻击。如果处理得巧妙，就可以使麻烦变成机遇。相关工作人员冥思苦想，终于得到了一个"一举两得"的好办法，那就是利用鸽子这一偶然事件大做文章，制造新闻。他们先派人关好窗户，不让鸽子飞走，并打电话通知了纽约动物保护委员会，请他们立即派人妥善处理好这些鸽子。

可想而知，历来以注重动物保护自誉的美国人会怎么样。

动物保护委员会的人闻讯后立即赶来了，他们兴师动众的大举动马上惊动了纽约的新闻界，各大媒体竞相出动了大批记者前来采访。

三天之内，从捉住第一只鸽子直到最后一只鸽子落网，新闻、特写、电视录影等，连续不断地出现在报纸和荧屏上。这期间，出现了大量有关鸽子的新闻评论、现场采访、人物专访。而整个报道的背景就是这个即将竣工的总部大楼。此时，公司的首脑人物更是抓住这千金难买的机会频频出场亮相，乘机宣传自己和公司。一时间，"鸽子事件"成了酷爱动物的纽约人乃至全美国人关注的焦点。

随着鸽子被一只只放飞，这家公司的摩天大楼以极快的速度闻名遐迩，而公司却连一分钱的广告费都没花。

回过头，我们再想一想，如果这家公司没有找到问题的根源，没有意识到鸽子的处理方式会关系到公司的利益，若处理不当，不但会损害公司的形象，更会丧失免费宣传公司的机会。

在工作中，没有人不希望能最快、最有效地解决问题，但有的人能做到，有的人却做不到，这其中的原因有很多，而是否懂得抓要点、抓根本，是关键。

眉毛胡子一把抓，结果往往是事事着手、事事落空，即使事情能做成，也要付出很多的时间和精力。与此相反，有的人不管遇到多棘手的问题，都能够以最快的速度抓住问题的要点，并采取相应的手段，这样，再棘手的问题也能很快解决。

把问题扼杀在摇篮中

著名的人力资源培训专家吴甘霖先生在他的讲座中经常提到这样一个故事：

日本剑道大师冢原卜传有三个儿子，都向他学习剑道。一天，他想测试一下三个儿子对剑道掌握的程度，就在自己房门上放置了一个小枕头，只要有人进门时稍微碰动门帘，枕头就会正好落在头上。

他先叫大儿子进来。大儿子走近房门的时候，就已经发现枕头，于是将之取下，进门之后又放回原处。二儿子接着进来，他碰到了门帘，当他看到枕头落下时，便用手抓住，然后又轻轻放回原处。最后，三儿子急匆匆跑进来了。当他发现枕头向他砸来时，情急之下，竟然挥剑砍去，在枕头将要落地之时，将其斩为两截。

剑道大师对大儿子说道："你已经完全掌握了剑道。"并给了他一把剑。然后他对二儿子说道："你还要苦练才行。"最后，他把三儿子狠狠责骂了一通，认为他这样做是他们剑道大师家族的耻辱。

剑道大师以什么标准给三个孩子不同的评价呢？其中的一点，就是对问题的察觉能力。大儿子能够以最敏锐的思维觉察到问题，并且将问题消灭在萌芽状态；二儿子发现问题晚，但当问题发生时，能够妥善地处理；三儿子根本没有发现问题，当问题出现时，便采取极端的应急方式进行处理，结果把不应该砍掉的枕头砍掉——不但没有解决问题反而又创造了新的问题。所以，一个优秀的人，总能在第一时间察觉问题，并将其扼杀在摇篮之中。

对一个员工来说，如果发现公司有不合理的问题，要立刻扼杀在摇篮之中，切不可姑息。对产品同样不要因为是自己做的，有了毛病就讳而不言，等到消费者发觉时，受损害的就不止是你个人，很可能连整个公司的名誉、信用也受到拖累。

爱立信在中国"黯然神伤"的案例便是最佳的教材。

有着百年辉煌历史的爱立信与诺基亚、摩托罗拉并世称雄于世界移动通信业。但自 1998 年开始的几年里，爱立信在中国的市场销售额一落千丈，最终不但退出了销售三甲，而且还排在了新军三星、飞利浦之后。

2001 年，在中国手机市场上，大家去买手机时，都在说爱立信如何如何不好。当时，它有一款叫做"T28"的手机存在质量问题，这本来就是一种错误，但更大的错误是爱立信漠视这一错误。"我的爱立信手机坏了，送到爱立信的维修部门，问题很长时间都没有解决。最后，他们告诉我是主板坏了，要花 700 块钱换主板。而我在个体维修部那里，只花 25 元就解决了问题。"这位消费者确切地说出了爱立信存在的问题。那时，几乎所有媒体都注意到了"T28"的问题，似乎只有爱立信没有注意到。爱立信一再地为自己辩解，认为是一些别有用心的人在背后捣鬼。然而，市场不会去探究事情的真相，也不给爱立信以"申冤"的机会，就无情地疏远了它。

《广州青年报》连续三次报道了爱立信手机在中国市场上的质量和服务问题，引发了消费者及知名人士对爱立信的大规模批评，而且，爱立信的768、788 C 以及当时大做广告的 SH888，居然没有取得入网证就开始在中国大量销售。当时，轻易不表态的电信管理部门发表了声明，证实了此事。至此，爱立信手机存在的问题浮出水面。但爱立信一如既往地采取掩耳盗铃的方式来解决问题。据当时参加报道的一位记者透露，爱立信试图拿出几万元广告费来封媒体的嘴。爱立信广州办事处主任还心虚嘴硬地狡辩："我们的手机没有问题。"既然选择拒不认错，爱立信自然不会去解决问题，更不会切实地去做服务工作。

"为山九仞，功亏一篑。""千里之堤，溃于蚁穴。"质量和服务中的缺陷，使爱立信输掉了它从未想放弃的中国市场。在工作中，我们不要忽视任何一个小问题的滋生，更不能姑息它们由小到大的过程。解决问题和困难最好的时机，莫过于它们刚刚萌生之时。一个问题如果在它刚刚萌芽之时没有得到及时解决，那它就有可能像雪球一样越滚越大，最终一发不可收拾。

只要有智慧，劣势也能变优势

当你身处劣势时，可以选择两种处理方式：

一是一味抱怨。抱怨自己生不逢时，有才华却毫无用武之地；抱怨天公不作美，陷自己于困顿之中。

二是积极行动。面对劣势，积极思考，用灵活的思维、巧妙的办法解决问题。

与之相对应，两种表现也会产生两种截然不同的结果：一味抱怨的仍在抱怨，因为你仍旧身处劣势而没有丝毫变化；积极行动的则会开怀一笑，因为你已经用头脑与行动化解了困难，甚至会将劣势转化为优势。

有一次，英国一家足球生产厂接到了一份"莫名其妙"的控诉，因此面临一场不大不小的危机。但他们的工作人员凭借着超常的智慧和方法将自己所处的"劣势"转变成了"优势"。

一天，在英国麦克斯亚郡的法庭上，一位中年妇女声泪俱下，面对法官，严词指责丈夫有了外遇，要求和丈夫离婚。她对法官控诉了自己的丈夫，指责他不论白天还是黑夜，都要去运动场与那"第三者"见面。法官问这位中年妇女："你丈夫的'第三者'是谁？"她大声地回答："'第三者'就是臭名远扬、家喻户晓的足球。"

面对这种情况，法官啼笑皆非，不知如何是好，只得劝这位中年妇女说："足球不是人，你要告也只能去控告生产足球的厂家。"不料，这位中年妇女果真向法院控告了一年可生产20万只足球的足球厂。

更让人意想不到的是这家被控告的足球厂，他们在接到法院的传票后，不怒反喜，竟十分爽快地出庭，并主动提出愿意出10万英镑作为这位中年妇女的孤独赔偿费。这位太太喜出望外、破涕为笑，在法庭上大获全胜。

大家知道，英国是现代足球的发祥地，国人对足球的酷爱几乎达到了发狂的地步，这场因足球而引起的官司自然在全英国产生了巨大的轰动效应，各个新闻媒体纷纷出动，做了大量的报道。

头脑精明的厂长，敏锐地利用了一次非常糟糕的事件大做文章，没花一分钱的广告费，却让他和他的足球厂名声大振。

这位足球厂厂长在接受记者采访时说："这位太太与她的丈夫闹离婚，正说明我们厂生产的足球魅力之大，并且她的控词为我厂做了一次绝妙的广告。"自此，这家足球厂的产品销量因此直线上升，成为同行中的"领头羊"。

被告上法庭，是每一个企业都比较头痛的问题，更不用说是如此"无厘头"的原因。处于劣势的足球厂却没有放掉这个让劣势变优势的机会，而是积极地促成它们的转化，让人们在对这起案子"津津乐道"之时也将这家足球厂深深地记在了心里。

正如故事给我们的启示，工作中，劣势与优势是可以相互转化的。只有那些勇于开拓思路、积极寻找方法、谋得有利于发展的资源的人，才能成就大业。

优秀的员工往往能够从危机中寻找可以利用的商机，在失利中寻找契机，从而使自己反败为胜。只要思路再灵活一些、方法再得当一些，遇上的麻烦可能就会带给你推销自己和企业的机会。

每一个人都有可能成功，但有时就差这么一点点火候，把握好时机，你便走到别人的前面了。

"此路不通"就换个方法

有位科学家做过这样一个实验：把一盆食物放在一个未封闭的护栏前，让鸡和狗去吃。鸡很愚蠢，看见食物，只在护栏前猛扑，结果总是吃不到食物。狗却聪明，它只在护栏前站了一站，便侧身转到护栏后面，结果吃到了食物。

　　一个简单的故事，却阐释了一个不简单的道理：达到目标的最短距离未必是直线。在遇到问题时，我们基本会以两种方法去解决：直线方法或迂回方法。通常，直线方法是我们的首选，因为我们认为两点之间直线最短。但是，许多问题的求解靠直线方法是难以如愿的，这时，采用迂回思维去观察思考，或许能使问题迎刃而解。

　　很多人都知道曹冲称象的故事。在称量技术落后的古代，一只大象的重量，谁也无法准确称出。小曹冲非常聪明，他避开了没有大秤的正面冲突，想到了把大象装在船上，刻下船在水中的吃水线，再牵下大象，装上同样吃水线的石子。这样，就把称大象的难题，转换成称同样重量的小石子。一把小秤，便把一只大象的重量称出来了。

　　蒙古族也有一则关于聪明的巴拉甘仓的民间故事。一次，一位财主骑马在路上碰到巴拉甘仓。财主说："巴拉甘仓，听说你很聪明，你能把我从马上拉下来吗？"巴拉甘仓说："先生，我不能。但我可以把你从马下拉到马上。"财主马上跳下来，叫巴拉甘仓把他拉上马。巴拉甘仓哈哈大笑："先生，我这不是把你拉下马了吗？"财主恍然大悟。

　　这两则故事都说明在我们的生活中，有很多难题看似无法解决，但如果我们采用迂回思维之术，不正面出击，而从侧面或背后出击，便可柳暗花明。

　　我国著名科学家吴阶平讲了一个他父亲的故事。他说，有一次，一位姓盛的人有一批大洋（银圆）要从武汉运往上海。当时，长江一线匪盗猖獗，谁也不敢承接这一任务。盛某人找到吴阶平的父亲。吴父面无难色，很爽快地答应了盛某人的要求。吴父为什么敢于如此爽快地应招？原来吴父是这样做的：他把那批大洋，全部买成洋油，洋油装船运输，就比直接装银圆运输安全多了。洋油运到上海，再换成银圆交给盛某人，问题不就轻而易举地解决了吗？凑巧的是，这批洋油运抵上海时，恰好遇上洋油大涨价，吴父不但把全部银圆安全交给了盛某人，还为其狠赚了一笔。盛某人大喜，要给吴父一些大洋，吴父不受。盛某人便投资帮吴父在上海建立了一个纱厂。

迂回思维的基本特点就是避直就曲，通过拐个弯的方法，规避摆在正前方的障碍，走一条看似复杂，却可以尽快到达目的地的曲线。这是迂回思维的智慧，也是迂回思维的魅力所在。

"此路不通"就绕个圈，"这个方法不行"就换个方法，应该成为每个人的生活理念。一个卓越的人，必是一个注重思考、思维灵活的人。当他发现一条路走不通或太挤时，就能够及时转换思路，改变方法，以退为进，寻找一条更加通畅的路。这一点思维特质，是需要我们用心学习的。

·第三节·

与其抱怨别人，不如从自己身上找原因

工作中没有"不可能"，障碍都在你心里

在工作中，"不可能"经常被人们所引用，它使人们对自己或他人失去信心，也让人们不相信奇迹的发生。但是人们应该想想过去所创造出的奇迹，如：海伦·凯勒听不见声音，看不见东西，但她创造了文学史上的奇迹；约翰·库缇斯曾被医生断言活不过一周，但他活到了34岁，成为轮椅橄榄球运动员、室内板球健将、国际著名的演讲大师，并有了妻儿……

世上没有不可能，我们应该对自己有信心。在奥运会上，运动员最不可缺少的也正是这种信念——相信"没有不可能"。

奥康企业就是一个在工作中奉行"没有什么不可能"原则的典型代表。在发展过程中，奥康企业创造了许多别人觉得无法做到的"神话"，而这些所谓"神话"的产生，其实正体现了敢于蔑视困难、把问题踩在脚下的精神。

我们再来看一个奥康创造的"没有什么不可能"的故事：仅用3个月，就建成了一栋7400平方米的厂房。

2006年，为了满足生产的需要，奥康准备再盖一栋厂房。

为了让厂房能够以最快的速度投入使用，奥康的高层对负责这一工程的主管下了死命令：3个月必须将厂房建好。

开始时，很多人都认为这是天方夜谭，通常盖这样一栋厂房起码需要8个月，3个月之内建好，这不是开玩笑吗？

但在奥康，没有什么不可能。

奥康制定出了一个详细的工作计划，什么时候该完成什么工作，都写得清清楚楚，并采取了一系列的措施。

如为了用足24小时，奥康安排工人三班倒，晚上的工资是白天的3倍。这就是奥康所信奉的"宁愿损失金钱，也不能浪费时间的原则"。

终于，在大家的努力下，厂房如期建成了。

当时有一个工人开玩笑地说：

"奥康建房就像山里的竹笋一样，前一天还没破土，第二天就冒出来了。"

其实，除了3个月建成厂房，奥康还创造了很多个"不可能"：

西部鞋都，这个荒地上诞生的奇迹，在开始时看来也是不可能，但最后，"不可能"变成了现实。

和意大利一流制鞋企业GEOX的合作，在别人看来同样不可能。因为当时GEOX考察的中国企业有七八家，论实力，奥康比不过某些企业；论名次，奥康被排在考察的最后一位。在考察奥康之前，GEOX内部已经有了初步定论，甚至有些人提议不要去奥康了，免得浪费时间。但没有想到的是：最终，奥康成了GEOX在中国唯一的合作伙伴。

几年前，奥康决定投资生物制药，遭到了很多人的反对，可事实证明，投资这一领域是很有眼光和商业前景的。

黄冈商业步行街是奥康打造的 100 条商业步行街的第一条，之前几乎听不到赞同的声音，可是黄冈步行街的开业让所有不相信的声音都从此销声匿迹……

做大事业，需要的正是将所有"不可能"踩在脚下的勇气和魄力！

"不可能"并非真的不可能，而是被夸大的困难吓住了前进的脚步。要想面对生活、工作中的多种"不可能"，就要相信"没有什么不可能"！只要坚信"没有什么不可能"，"不可能"就将变为可能。

不要抱怨不公平，是你努力还不够

许多员工抱怨自己为企业辛苦工作，为企业立下"汗马功劳"，却一直得不到老板的赏识，蜗居在平凡的岗位上，似乎永远也得不到提升的机遇。其实细细思考，自己是不是在自己的岗位上持续努力，为组织带来恒久的效益了呢？在如今这个竞争激烈的年代，如果你不主动升值就意味着不断贬值，那么等待你的不仅不是升职，反而是被淘汰的命运。如果躺在自己过去的"功劳簿"上，只是沉浸在过去成功的喜悦之中，"晋升"势将与自己无缘。

对于任何一个员工来说，对自己所处的职位抱怨不已是没有任何作用的。其实我们不应该将精力放在"自己没有升职"上，而应该将注意力集中在"为什么自己没有升职"上，找到自己的缺点，给自己一个准确的定位。当我们不再为现状一味抱怨，而是为将来的"提升"做好准备工作时，我们的升职之路将会展现无限光明。

奥尼斯初进戴尔公司的时候只是一名普通的业务员，后来一步一个脚印，由业务员成长为公司的市场部经理，随后又成为公司的市场总监。奥尼斯究竟是如何一步一步成长起来的？让我们看看他从一个市场部经理成长为市场总监的过程吧。

在成为公司的市场部经理之后，奥尼斯很快就对自己的工作有了一个正确的定位：

在企业的营销过程中，市场部经理的位置十分重要，一个优秀的市场部经理，在很大程度上能够协助市场总监完成营销战略任务。奥尼斯认为一个优秀的市场部经理必须具备以下四种基本素质：

1. 具有营销策划的能力。

2. 具有品牌策划的能力。

3. 具有产品策划的能力。

4. 具有对市场消费态势潜在性的分析能力。

后来，奥尼斯又认真研究了大多数公司对市场部经理的更高要求，他觉得自己应该在目前的能力基础上进一步学习，以提升自己的工作能力。

首先，他从掌握各项营销政策入手进行学习，因为他过去从事的是广告策划工作，对营销政策知之甚少。之后，他又开始不断强化自己的执行力。另外，奥尼斯认识到自己的市场应变能力很差，缺乏市场销售过程的锤炼和亲身的市场销售体验，这是他在工作中最大的软肋。

有了这些深刻而全面的认识之后，奥尼斯开始逐步提升自己的业务素质。他首先对自身这些薄弱的因素进行弥补，先让自己成为一名优秀、称职的市场部经理。后来他又用了三年的时间来亲身体验营销实践。与此同时，奥尼斯又学习了丰富的组织管理知识、全面的法律知识和财会知识，因为这些知识在工作的时候很有用处。当然了，修炼对团队的掌控能力也是奥尼斯学习的一个重要方面，如果控制不了下属团队，那么一切都是空谈。

通过几年的认真学习和实践锻炼，奥尼斯终于如愿以偿地成了公司的市场总监，他为公司的市场营销工作做出了很大的贡献。

奥尼斯成长的例子告诉我们，工作中每一步台阶都需要相应的能力匹配，让自己的能力升值，给老板一个提升你的理由。

也许你还在抱怨自己劳苦功高却职位低下，但是却对现在的环境视而不见！据统计，25 周岁以下的从业人员，职业更新周期是人均一年零四个月。为公司创造的功劳永远只能代表自己的过去，只有不断为公司创造业绩，才能为自己赢得升职的机遇。

企业永远都选择最优秀的员工，并不会为了照顾某一位老员工而提升他。一些人面对自己职业上的停滞，他们更多的是埋怨企业没能给他们职位提升的空间，这种思维是不对的。"解铃还须系铃人"，要突破这种职业停滞期，我们要学会"自我革命"，只有不断地突破自我，才能够不断成长。

能力有提升，薪水自然会上涨

工作中，有很多员工总是发出"薪水太低"、"替别人卖命"等抱怨，从而对工作产生严重的抵触情绪，这样的态度永远也不能开创工作的新局面。他们不是把精力用于思考如何做好工作，而是整日抱怨，把大好的光阴和大把的精力白白浪费了。抱怨的恶习，将他们卓越的才华和创造性的智慧悉数吞噬，使之根本无法独立工作，成为没有任何价值的员工。

静下心来仔细想想我们为什么抱怨自己的薪水这么微薄，真的是"付出多，得到少"吗？其实很多时候，并不是老板故意不重视你，故意不给你加薪，而是你的能力和经验还没有提高到相应的水平。这时，如果能够保持"抱怨工资低，不如自我增值"这样的想法，就能够获得事业的成功。

1961 年，韦尔奇已经作为一名出色的工程师在 GE 工作一年了，他的年薪是 10500 美元。他发现他的薪水居然和许多工作能力不如他的人完全一样，他因此十分沮丧。于是，他一天比一天萎靡，终日无心工作。

终于有一天，他意识到自己以后的路还很长，整日抱怨薪水低，无心工作，只会浪费 GE 这个大舞台！

他决定让自己有一个根本性的改变，这时在他面前出现了一个机遇：一个经理因成绩突出被提升到总部担任战略策划负责人，这样经理的职位就出现了空缺。

"我为什么不试试呢？"韦尔奇想。这个富有挑战性的工作实在是太有诱惑力了。他找到领导说出他的想法。

"你是在开玩笑吗？"领导问道，"杰克，你根本不熟悉市场，而这一点对于这种新产品是至关重要的。"

韦尔奇不肯接受否定的回答。他谈到了自己的资历、看市场的眼光、对人和工作的态度。他在领导的车上坐了一个多小时，试图说服他。

最后，领导似乎明白了韦尔奇是多么需要用这份工作来证明自己能为公司做些什么，他对站在街边的韦尔奇大声说道："你是我认识的下属中，第一个向我要职位的人，我会记住你的。"

在接下来的 7 天时间里，韦尔奇不断给领导打电话，列出他适合这个职位的其他原因。一个星期后，领导打来电话，告诉韦尔奇，他已被提升为塑料部门主管聚合物产品生产的经理。

1968 年 6 月初，也就是韦尔奇进入 GE 的第八年，他被提升为主管塑料业务部的总经理。当时他年仅 33 岁，是这家大公司有史以来最年轻的总经理。

到 1981 年，他终于凭借自己对公司的卓越贡献，稳稳地站到了董事长兼首席执行官的位置上，站到了 GE 这个大舞台的中央。

如果你想改变不够理想的现状，获得加薪的机遇，抱怨是无济于事的。你必须认真对待自己的工作，明确自己在工作中的责任，明确自己应该为公司做什么。只有这样，你才能收获美丽"薪情"。

抱怨不会使自己的薪水得以提升。我们明白了这一点，就不会再将自己的精力放在抱怨上。

很多员工在看到别人屡次加薪时，他们就说："那是幸运。"发现有人为老板所重用，他们就说："那是机缘。"这种负面的消极态度只会让他们感觉越来越糟，工作越来越被动，收入越来越少，进而对自己的境况更加抱怨，于是便陷入了一种恶性循环中，严重影响他们的工作和生活。

在公司里，一个人的态度直接决定了他的行为，决定了他对待工作是尽心尽力还是敷衍了事，是安于现状还是积极进取。态度越积极，决心越大，对工作投入的心血也越多，从工作中所获得的回报也就相应的更为理想。

一味抱怨自己的工作并不能提升自己的薪水。专注于提升自己的能力，用兢兢业业、尽职尽责的态度去工作，才是你脱颖而出，区别于其他人，使自己变得更有竞争力，成为高薪者的一个"武器"。

抱怨别人不如反省自己

美国著名行销大师吉格讲过这样一段经历：

"我在行销业有一段非常困难的时光，但是在一位传道士启发我之后，我开始走上了成功之路。

"然后我停止成长而开始骄傲。结果很悲惨，在接下来的五年里，我到过十七家不同的公司。有些公司是华而不实的，但有些是真正有潜力的。然而当时的我已骄傲地认为，天下没有可以难倒我的事。

"如果我正在工作的公司没有采纳我出色的建议，我会说：'我不必忍受这种迂腐。'然后我便离开，到自认为赏识我的公司去。当我离开的时候，我预言那家公司失败，虽然它可能已营业了 50 年。在 5 年里我更换了 17 家公司，我陷入越来越深的债务之中。最后，我决定做一件我曾经发誓决不会再做的事：回到厨具界，那个我以前享受过了不起的成功的地方。

"一位大公司的董事长给我一大笔贷款，帮我解决了窘迫的经济状况，于是我回到了厨具界。我是南卡罗来纳州的经销商。在我加入团队不久之后，分区管理人来访问我，并且提供一些建议。

"老实说，对于厨具界，我自认为比这个人懂得多，而我才应该当管理人。因此我不愿意接受他是我上司的这个事实，而且我的骄傲的态度让我无心倾听。

"他的一段叙述非常有道理。他说：'你是个很棒的售货员——我曾见过的最好的一位。但是你的骄傲使你很容易被操纵。人们吹捧你，喂养你的骄傲，并且让你相信你能够完成那些根本做不到的事。事实上你已经尝试过你可以做的每一件事，而且你的结果不是很好。'然后他说：'现在吉格，我要给你一些忠告，它是免费的……而正如你所知，大多数免费忠告的价值大约就是它的成本，但是让我给你个建议。

"'你在这一行已经留下一些记录。你已经得到一些全国性的尊敬。但是，下一次这些好交易来到你身边的时候，试着把眼罩戴上。告诉那个人，不管他们的条件有多吸引人，你已经做出承诺。你将要留在这一行，直到你经济上稳定，并且要重建你的名声，让人觉得你是稳固可信的，而不是一闪而逝并且总在寻找下一次交易的人。如果那些交易都是好的，一年之后它们仍然是好的。而如果它们一年之后就不好了，那么它们现在也不是好的。'

"虽然我痛恨承认我有骄傲的问题，但我认可我的管理人告诉我的智慧建议。开头几个月并不好过，但是多亏辛苦的工作，与我决心安定下来的那个承诺，那一年，在全国超过三千多名经销商中，我是第五名。接下来的几年里，我是全美个人销售第一名。

"我的管理人给了我曾经得到过的最好的忠告，而且多年以来，我们培养了真正的友谊。我如果没有吞下我的骄傲，我将会错失更多的东西。"

上面的例子告诉我们，只有认清自己，才能在工作中实现自己的价值。

安格尔 17 岁进入巴黎的达维特画室，后来又到罗马进修。到了 1840 年，他从意大利回国，受到法国政府和民众的热烈欢迎，使他的艺术声望达到最高点，可是他仍秉持谦逊态度，以冷静心情看待这一切。

虽然获得无比的殊荣，但他并没有被名声冲昏了头，"人要有自知之明。"安格尔如此告诉自己，不能因这些虚名而放纵自己。于是，不为所动的安格尔，仍然坚持自己的风格，不向世俗妥协，尽管晚年身体虚弱，他依然锲而不舍地努力作画。70 岁那年，他创作出杰出油画《泉》，把人体绘画提升到炉火纯青的境界，成为一代不朽的艺术大师。

成功的人，往往都对自己有着一个客观的评价，对于赞美要清醒地接受而不是被虚空和名利冲昏了头。而往往越是真正伟大的人越是能客观地认清自己。

不要为失败找借口

一个人做事不可能一辈子一帆风顺，就算没有大失败，也会有小失败。每个人面对失败的态度也都不一样，有些人不把失败当一回事，他们认为"胜败乃兵家之常事"；也有人拼命为自己的失败找借口，告诉自己，也告诉别人：他的失败是因为别人扯了后腿、家人不帮忙，或是身体不好、运气不佳等。总之，他可以找出一大堆理由。

有一位在职场打拼多年的年轻人时常对自己仍是一无所成的境遇牢骚满腹，抱怨命运的不公。

有一天，他终于鼓足勇气敲开了一位富翁的门，希望能从那位白手起家的富翁那里知道一些关于成功的秘诀。

"你一定想知道我是怎样白手起家的吧？"富翁就问道。

"您是怎么知道的？"这位年轻人惊讶地问道。

"因为在你之前，已经有很多位自以为一无所有的人来找过我。来时他们确实贫困潦倒而且牢骚满腹，但走时俨然个个都成了富翁。你也具有如此丰厚的财富，为什么还抱怨不止呢？"

"是什么？"年轻人问。

"是你的一双眼睛。只要你给我一只眼睛，我可以用 100 万作为补偿。"

"不，我不能失去眼睛！"年轻人拒绝道。

"好，那么把你的一双手给我吧！我可以给你 200 万。"

"不，双手也不能失去！"

"既然有一双眼睛，你就可以学习；既然有一双手，你就可以劳动。现在你看到了吧，你有多么丰厚的财富啊！这就是我所谓的成功秘诀。"富翁微笑着说。

这位年轻人听了，如梦初醒。

所以，不要为自己的失败找借口，成功需要自己把握。

从前，有一对贫穷的兄弟，他们以捡破烂为生。

一天，兄弟俩照旧从家里出发沿着一条街道去拾捡破烂。但这条偌大的街道，仅有的就是一个一个的一寸长的小铁钉。

弟弟看到了不屑一顾地说："几个小铁钉能值多少钱？"

但是，哥哥并不嫌弃，而是弯腰一个个地拾了起来。走到了街尾，他差不多捡到了满满一袋子的铁钉。

再向前走了不久，兄弟俩几乎同时发现街尾新开了一家收购店，门口挂着一块牌子写到：本店高价回收一寸长的旧铁钉。

两手空空的弟弟只好眼睁睁地看着哥哥用那些小铁钉换回了一大把钞票。

店主问弟弟："孩子，在来的路上，难道你一个铁钉也没看到？"

弟弟非常沮丧地回答："我看到了啊。可那小铁钉并不起眼，我也没想到一路上会有那么多，我更没想到它竟然这么值钱，等我想要去捡时，铁钉全被大哥捡光了。"

在职场上，也有许多人像故事中的弟弟一样，自己不努力抓住机会，却抱怨别人抢得先机。

工作中，有人经常为自己的失败找借口，时间长了，他们会把"为失败找借口"当成一种本能习惯，认为很多失败是由客观因素造成的，无法避免，却从未想过大部分失败应是由自己的主观原因造成的。

因此，当我们在工作中面对失败之时，不要寻找借口，而应找出失败的原因。

在这一点上，我们应该学习西点军校的做法。美国西点军校不仅培养了一大批优秀的军事人才，也培养出无数商界的精英。在这所学校里有一个悠久的传统，就是学生遇到长官问话时，只能有四种回答："报告长官，是！""报告长官，不知道！""报告长官，不是！""报告长官，没有借口！"除此之外，不能多说一个字。例如，军官派一个士兵去完成一项任务，但由于种种原因，没有及时完成，当军官问他原因时，如果他为自己辩解说由于这样或那样的原因，自己没有按时完成任务，那就错了，他只能说："报告长官，没有借口！"因为军官看重的是结果，他根本不会听你长篇大论的解释。

西点军校之所以采取这种方式，就是为了使学生学会适应压力，培养他们不达目的誓不罢休的毅力，尽量把每件事都做得更好。它也让每一位学生懂得：失败是没有任何借口的。

尽管有些困难是难免的，但能从困境中走出来，获得成功的往往是那些不为自己失败找借口推脱的人。

抱怨如同诅咒，越抱怨越退步

不管走到哪里，你都能发现许多才华横溢的失业者。当你和这些失业者交流时，你会发现，这些人对原有工作充满了抱怨、不满和谴责。他们要么就怪环境条件不够好，要么就怪老板有眼无珠，不识才，总之，牢骚一大堆，积怨满天飞。殊不知，这就是问题的关键所在——抱怨的恶习使他们丢失了责任感和使命感，只对寻找不利因素兴趣十足，从而使自己的发展道路越走越窄，在自己的抱怨声中不断退步。

我们可以发现，几乎在每一个公司里，都有"牢骚族"或"抱怨族"。他们每天轮流把"枪口"指向公司里的任何一个角落，埋怨这个、批评那个，而且从上到下，很少有人能幸免。他们的眼中处处都能看到毛病，因而处处都能看到或听到他们的批评、发怒或生气。

本来他们可能只是想发泄一下，但后来却一发而不可收拾。他们理直气壮地数落别人如何对不起他们，自己如何受到不公平的待遇，等等，牢骚越讲越多，使得他们也越来越相信，自己完全是遭受别人践踏的牺牲品。不停抱怨的"牢骚族"，他们的抱怨只会妨碍和干扰自己的阵脚，终究受害最大的还是自己。

事实上，你很难找到一个成功人士会经常大发牢骚、抱怨不停，因为成功人士都明白这样的道理：抱怨如同诅咒，越抱怨越退步。

于强在一家电器公司担任市场总监，他原本是公司的生产工人。那时，公司的规模不大，只有三十多人，有许多市场等待开发，而公司又没有足够的财力和人力，每个市场只能派去一个人，于强被派往西部的一个市场。

于强在那个城市里举目无亲，吃住都成问题。没有钱坐车，他就步行去拜访客户，向客户介绍公司的电器产品。为了等待约好见面的客户，他常常顾不上吃饭。他租了一间破旧的地下室居住，晚上只要电灯一关，屋子里就有老鼠在那里载歌载舞。

那个城市的气候不好，春天沙尘暴频繁，夏天时常暴雨，冬天天气寒冷，这对于于强来说简直就是一个巨大的考验。公司提供的条件太差，远不如于强想象得那样。在这样艰苦的条件下，不抱怨几乎是不可能的，但每次抱怨时，于强都会对自己说："开拓市场是我的责任，抱怨不能帮助我解决任何问题。"他选择了坚持。

一年后，派往各地的营销人员都回到公司，其中有很多人早已不堪忍受工作的艰辛而离职了。后来，于强凭着自己过硬的业绩当上了公司的市场总监。

即使在恶劣的环境下，于强也没有选择抱怨，对自己工作的坚持，使他在进步的阶梯上得到了飞速发展。一名员工，无论从事什么工作都应当选择不抱怨的态度，应该尽自己的最大努力去争取进步。把不抱怨的态度融入自己的本职工作中，你才能不断地进步，才能受到老板的青睐，才能得到社会的认可。

你是否能够让自己在公司中不断得到进步，这完全取决于你自己。你如果永远对现状不满，以抱怨的态度去做事，那你在公司的地位永远都不能变得重要，因为你根本就不能做出重要的成绩。

抱怨的人很少积极想办法去解决问题，不认为主动独立完成工作是自己的责任，却将诉苦和抱怨视为理所当然。任何一个聪明的员工都应该明白这样的道理：一个人一旦被抱怨束缚，不尽心尽力去工作，在任何单位里都会自毁前程。如果希望改变一下自己的处境，希望自己能够取得不断的进步，那么首先从不抱怨自己的工作开始吧。

与其抱怨，不如实干

一位伟人曾说："有所作为是生活中的最高境界，而抱怨则是无所作为，是逃避责任，是放弃义务，是自甘沉沦。"不论我们遭遇到的是什么境况，喋喋不休地抱怨只会把事情弄得更糟。而这绝不是我们的初衷。

有一个小药店的店主，一直想找一个能干一番大事业的机会。每天早晨他一起来，就希望自己今天能够得到一个好机会。然而，好长时间过去了，他认为的机会并没有出现。对此，他抱怨不已，他认为自己有干大事业的本事，却没有干大事业的机会。大部分时间他并不是去研究市场，而是经常在花园里去做所谓的"散心"，而他经营的小药店也为此门庭冷落了。

在现实生活中，我们中的大多数人都不免多少有点像这个店主。看见别人的成功便无形中会生出点嫉妒，并且在这种嫉妒之余，常常还会妄自菲薄，总以为别人的工作才是最好的，而自己呢？自己总是看不到什么希望。我们总是把别人的成功归结为运气好，于是，我们也梦想着好运能早一天降临到自己的头上来。

后来，这个药店的店主战胜了自己这种消极的态度，而他接下来的所作所为，我们可以将其视为榜样。他是怎么做的呢？他的办法其实很简单：就是无论什么人，不管他们的地位是高还是低，自己都主动地去和他们接触。

有一天，他这样问自己："我为什么一定要把自己的希望、自己未来的奋斗目标寄托在那些自己一无所知的行业上呢？为什么不能在自己现在相对熟悉的医药行业干出一番大事业来呢？"

于是，他下定决心摆脱自己以前的那种怨天尤人的心态，就从自己的药店做起，他把自己的这一事业当作一种极为有兴趣的游戏，以此来促进他生意的发展。他让自己用那种发自内心的热情告诉别人，他是如何尽量提高服务质量使顾客满意，以及他对药店这一行业有多么大的兴趣。

"如果附近的顾客打电话来要买东西，我就会一面接电话，一面举手向店里的伙计示意，并大声地回答说：'好的，赫士博克夫人，二十片安眠药，一瓶三两的樟脑油，还要别的吗？赫士博克夫人，今天天气很好，不是吗？还有……'我尽量想些别的话题，以便能和她继续谈下去。

"在我和赫士博克夫人通电话的同时，我指挥着伙计们，让他们把顾客所需要的东西以最快的速度找出来。而这时负责送货的人，脸上带着笑容，正忙着穿外衣。在赫士博克夫人说完她所要的东西之后不到一分钟，送货的人已带着她所需要的东西上路了。而我则仍旧和她在电话中闲谈着，直到等她说：'呵，瓦格林先生，请先等一等，我家的门铃响了。'

"于是我笑了笑，手里仍拿着话筒。不一会儿，她在电话中说：'喂，瓦格林先生，刚才敲门的就是你们的店员，他给我送东西来了！我真不知道你怎么会这么快，实在是太不可思议了。我打电话给你还不过半分钟呢！我今天晚上一定要把这事告诉赫士博克先生。'

"因为我这里有优质的服务，过了不久，几条街以外的居民也都舍近求远地跑到我们店里来买药了。以至于后来城里好多别的药店老板都跑到我这儿来取经，他们不明白，为什么偏偏我的生意会做得这样好？"

这便是查尔斯·瓦格林成功的方法，也正是这一方法，使得他的小药店生意兴隆，其分店在全美几乎遍地开花，以前所未有的速度迅速占领了美国医药业的零售市场。在当时的美国医药零售业中，他的公司拥有的分店数量及其规模占全国第二，并且他的事业还在继续健康地发展下去。

他的医药事业之所以能够成功，有一个小小的秘诀，那就是：如果你放下了抱怨，选择了实干，那么机会不久便会站在你的门口。

·第四节·

给自己一点压力，才能激发潜力

给自己一点压力

折磨你的人会给予你巨大的压力，这时，你该如何应对？

美国鲍尔教授说："人们在工作中感受压力时，与其试图通过放松的技巧来应付压力，不如激励自己去面对压力。"

压力对于每一个人都有一种很特别的感觉。不错，人人都会本能地想摆脱压力，但往往都不能如愿！

一个人的惰性与生存所形成的矛盾会是压力，一个人的欲望与来自社会各方面的冲突会是压力。说通俗一些，就是人生的各个阶段都有压力：读书有压力，上班有压力，做平头老百姓有压力，做领导干部也有压力。总之，压力无处不在！

压力是好事还是坏事？

科学家认为：人是需要激情、紧张和压力的。如果没有既甜蜜又痛苦的冒险滋味的"滋养"，人的机体就无法存在。对这些情感的体验有时就像药物和毒品一样让人上瘾，适度的压力可以激发人的免疫力，从而延长人的寿命。试验表明，如果将人关进隔离室内，即使让他感觉非常舒服，但如果没有任何情感体验，他很快会发疯。

压力带给人的感觉不仅仅是痛苦和沉重，它也能激发人的斗志和内在的激情，使你兴奋，使你的潜能被开发！

体育比赛的压力是大家都有目共睹的，正是因为压力大，才有了世界纪录频频被打破的现象。企业工作业绩的压力也是很大的，然而正是激励的竞争机制才有了企业的飞速发展，人才也层出不穷。

压力不仅能激发斗志，还能创造奇迹。据说有一条非常危险的山路，是人们外出的必经之路，多少年来，从未出过任何事故。原因是，每一个经过的人都必须挑着担子才能通行。可是奇怪的是，人们空着手走尚且很危险的一条狭窄的小路，一边是陡峻的山崖，一边是无底的深渊，而挑着担子反能顺利通过。那是因为挑着担子的心不敢有丝毫的松懈，全部精力和心思都集中在此，所以，多少年来，这里都是安全的。这正是压力的效应。

相反，没有压力的生活会使人生活得没有滋味。

试想，如果所有的学生都是一样的考分，不管你是多么努力！所有的员工都是一样的工资，不管你是多么勤奋！那还会有谁愿意继续努力？人人就只会混日子过，变得越来越懒散，激情也将消失殆尽！说大了，社会也将停滞不前。

但压力又不能太大，大得难以承受，人又会被压垮的。这样的例子也很多。有一个女孩因感觉高考没考好，就没有回家而直接走到江里了。当录取通知书发下时，她已离去很多日子。原因是，这次考试是一锤子"买卖"，如果这次没考上，她也就没有第二次机会了，家长对她是这样说的，所以她无法承受这样的压力，于是选择了永不面对。

压力不能没有，压力又不能过大，而压力又无法摆脱。是的，生活就是这样，充满着矛盾，我们只能去选择适应生活和改变自己。当你没有了激情，懒懒散散，那就给自己加压，定下一个目标，限期完成；当你感到压力使你心身疲惫，都快成机器了，你就要进行压力舒解，放下一些攀比和力不从心的追求。

当你没有任何压力的时候，人就会失去动力，成为轻飘飘的云，没有了方向，要想改变目前现状，你必须给自己一些压力。珍珠的来历大家都知道，它是石子放进贝壳，经过不分昼夜的磨砺而成。也让我们学习贝壳吧，把压力变成珍珠！

化压力为动力

常言道："井无压力不出油，人无压力轻飘飘。"生活中，人们经常有这样的感觉，挑着重担的人比空手步行的人要走得快，其中的奥妙，便是压力的作用。人生一世，轻松愉快只是一种可能，而承受不同程度的压力则是一种必然。在工作中、生活中遇到的困难、挫折、不幸，是一种压力，生活节奏加快、竞争日趋激烈、追求的痛苦、爱情的困惑，更是压力……我们无法撇开压力去谈人生。

人生苦短，由此我们不难联想到云南大理白族的三道茶，就是一苦二甜三淡，象征着人生的三重境界。苦尽才能甘来，随之我们才有潇洒的人生，才会不屈服于压力，将压力转化为前进的动力，开创大业，走向人生的辉煌。天无绝人之路。生活抛给我们一个问题，也给了我们解决问题的能力。

也许你的生存压力不小，烦恼也不少，但切忌陷在自我忧虑中，而要冷静思考，全面评估现状，理清思路，找到策略和行动方案，根据轻重缓急应对。记住你的力量远远要比压力大。

我国著名的国际口画艺术家杨杰就是这样一路走来的。农村出身的他6岁玩耍时双手触及高压线而不幸失去双臂，他被送至儿童福利院10年。10年过后归家，周围一切发生了很大变化，他感觉到生疏、艰难，很不适应。

他向人讨来笔墨，每天用牙磨墨、练画，用于练习的报纸摞起来高出他身高的几倍。功夫不负有心人，他在世界多个国家表演口画艺术，他的画在国外展出，并出版了个人画册，获得了多项荣誉称号。自强不息，哪怕有一丝希望也绝不放弃，这就是杨杰的人生态度。

善于承受压力和有强大的动力，是一个人成功的基础，你只要能够有效地将压力转化为动力，你离成功就不会遥远了。

在压力中奋起

毕业之后面临着就业压力，就业之后面临工作压力，其他还有诸如生活压力、竞争压力、恋爱压力等，你如果没有在压力面前奋起的勇气，那你只能在重重压力中陷入虚无。

众所周知，张学友是香港著名歌星，是四大天王之一，很多人痴迷他的歌，喜欢他的电影，羡慕他的辉煌，可有几个人知道他艰辛的奋斗历程呢？不要自卑，也不要害怕挫折，这是他的成功秘诀。

他的第一份工作是在政府贸易处当助理文员，工作十分乏味。不肯安于现状的性格使他不久跳槽到了一家航空公司，但工资比第一份还少。当时他也没有想过有一天会成为明星，踏入娱乐圈是偶然的，成功也来得太快，这使得他沉溺在成功带来的满足感和优越感之中，只知道尽情玩乐，逐渐变得放纵、狂傲、骄横，得罪了许多人。结果他的唱片销量直线下降，第一张、第二张唱片都可以卖20万，第三张只卖了10万，接着是8万、2万。他走在街上，原来是"学友"、"学友"的欢呼，现在成了粗言秽语；站在舞台上，原来是鲜花热吻，现在是阵阵嘘声。起初张学友接受不了这残酷的事实，没有去分析原因，而是去一味逃避：酗酒、骂人、闹事。家人朋友不断地劝慰他，但他一概不听，甚至还想过自杀！

沮丧的日子持续了两三年，后来他开始自省，意欲东山再起，这是他骨子里不肯服输、敢于一拼的性格所决定的。如果天生懦弱，自杀恐怕是他最终的抉择。他很了解娱乐圈"一沉百人踩"的事实，知道要东山再起所面对的艰辛，但他决意一拼！他后来总结经验说："当你决定要面对挫折和困难时，原来并不是没有出路的！"他努力唱出自己的风格，努力拍戏，努力去研究失败的原因，努力学习处世方法，努力应对各种刁难和挫折……全力以赴，付出了不为圈外人所知的艰辛，辉煌逐渐又回到了他的身边。

他说，没有人可以避免压力和挫折，重要的是要有豁达、乐观、坚毅、忍耐的性格，要搞清楚自己的位置和方向，才能走过失败，重新振作。他说自己希望做一只蜗牛，蜗牛永远不会理会别人的催促，无视外来的压力，只是依着自己的步伐和所选择的方向，勇往直前，这必能成功。

压力和挫折时刻都会存在，有人说，人没有了压力生活就会没有了方向，就像没有了风，帆船不会前进一样。但你一定不能在压力中不思进取，否则你将被压力淹没。

在压力中奋起，你才会有成功的可能。

找一个竞争对手"叮"自己

生活并不如意，你也没有什么前进的动力，如果一直这样下去，你的人生就会就此止息，没有什么指望了。

因此，面临这种情况，不妨找一个竞争对手，把他放在背后"叮"紧自己，不断前行。

在北方某大城市里，诸多电器经销商经过激烈市场较量，在付出了很大的代价后，有张、李两大商家脱颖而出，他们又成为最强硬的竞争对手。

这一年，张为了增强市场竞争力，采取了极度扩张的经营策略，大量地收购、兼并各类小企业，并在各市县发展连锁店，但由于实际操作中有所失误，造成信贷资金比例过大，经营包袱过重，其市场销售业绩反倒直线下降。

这时，许多业内外人士纷纷提醒李——这是主动出击、一举彻底击败对手张，进而独占该市电器市场的最好商机。

李却微微一笑，始终不曾采纳众人提出的建议。

在张最危难的时机，李却出人意料地伸出援手，拆借资金帮助赵涉险过关。最终，张的经营状况日趋好转，并一直给李的经营施加着压力，迫使李时刻面对着这一强有力的竞争对手。

有很多人曾嘲笑李的心慈手软，说他是养虎为患。可李却没有丝毫后悔之意，只是殚精竭虑，四处招纳人才，并以多种方式调动手下的人拼搏进取，一刻也不敢懈怠。

就这样，李和张在激烈的市场竞争中，既是朋友又是对手，彼此的较量绞尽脑汁。虽然双方各有损失，但各自的收获却都很大。多年后，李和张都成了当地赫赫有名的商业巨子。

面对事业如日中天的李，当记者提及他当年的"非常之举"时，李一脸的平淡：击倒一个对手有时候很简单，但没有对手的竞争又是乏味的。企业能够发展壮大，应该感谢对手时时施加的压力。正是这些压力，化为企业想方设法战胜困难的动力，进而在残酷的市场竞争中，始终保持着一种危机感。

其实，商界这一法则，动物界也给我们提供了例证。

一位动物学家在考察生活于非洲奥兰治河两岸的动物时，注意到河东岸和河西岸的羚羊大不一样，前者不但繁殖能力比后者更强，而且奔跑的速度比后者每分钟要快 13 米。

他感到十分奇怪，既然环境和食物都相同，何以差别如此之大？为了能解开其中之谜，动物学家和当地动物保护协会进行了一项实验：在两岸分别捉了 10 只羚羊送到对岸生活。结果送到西岸的羚羊发展到 14 只，而送到东岸的羚羊只剩下了 3 只，另外 7 只被狼吃掉了。

谜底终于被揭开，原来东岸的羚羊之所以身体强健，只因为它们附近居住着一个狼群，这使羚羊天天处在一个"竞争氛围"中。为了生存下去，它们变得越来越有"战斗力"。而西岸的羚羊之所以弱小，恰恰就是因为缺少天敌，没有生存压力。

没有压力，人的潜能就会逐步消失，人的动力就会慢慢消退，生命的机能就会不断萎缩。最终，人的事业荒废，生活散漫，人生越来越暗淡。

我们只有注入强有力的压力，在压力中多多用心、努力将压力转化为动力，才有可能使生命越来越有活力，激发出更多的人生潜能，最终取得事业的成功。

找一个竞争对手"叮"自己，才不至于因生活散漫而消沉，才能在成功的路途上越走越远。

一次做好一件事

有人问拿破仑打胜仗的秘诀是什么。他说："就是在某一点上集中最大优势兵力，也可以说是集中兵力，各个击破。"这句话精辟地道出了集中注意力对于成功的重要性。

无论何时，集中注意力去做事都是成功的关键之一。古往今来，凡是卓有成就的人，他们都有一个共同点，那就是将精力用在做一件事情上，专心致志，集中突破，这是他们做事卓有成效的主要原因。著名的效率提升大师博恩·崔西有一个著名的论断："一次做好一件事的人比同时涉猎多个领域的人要好得多。"富兰克林将自己一生的成就归功于"在一定时期内不遗余力地做一件事"这一信条的实践。

史蒂芬·柯维在为一些经理人做职业培训时，有一次，一位公司的经理去拜访他，看到柯维干净整洁的办公桌感到很惊讶，他问史蒂芬·柯维说："柯维先生，你没处理的信件放在哪儿呢？"

柯维说："我都处理完了。"

"那你今天没干的事情呢？"这位经理紧接着问。"我所有的事情都处理完了。"史蒂芬·柯维微笑着回答。看到这位经理困惑的表情，史蒂芬·柯维解释说："原因很简单，我知道我所需要处理的事情很多，但我的精力有限，一次只能处理一件事情，于是我就按照所要处理的事情的重要性，列一个顺序表，然后就一件一件地处理。结果，完了。"说到这儿，史蒂芬·柯维双手一摊，耸了耸肩膀。

"噢，我明白了，谢谢你，史蒂芬·柯维先生。"

几周以后，这位公司的经理请史蒂芬·柯维参观其宽敞的办公室，对史蒂芬说："柯维先生，感谢你教给了我处理事务的方法。过去，在我这宽大的办公室里，我要处理的文件、信件等，堆得和小山一样，一张桌子不够，就用三张桌子。自从用了你说的法子以后，情况好多了，瞧，再也没有没处理完的事情了。"

这位公司的经理，就这样找到了处理的办法，几年以后，成为美国社会成功人士中的佼佼者。

人的精力并不是无限的，你如果想超负荷地一次完成数件事情，那结果只会使事情变得更糟糕。最好的方法是，一次做好一件事，对你来说，这样就已经足够。你只要有恒心和毅力把手边的每件事都做好，你就会不断获得进步，最终改变困境，走向成功。

天助来自自助

求人不如求己。你如果不想失败，不想做他人耻笑的"半个人"，就打消你心中"依赖他人生存"的念头吧！给自己找个职业，让自己独立起来。只有这样，你才会真正地体会到自身价值，才会感到无比幸福。你如果不丢弃依赖别人这种可怜的想法，即使你怀有雄心和充满自信，也未必会发挥出所有的能力，获得成功。

人，要靠自己活着，而且必须靠自己活着。在人生的不同阶段，尽力达到理应达到的自立水平，拥有与之相适应的自立精神。这是当代人立足社会的根本基础，因为缺乏独立自主个性和自立能力的人，连自己都管不了，还能谈发展成功吗？

陶行知告诉我们："淌自己的汗，吃自己的饭，自己的事自己干。靠天靠人靠祖宗，不算是好汉。"

"自助者，天助之"，这是一条屡试不爽的格言，它早已被漫长的人类历史进程中无数人的经验所证实。自立的精神是个人真正的发展与进步的动力和根源，它体现在众多的生活领域，也成为国家兴旺强大的真正源泉。从效果上看，外在帮助只会使受助者走向衰弱，而自强自立则使自救者兴旺发达。

要想成为生活中的强者，只有身体健康和智力发达是远远不够的，如果连自立的能力都没有，连基本的生活都不会自理又如何能自强呢？要知道，自立是自强的基础。所以说，自立自强是我们优秀品格的一个很重要的因素，是不可缺少的。

从 21 世纪人才的竞争来看，社会对人才的素质要求是很高的，我们除了具备良好的身体素质和智力水平，还必须具备很强的生存意识和能力、很强的竞争意识和能力、很强的科技意识和能力，以及很强的创新意识与能力。这就要求我们从现在开始就注重对自己各方面能力包括自理能力的培养，只有使自己成为一个全面的、高素质的人，才可能在未来的竞争中站稳脚跟，取得成功。

人若失去自己，是一种不幸；人若失去自主，则是人生最大的缺憾。赤橙黄绿青蓝紫，谁都应该有自己的一片天地和特有的亮丽色彩。你应该果断地、毫无顾忌地向世人宣告并展示你的能力、你的风采、你的气度、你的才智。在生活道路上，必须善于做出抉择，不要总是踩着别人的脚印走，不要总是听凭他人摆布，而要勇敢地驾驭自己的命运，调控自己的情感，做自己的主宰，做命运的主人。

善于驾驭自我命运的人，是最幸福的人。只有摆脱了依赖，抛弃了拐杖，具有自信，能够自主的人，才能走向成功。自立自强是走入社会的第一步，是打开成功之门的金钥匙。

真正的自助者是令人敬佩的觉悟者，他会藐视困难，而困难也会在他面前轰然倒地。

行动起来吧，因为只有你自己才能真正帮助自己。

每天进步一点点

《礼记·大学》中有句话："苟日新，日日新，又日新。"老子在《道德经》中说："合抱之木，生于毫末，九层之台，起于累土，千里之行，始于足下。"这些古老的中国经典文化格言说明一个道理：量变积累到一定程度就会发生质变。一个人，只要坚持每天进步一点点，终有到达成功的那一天。

纽约的一家公司被一家法国公司兼并了，在兼并合同签订的当天，公司新的总裁就宣布："我们不会随意裁员，但如果你的法语太差，导致无法和其他员工交流，那么，我们不得不请你离开。这个周末我们将进行一次法语考试，只有考试及格的人才能继续在这里工作。"散会后，几乎所有人都涌向了图书馆，他们这时才意识到要赶快补习法语了。只有一位员工像平常一样直接回家了，同事们都认为他已经准备放弃这份工作了。令所有人都想不到的是，当考试结果出来后，这个在大家眼中肯定是没有希望的人却考了最高分。

原来，这位员工在大学刚毕业来到这家公司之后，就已经认识到自己身上有许多不足，从那时起，他就有意识地开始了自身能力的储备工作。虽然工作很繁忙，但他却每天坚持提高自己。作为一个销售部的普通员工，他看到公司的法国客户有很多，但自己不会法语，每次与客户的往来邮件与合同文本都要公司的翻译帮忙，有时翻译不在或兼顾不上的时候，自己的工作就要被迫停顿。因此，他早早就开始自学法语了。同时，为了在和客户沟通时能把公司产品的技术特点介绍得更详细，他还向技术部和产品开发部的同事们学习相关的技术知识。

这些准备都是需要时间的，他是如何解决学习与工作之间的矛盾呢？

就像他自己所说的一样："只要每天记住10个法语单词，一年下来我就会3600多个单词了。同样，我只要每天学会一个技术方面的小问题，用不了多长时间，我就能掌握大量的技术了。"

我们每天的进步就在每天持之以恒的坚持之中，贵在日复一日、月复一月、年复一年勤勤恳恳的背诵之中。一步登天做不到，但一步一个脚印能做到；急于求成、一鸣惊人不好做，但永远保持一股韧劲，认认真真完成每天的功课可以做到；一下子成为圣贤之人不可能，但要求自己每天进步一点点有可能。

要求自己每天进步一点点，就是要让自己在漫长人生旅途中，今天要比昨天强，今天的事情今天做，每天都在为心中那个大目标做着永不懈怠的努力！为此，始终保持一份平静、从容的心态，步履稳健地走好人生的每一步，不允许每一天的虚度，不放过每一天的繁忙，不原谅每一天的懒散，用"自胜者强"来勉励、监督和强迫自己，克服浮躁，战胜动摇。要求自己在人生的旅途中每天进步一点点，不是做给别人看，所以不能懈怠，更不能糊弄自己，而是要用严于律己的人生态度和自强不息、每天进步一点点的可贵精神，走一条回归自然的光明大道。

所以每天进步一点点，不是可望而不可即，也不是可遇不可求，它就在我们每天自身的努力之中。所以不能有一点成绩就自以为了不起，而是要以一种平和的心态，笨鸟先飞的态度，永远不满足，不停步，不回头！认认真真做好每天该做的事，对于我们每天的背诵要用雷打不动的精神把它完成好。

也许每天进步一点点并不引人注目，可就是这一个个小小的不引人注目的进步，终将会有一个厚积薄发的效果。所以要坚信我们只要用每天进步一点点的精神，持之以恒地努力，就能使我们的人生充实而幸福，就能让我们的人生有耀眼的风采！

成功来源于诸多要素的几何叠加。比如，每天笑容多一点点，每天行动多一点点，每天创新多一点点，每天效率高一点点……假以时日，我们的明天与昨天相比将会有天壤之别。

一个企业，如果把"每天进步一点点"变成企业文化的一部分，当其中的每个人每天都能进步一点点，试想，有什么障碍能阻挡得住它最终的辉煌；就像数学乘式中每个乘项增加0.1，而乘积却会成倍地增长一样。竞争对手常常不是我们打败的，而是他们自己忘记了每天进步一点点；成功者不是比我们聪明，而是他比我们每天多进步一点点。

学会每天超越自己

无法每天超越自己的人，通常成不了大事。

只要说服自己做得到，不论多么艰巨的任务，你必能完成。反过来说，如果想象自己做不到，就是最简单的事，对你也是座无力攀登的险峰。

林恩是位精力充沛、在家忙碌的妻子和母亲。18年来，她每天都要安慰和支持她的家人，她有个需要特殊照料的患脑积水的儿子。等孩子们长大后，林恩越发"不安分"，她渴望做名计算机检修工。

她走出家门，在富有挑战性、男人所统治的领域工作，令林恩产生了无限忧虑。她的女性朋友分担了她的忧虑，在她们的鼓励下，林恩开始慢慢地克服忧虑，接着就开始积累成功所需的经验。当然她经历了挫折，但她没有灰心，一次又一次地克服困难并坚持下来。最后，大家开始认同并相信她工作的能力。

现在，林恩拥有成功的事业。她的成功是一点一滴积累而成的，例如参加成人教育班，自愿担任计算机初学者的培训员，组织收费低廉的小型讨论会等。她的最大成功就是超越了忧虑，超越了自我，并集中每次取得的小小成功，才取得了最后的胜利。

对自己有信心，并竭尽所能地工作——这是成功改变不利现状的根本。

第四章
不抱怨的情感

·第一节·

不懂珍惜生活的人，最会抱怨它的匆匆而过

停止抱怨，珍惜你所拥有的

"事情怎么会这样呢？真是烦人！""我这次考试没考好，全都怪昨天晚上……""考试题出成这样，老师根本就是在难为我们。"这是不是你经常挂在嘴边的话？心情不愉快的时候，这些抱怨的话好像不经过大脑自己就到嘴边了，然后心情就会变得很沮丧。在这样一种精神状态下，不难想象，你犯错误的几率自然要比别人高，许多新的烦恼又在后边等着你，那么你又开始新一轮的抱怨—沮丧—出错—倒霉……

哈佛教授认为，抱怨只是暂时的情绪宣泄，它可以是心灵的麻醉剂，但绝不是解救心灵的方法。因而，他们经常告诫自己的学生：遇到问题，抱怨是最坏的方法。

罗曼·罗兰说，只有将抱怨环境的心情化为上进的力量，才是成功的保证。也有人说，如果一个人青少年时就懂得永不抱怨的价值，那实在是一个良好而明智的开端。倘若我们还没修炼到此种境界，就最好记住下面的话：

如果事情没有做好，就千万不要为抱怨找借口。

古人云："人生之事，不顺者十之八九，常想一二。"这句话的意思是说人活在世上，十件事中有八九件都会使人不顺心，但要常去想那一两件使人开心的事。每个人都会遇到烦恼，明智的人会一笑了之，因为有些事是不可避免的，有些事是无力改变的，有些事情是无法预测的。能补救的应该尽力补救，无法改变的就坦然面对，调整好自己的心态去做该做的事情。

一名飞行员在太平洋上独自漂流了20多天才回到陆地。有人问他，从那次历险中他得到的最大教训是什么。他毫不犹豫地说："那次经历给我的最大教训就是，只要还有饭吃，有水喝，你就不该再抱怨生活。"

人的一生总会遇到各种各样的不幸，但快乐的人不会将这些装在心里，他们没有忧虑。所以，快乐是什么？快乐就是珍惜已拥有的一切，知足常乐。

抱怨是什么？抱怨就像用针刺破一个气球一样，让别人和自己泄气。

其实，抱怨属人之常情。"长安居，大不易"，难道不许别人说一说苦闷吗？困难是一回事，抱怨是另一回事。抱怨的人认为不是自己无能，而是社会太不公平，如同全世界的人合伙破坏他的成功，这就把事情的因果关系颠倒了。

喜欢抱怨的人在抱怨之后，心情非但没变轻松，反而变得更糟。常言道，放下就是快乐。这也包括放下抱怨，因为它是沉重又无价值的东西。

人们喜欢那些乐观的人，是喜欢他们表现出的超然。生活需要的信心、勇气和信仰，乐观的人都具备。他们在自己获益的同时，又感染着别人。人们和乐观，包括豁达、坚韧、沉着的人交往，会觉得困难从来不是生活的障碍，而是勇气的陪衬。和乐观的人在一起，自己也就得到了乐观。

抱怨失去的不仅是勇气，还有朋友。谁都不喜欢牢骚满腹的人，怕自己受到传染。失去了勇气和朋友，人生变得很难，所以抱怨的人继续抱怨。他们不知道，人生有许多简单的方法可以快乐地生活，停止抱怨是其中的真谛之一。

总是抱怨自己不幸的人，不要总是看到你还不曾拥有的东西，而要静下心来，放下心灵的负担，仔细品味你已拥有的一切。学会欣赏自己的每一次成功、每一份拥有，你就不难发现，自己竟会有那么多值得别人羡慕的地方，幸福之神早已向你频频招手。

谁珍惜生命，谁就延长了生命

人生总是那么短暂，有时候心怀梦想，想要按照计划去实行，可是似乎计划还没有定完，一段青春的岁月就这么溜走了。不知不觉，人生已经到了暮年，也许再转眼，就划过了所有的美好岁月，走向了人生的尽头。每天，都有无数生命像流星一样划过天际，消失在茫茫夜空当中。是哀叹、漠然，还是反思、爱惜？

曾在报刊上读过一篇关于生命的文章：

在一个炎热的上午，10 时整，蝉发表了他的第一篇作品。它说：炎热。

同一天 11 时，它还在鸣叫，并没有改变它的调子，而且扩大了它的主旋律。它说：爱情。

在酷热的午后时分，当爱情与炎热带来的伤感动摇了它时，它心灵的交响乐进入了伟大的乐章，于是它说：死亡。

但是这事还没有结束。晚餐以后，它把炎热、爱情、死亡编织成乐章的最后一节，比其他各节更为精妙，而且没有那么嘈杂。它还掌握着最后一个英雄般的双音节词。

生命，它回忆着说：生命。

生命，即使如火焰、如昙花，只要学会珍惜，它便永存那一刹的动人与璀璨。

当代作家毕淑敏在谈到自己生命的经历时，曾说："我 16 岁时离开北京到西藏阿里当兵，是我记忆最深刻的人生转折。我从小的生活经历决定，我对于农村的想象空间也仅限于住土房子吃窝头，而到了阿里，零下 40 多度的酷寒，海拔 5000 米以上带来的缺氧，八九个月接不到任何信件，吃不到任何蔬菜，等等，那该不是外星吧？我吓坏了！我真真地感受到，人的生命太脆弱了，因为我们还时时会面对死亡。

"那时我们没有任何娱乐的条件，没过多久几个人连话都说尽了，我因此常常一个人呆坐着看冰雪，一看就是几个小时，现在想来，那简直就是'面壁'……原始人的生活不过如此吧？

"但是，我在那时有很多冥想，人从哪里来，要到哪里去，看冰雪的时候仿佛看出了人生的很多问题。我记得康德有一句话说：'人对于崇高的认识来源于恐惧。'可能吧，于是我决心自己的一生要过得有趣有意义，还要于他人有益。

"那十多年的生活让一种观念横贯我的一生，那就是珍惜生命。有人曾经对我的小说等作品做专门研究发现，我用'生命'、'死亡'，特别是'温暖'这样的词汇特别多，大概是因为我当年被冻怕了。

"不管怎么说，后来我的作品总是要把自己在高原所体验到的生命的宝贵，传达给他人。那是在我长篇小说里一以贯之的主题——爱惜生命。"

爱惜，是因为感恩。毕竟，能够拥有生命就是一种幸福。但是，如果人的生命就好像一朵盛开的花朵，你可以绚烂多彩，香气袭人；或者苍白暗淡，寂寂无声。一切在于你珍惜与否。生命也是脆弱的，面对如此脆弱的生命，我们唯一能做的，就是珍惜生命中的每一天，不虚度，不浪费。

身边出现的每一个人都是我们的福分

一天，一个中年妇女见自己家门口站着三位老人，便上前对老人们说："你们一定饿了，请进屋吃点东西吧！"

"我们不能一起进屋。"老人们说。

"为什么？"中年妇女不解。

一位老人指着同伴说："他叫成功，他叫财富，我叫善良。你现在进屋和家人商量一下，看看需要我们当中哪一位？"

中年妇女进屋和家人商量后决定把善良请进屋。她出来对老人们说："善良老人，请到我家来做客吧。"

善良老人起身向屋里走去，另两位叫成功和财富的老人也跟进来了。

中年妇女感到奇怪，问成功和财富："你们怎么也进来了？"

"善良是我们的兄长，兄长在，我们也必须在，因为哪里有善良，哪里就有成功和财富。"老人们回答说。

其实就像这两位老人说的那样，善良总是伴随着财富和地位一起而来，我们善待、珍惜生命中出现的每一个人，其实也是在善待我们自己。

在我们的生命中，不断地有人离开或进入，我们无法把握时间去改变这些，但是我们却可以用自己的心去珍惜自己生命中存在过的人。我们与每一个人的相遇都是一种机缘。当有一天，我们回首的时候，发现那些当初很要好的人已经是天各一方，每个人都开始了没有我们的日子，那些曾经大大咧咧地喊他昵称的日子似乎已经很遥远了，想念彼人，却发现你已经连他的电话也没有了，于是后悔当初只因为一句话就彼此伤害，后悔没有好好珍惜在一起的日子。

所以，无论是什么时候，每一个人的出现都是自己的福分，感激上天让我们与每一个人相逢，或许此刻我们亲近无比，但说不准哪一天我们从此分别,永远无法联系,为了我们的人生没有遗憾,善待我们生命中的每一位过客。

遇到你真正的爱人时,要努力争取和他相伴一生的机会,因为当他离去时,一切都来不及了;遇到可相信的朋友时,要好好地和他相处下去,因为在人的一生中,能遇到一个知己真的不容易;遇到人生中的贵人时,要记得好好感激,因为他是你人生的转折点;遇到曾经爱过的人,记得微笑向他感激,因为他是让你更懂得爱的人;遇到曾经恨过的人时,要微笑着向他打招呼,因为他让你变得更坚强;遇到现在和你相伴一生的人,要百分百感谢他爱你,因为你们现在都得到幸福和真爱;遇到背叛你的人时,要跟他好好聊一聊,因为若不是他,今天你不会懂得这个世界;遇到曾经偷偷喜欢的人时,要祝他幸福!因为你喜欢他时,是希望他幸福快乐;遇到匆匆离开你的人,要谢谢他走过你的人生,因为他是你精彩回忆的一部分。

善待生命中每一个与你擦身而过的朋友,你的人生将轻松无比,了无缺憾。

告诉眼前人,他对你很重要

有一位著名作家说:"人在年轻的时候,并不一定了解自己追求的、需要的是什么,甚至别人的起哄也会促成一桩婚姻;等你再长大一些,更成熟一些的时候,你才会知道你真正需要的是什么。可那时,你已经做了许多悔恨得使你锥心的蠢事。"所以,遇到真正自己爱的人,一定要告诉他,他对你很重要。不然,等到错过了,就再也没有让对方明白你的心意的机会了。

八十多年前,为了爱情,诗人徐志摩与其原配夫人离异,造就中国近代史第一例离婚案,影响巨大。其师梁启超力劝其悬崖勒马,徐意坚决,复书说:"吾唯有于茫茫人海中求之,得之我幸,不得我命,如此而已!"

毛彦文是中国第一个女留学博士,大学者吴宓追求毛女士时,曾将他的罗曼蒂克写成诗,还发表出来,其中有"吴宓苦爱毛彦文,九州四海共惊闻。离婚不畏圣贤讥,金钱名誉何足云"等句。世人议论纷纷,吴宓泰然自若。

这种表达爱情的勇气和方式，直至今日，仍令人津津乐道。

他到国外出差，在机场告别了恋人便搭机飞往瑞士。半个月后，事情办完了，他也买好回家的机票，然后他到电信局打算发电报给恋人。

拟好电文后，他交给一位女营业员，问："麻烦帮我算算一共要多少钱？"

她讲了个数目，他却发现自己手头上的现金不够，眼看登机的时间就要到了，只好对营业员说："那么，把'亲爱的'这几个字从我的电报中去掉吧，这样钱就够了。"

"不，"那名女营业员一边反对，一边打开自己的手提包掏出钱来，"我来为'亲爱的'这几个字付钱好了，恋人一直渴望从她们的另一半那儿得到这个字眼呢。"

其实，岂止在恋人之间，就算在亲人朋友之间，我们都应该适时地去表达我们的"爱"。

有一个女人，她的脸动过肿瘤手术后，因为有一小段面部神经不得不被割去，造成脸部部分肌肉瘫痪，表情扭曲变形。从此以后，永远是这副样子。

她年轻的丈夫站在病床一旁。两人在昏黄的灯光下，默默对视。

"我的嘴永远都会是这样子吗？"她问医生。

"是的。"医生说。她听后低头不语。

"我喜欢这样子，"她的丈夫说，"亲爱的，孩子也会喜欢你的。"

此刻，丈夫毫不介意外人在场，低头去吻妻子歪扭的嘴。医生站得那么近，看见他也扭曲自己的嘴唇去配合妻子的唇型，表示两人还可以吻得很好。

医生屏住呼吸，不敢出一点儿声，只觉得自己是在目睹一个神圣的场面。

我们能从别人对我们的爱中得到力量，使我们察觉到自己在对方心中不可或缺的存在，从中体会到安全自在的感受。

我们知道自己喜欢被尊重、被爱护的感觉，相对的，我们也应该给予关爱我们的人相同的回报。

爱，拒绝犹豫、观望。我们唯有勇敢地付诸行动，才有希望撷取它的甘美。许多时候，含蓄的天性，让我们总是不敢说爱，不好意思示爱，却往往错过了爱可以发挥的力量；等到失去了，错过了机会，一切都难再从头开始，难过、失落与伤怀，都很难再被抚平。勇敢地将心里的爱表现出来，真心地传达出对对方的支持，让我们成为彼此心灵的后盾，有了这份爱的力量，我们将能更有勇气继续前进，激荡出彼此生命中璀璨的火花。

珍惜缘分吧，它是可遇不可求的精灵

有人说："在对的时间，遇见对的人，是一生幸福；在对的时间，遇见错的人，是一场心伤；在错的时间，遇见对的人，是一声叹息；在错的时间，遇见错的人，是一段荒唐。"天意弄人，缘起缘灭，为什么最真的人却总碰不到最真的心？想起来让人欲哭无泪。或许爱情就是这样"狡猾"的东西吧，它有时躲在暗处，有时笑眯眯朝你迎面走来。未找到爱情的你，左顾右盼却看它不到，遇到爱情的你，又总是瞻前顾后，羞羞答答，信奉"矜持"的教条，或者等待着他会先开口，结果恍惚间，已是沧海桑田，再回首时，心依旧人已远，空留一腔怅惘在心间！

为什么会是这样呢？原因也许就在于"表露"。很多女孩太追求"意会"，或太固守女孩含蓄的美德，死死不肯流露自己的真心，让男人去猜，等男人来追。可男人是粗心的，你不暗示，他怎如你一般心细如发？就算他很想追你，但世事难料，怎能保证事情不节外生枝，阴错阳差，好事付诸东流？缘分不待人，它来的时候，该抓的一定要抓，不要等到木已成灰，才空自叹息。勇敢地去爱你想爱的那个人，即使是帅哥，你也不要畏缩，大胆地说出来，让他明白你的心意，哪怕被无情拒绝，只要曾经努力过，你就没有什么可遗憾。

有一位美丽、温柔的女孩，身边不乏追求者，但她遇到了漂亮女孩常

有的难题：在同样优秀的两个男孩中应该选择谁？锋长得帅气，很开朗很幽默。宇也不错，很善良，只是内向和羞涩，不善表现自己。

在心底，她喜欢宇。但她不知宇对她的爱有多深。于是，她决定等情人节再做出选择。她想，要是宇送来玫瑰，或跟她说"我爱你"，那么，她就选宇。

但是，现实总不能如愿。

情人节那天，送来玫瑰并说"我爱你"的是锋，不是宇。宇只给她送来一只鹦鹉，也没有说什么"我爱你"之类。一直深信缘分的她颇感失望。女友来访，她随手就将那只鹦鹉给了女友。她说，是缘分叫她选择锋。

几个月后，女孩偶遇女友，女友啧啧地说，那只鹦鹉笨死了，一天到晚只会说"我爱你、我爱你"，吵死了！女友说得轻描淡写，于她来说却是一个晴天霹雳，那可是宇送给她的呀！

有时候，缘，如同诗人席慕蓉笔下的《一棵开花的树》那样令人心痛，不可捉摸：

如何让你遇见我

在我最美丽的时刻

为这

我已在佛前求了五百年

求佛让我们结一段尘缘

佛于是把我化作一棵树

长在你必经的路旁

阳光下

慎重地开满了花

朵朵都是我前世的盼望

当你走近

157

请你细听

那颤抖的叶

是我等待的热情

而当你终于无视地走过

在你身后落了一地的

朋友啊

那不是花瓣

那是我凋零的心

人生之中，你孜孜以求的缘，或许终其一生也得不到，而你不曾期待的缘反而会在你淡泊宁静中不期而至。古语云："有缘千里来相会，无缘对面不相识。"所谓缘分就是让呼吸者与被呼吸者、爱者与被爱者在阳光下不期而遇。

"十年修得同船渡，百年修得共枕眠。"人世间有多少人能有缘从相许走进相爱，从相爱走完相守，走过这酸甜苦辣、五味俱全的漫漫一生呢？红尘看破了不过是沉浮，生命看破了不过是无常，爱情看破了不过是聚散罢了。

好马也吃"回头草"

一群马来到一片肥沃的草地，草地的这头碧波万顷，草地的那头是茫茫沙漠。马儿们忘乎所以地吃着鲜嫩的青草，觉得这是上天对它们的恩赐，从这头吃到那头。到了另一头，它们发现是一片一望无际的沙漠。这时候，几乎所有的马都惋惜再也吃不到这样好的草了。有的马继续前行，去寻找新的草地，但终究没有走出沙漠；有的马立在原地，誓死不回头；有的马忍不住回头望了望它们吃剩下的青草，但始终没有往回走，它们都是好马，好马不吃回头草啊！只有一匹马，它不想为了做好马而失去生存的机会，于是它轻松地往回走，坦然地吃着回头草。结果其他的好马都死了，只有它活了下来。

也许自然中没有这样的马，但现实中却有这样的人，他们以好马自居，错过了就错过了，失去了就失去了，表面上不在乎，心底里却后悔不已。不是他们不想吃回头草，而是他们不敢吃。所有的问题都归结于一点，那就是面子问题。然而，面子比自己的前途、自己的幸福还要重要吗？

曾经爱你的人也是你爱的人由于误会与你分手了，当你们再一次走到一起的时候，为什么不解开彼此的心结再续前缘呢？你曾经非常热爱的一份工作因为种种原因而失去了，如果你愿意，为什么不回到从前呢？

我们都是"好马"，必要的时候就要吃回头草，因为这个世界上好马很多而回头草很少。

女人有了外遇，要和丈夫离婚。丈夫不同意，女人便整天吵吵闹闹。没有办法，丈夫只好答应妻子的要求。不过，离婚前，他想见见妻子的男朋友。妻子满口答应。第二天一大早，女人便把一个高大英俊的中年男人带回家来。

女人本以为丈夫一见到自己的男朋友必定气势汹汹地挑衅。可丈夫没有，他很有风度地和男人握了握手。然后，他说他很想和她男朋友交谈一下，希望妻子回避。站在门外，女人心里七上八下，生怕两个男人在屋内打起来。然而结果证明，她的担心完全是多余的。几分钟后，两个男人相安无事地走了出来。

送男友回家的路上，女人忍不住问："我丈夫和你谈了些什么？是不是说我的坏话？"男人一听，停下了脚步，他惋惜地摇摇头说："你太不了解你丈夫了，就像我不了解你一样！"女人听完，连忙申辩道："我怎么不了解他，他木讷，缺少情趣，家庭保姆似的简直不像个男人。""你既然这么了解他，就应该知道他跟我说了些什么。"

"说了些什么？"女人非常想知道丈夫说的话。

"他说你心脏不好，但易暴易怒，结婚后，叫我凡事顺着你；他说你胃不好，但又喜欢吃辣椒，叮嘱我今后劝你少吃一点辣椒。"

"就这些？"女人有点吃惊。

"就这些，没别的。"

听完，女人慢慢低下了头。男人走上前，抚摸着女人的头发，语重心长地说："你丈夫是个好男人，他比我心胸开阔。回去吧，他才是真正值得你依恋的人，他比我和其他男人更懂得怎样爱你。"

说完，男人转过身，毅然离去。

自从这次风波过后，女人再也没提过"离婚"二字，因为她已经明白，她拥有的这份爱，就是世界上最好的那份。

很多事情，因为不了解，我们选择了放弃。可是在明白了事情的原委之后，我们就应该有勇气追回自己曾经失去的东西。

倘若我们当初离开是因为环境的恶劣，或根本不合自己的胃口，那完全可以义无反顾地选择新的道路，好马不愁没草吃。如果曾经属于我们的那片草地依然旺盛，我们也仍然是"好马"，这最佳的匹配就应该去尝试，草地永远不会拒绝好马，只是看好马敢不敢吃。

如果你是真的好马，又有肥沃的草地在等着你，与其去寻找那片遥不可及的新绿洲，何不低下头，吃一次回头草呢？

守望远方的玫瑰园，却不忘浇灌身旁的花朵

生活中真正的乐趣就是旅行。世界上没有后悔药，生命过去了就不可能重来。与其后悔，为什么当初不好好珍惜呢？寻找生命本真的乐趣，不因任何顾虑而战战兢兢，不为任何流俗而生活压抑，这样在生命的终点，就不会因为突然觉悟而痛悔不已。

一位智者旅行时，曾途经古代一座城池的废墟。岁月已经让这个城池显得满目苍凉了，但依然能辨析出昔日辉煌时的风采。智者想在此休息一下，就随手搬过一个石雕坐下来。

他望着废墟，想象着曾经发生过的故事，不由得感慨万千。

忽然，他听到有人说："先生，你感叹什么呀？"

他四下里望了望，却没有人，他疑惑着。那声音又响起来，是来自那个石雕，原来那是一尊"双面神"神像。

他从未见过双面神，就好奇地问："你为什么会有两副面孔呢？"

双面神说："有了两副面孔，我才能一面察看过去，牢牢吸取曾经的教训；另一面又可以瞻望未来，去憧憬无限美好的明天。"

智者说："过去的只能是现在的逝去，再也无法留住；而未来又是现在的延续，是你现在无法得到的。你不把现在放在眼里，即使你能对过去了如指掌，对未来洞察先知，又有什么意义呢？"

听了智者的话，双面神不由得痛哭起来："先生啊，听了你的话，我才明白，我今天落得如此下场的根源。

"很久以前，我驻守这座城时，自诩能够一面察看过去，一面又能瞻望未来，却唯独没有好好地把握住现在。结果，这座城池便被敌人攻陷了，美丽的辉煌都成了过眼云烟，我也被人们唾骂而弃于废墟中了。"

我们常常会对自己说"如果我考上理想的大学……""如果我进了知名的外资企业……""如果我付清住房的贷款……""如果我得到提升……""如果我退休，我就可以永远地享受人生"。

但或迟或早，我们都会明白，生活中根本不存在什么驿站，也没有什么既定的路线。回想昨天，可是昨天已经远去了；想要看到未来，可是未来还没有来到。

其实，生命就像一场旅行，有既定的路线也有路旁美丽的风景。有时候，人太在乎目的本身，一门心思扑入其中，就会忘记生命中还有许多美好的事物同样值得珍惜。等到老去的时候，才惊觉自己只顾着追求和赶路，却从来没有轻松地享受过。这难道不是人生的悲哀吗？任何人的生命都只有一次，任何一秒对于人来说都是弥足珍贵无法再生的。幸福无法"零存整取"，你需要在每分每秒中去体会幸福，而不是把所有的幸福"储存"起来，尝遍了所有的苦再享受幸福。

不为打翻的牛奶哭泣

泰戈尔在《飞鸟集》中写道："只管走过去，不要逗留着去采下花朵来保存，因为一路上，花朵会继续开放的。"为采集眼前的花朵而花费太多的时间和精力是不值得的，道路还长，前面还有更多的花朵，让我们一路走下去……

1871年春天，一个年轻人拿起了一本书，看到了一句对他前途有莫大影响的话。他是蒙特瑞综合医科的一名学生，平日对生活充满了忧虑，担心通不过期末考试。

这位年轻的医科学生所看见的那一句话，使他成为当代最有名的医学家，他创建了全世界知名的约翰·霍普金斯学院，成为牛津大学医学院的教授——这是学医的人所能得到的最高荣誉。他还被英国皇帝册封为爵士，他的名字叫作威廉·奥斯勒。

下面就是他所看到的——托马斯·卡莱里所写的一句话："最重要的就是不要去看远方模糊的事，而要做手边清楚的事。"

四十年后，威廉·奥斯勒爵士在耶鲁大学发表了演讲，他对那些学生说，人们传言说他拥有"特殊的头脑"，但其实不然，他周围的一些好朋友都知道，他的脑筋其实是"最普通不过了"。

那么他成功的秘诀是什么呢？他认为这无非是因为他活在所谓"一个完全独立的今天里"。在他到耶鲁演讲的前一个月，他曾乘坐着一艘很大的海轮横渡大西洋，一天，他看见船长站在船舱里，揿下一个按钮，发出一阵机械运转的声音，船的几个部分就立刻彼此隔绝开来——隔成几个完全防水的隔舱。

"你们每一个人，"奥斯勒爵士说，"都要比那条大海轮精美得多，所要走的航程也要远得多，我要奉劝各位的是，你们也要学船长的样子控制一切，活在一个完全独立的今天，这才是航程中确保安全的最好方法。你有的是今天，断开过去，把已经过去的埋葬掉。断开那些会把傻子引上死亡之路的昨天，把明日紧紧地关在门外。未来就在今天，没有明天这个东西。精力的浪费、精神的苦闷，都会紧紧跟着一个为未来担忧的人。养成一个好习惯，那就是生活在一个完全独立的今天里。"

奥斯勒爵士接着说道："为明日准备的最好办法，就是要集中你所有的智慧、所有的热忱，把今天的工作做得尽善尽美，这就是你能应付未来的唯一方法。"

奥斯勒爵士的话值得我们每个人珍视。其实，人生的一切成就都是由你"今天"的成就累积起来的，老想着昨天和明天，你的"今天"就永远没有成果。只有珍惜今天，你才能有好的未来！

莎士比亚说过："明智的人永远不会坐在那里为他们的损失而悲伤，却会很高兴地去找出办法来弥补他们的创伤。"成功学大师拿破仑·希尔说："当我读历史和传记并观察一般人如何度过艰苦的处境时，我一直既觉得吃惊，又羡慕那些能够把他们的忧虑和不幸忘掉并继续过快乐生活的人。"

无论你昨天过得有多糟糕，无论你今天有多懊恼，都无法回到过去了。一百个理由，一千种借口，也于事无补。

· 第二节 ·

快乐不在于拥有的多，而在于计较的少

因为不争，所以天下没有人能与之争

生活中经常有些人，无理争三分，得理不让人，小肚鸡肠。相反，有些人真理在握，不声不响，得理也让三分，显得态度温和，君子风度。假如是重大的或重要的是非问题，自然应当不失原则地争出个青红皂白，甚至为追求真理献身。但在日常生活中，有些人往往为一些鸡毛蒜皮的小问题争得面红耳赤，谁也不让谁，较起真来，以致非得决一雌雄才算罢休，甚至大打出手，或闹个不欢而散，影响团结。越是这样的人越被人瞧不顺眼。时下流行一句话叫"玩深沉"，其实这种场合玩点深沉正显示了宽宏大量的风度。

争强好胜者未必掌握真理，而谦和的人，原本就把出人头地看得很淡，更不屑一点小是小非的争论，这根本不值得称雄。越是有理，越表现得谦和，往往越能显示一个人胸襟坦荡，修养深厚。

麦金利任美国总统时，特派某人为税务主任，但为许多政客所反对，他们派遣代表进谒总统，要求总统说出派那个人为税务主任的理由。为首的是一位国会议员，他身材矮小，脾气暴躁，说话粗声恶气，开口就给总统一顿难堪的讥骂。如果换成别人，也许早已气得暴跳如雷，但是麦金利却视若无睹，不吭一声，任凭他骂得声嘶力竭，然后才用极温和的口气说："你现在怒气应该可以平息了吧？照理你是没有权力这样责骂我的，但是，现在我仍愿详细解释给你听。"

这几句话把那位议员说得羞惭万分，但是总统不等他道歉，便和颜悦色地说："其实我也不能怪你。因为我想任何不明究竟的人，都会大怒若狂。"接着他把任命理由解释清楚了。

不等麦金利总统解释完，那位议员已被他的大度折服。他懊悔不该用这样恶劣的态度责备一位和善的总统，他满脑子都在想自己的错。因此，当他回去报告抗议的经过时，他只摇摇头说："我记不清总统的解释，但有一点可以报告，那就是——总统并没有错。"

无疑，在这次交锋中，麦金利占了上风。为什么他能占上风？就是因为他的宽宏大量。

做人首先是要有一颗博大的心，这颗心的格局要大。心的格局有多大，人生的成就才有多大。不是有"海纳百川，有容乃大"这句话吗？这句话被许多人视作自己做人的准则，麦金利就是其中之一。

心的大格局是一种人格的伟大。明代朱衮在《观微子》中说过："君子忍人所不能忍，容人所不能容，处人所不能处。"法国作家雨果说："世界上最大的是海洋，比海洋大的是天空，比天空大的是胸怀。"

在事业上建功立业、取得成就的，绝非是那些胸襟狭窄、小肚鸡肠、谨小慎微之人，而是那些如麦金利般襟怀坦荡、宽宏大量、豁达大度者。

老子说："夫唯不争，故天下莫能与之争。"只要有一种看透一切的格局，就能做到豁达大度。把一切都看作"没什么"，才能在慌乱时，从容自如；忧愁时，增添几许欢乐；艰难时，顽强拼搏；得意时，言行如常；胜利时，不醉不昏。只有如此放得开的人，才是豁达大度之人。

不管什么是非都去计较的话，你一辈子就没有办法生活了。在我们生活的社会里，许多事情，尤其是小事情，如果看开一些，自己的心胸就开阔。

一个人思虑太多，就会失去做人的乐趣

人生就好像是在观赏风景，你如果总是着眼于小处，那么你就领略不到大范围的庞大和优美。所以，在生活中，我们如果总是拘泥于小处，为了无数的小事而烦忧，那么我们就会忘记了人生最初的方向，失去了快乐，也丢了情趣。

有一个年轻的主妇向自己的朋友抱怨自己的工作如此"单调乏味"。她举例说，她刚刚铺好床，床马上就被弄乱了；刚刚洗好碗碟，碗碟马上就被用脏了；刚刚擦净了地板，地板马上就被弄得乱七八糟。她说："你刚刚把这些事做好，马上就会被人弄得像是未曾做过一样。"她进一步抱怨道："再这样下去，我简直要发疯！"

年轻主妇的朋友是一位相当聪明的人，他不动声色地说："这真是令人扫兴。有没有妇女喜欢家务劳动？"

她说："啊，有的，我想是有的。"

这位朋友又问："她们在家务劳动中有没有发现什么使得她们感到有趣、保持热情的东西呢？"

主妇思考了片刻回答道："也许在于她们的态度。她们似乎并不认为她们的工作是负担，而看见了超越日常工作的什么东西。"

琐碎的日常生活中，每天都会有很多事情发生，如果你一直计较这些已经发生的事情，不停地抱怨、不断地自责，这样下去，你的心情就会越来越沮丧。一个只知道计较的人，注定会活在迷离混沌的状态中，看不见前头亮着一片明朗的天空。

有时候，人生就是这样的，你坦然面对，会突然发现原来的事情都不算什么了，就像俗语所说的："思虑太多就会失去做人的乐趣。"所以，你要学会控制自己的情绪，跟家人和朋友一起，享受坦然的生活，追逐自然的幸福。

要拿得起更要能放得下

一位少年背着一个砂锅赶路，不小心绳子断了，砂锅掉到地上摔碎了。少年头也不回地继续向前走。路人喊住少年问："你不知道你的砂锅摔碎了吗？"少年回答："知道。"路人又问："那为什么不回头看看？"少年说："既然碎了，回头有什么用？"说完，他又继续赶路。

故事中的少年是明智的，既然砂锅都碎了，回头看又有什么用呢？

人生中的许多失败也是同样的，已经无法挽回，惋惜悔恨于事无补，与其在痛苦中挣扎浪费时间，还不如重新找一个目标，再一次奋发努力。

人的一生，需要我们放下的东西很多。孟子说，鱼与熊掌不可兼得，如果不是我们应该拥有的，就果断抛弃吧。几十年的人生旅途，有所得，亦会有所失，我们只有适时放下，才能拥有一份成熟，才会活得更加充实、坦然和轻松。

但是，在现实生活中，许多人放不下的事情实在太多了。比如做了错事，说了错话，受到上司和同事的指责，或者好心却让人误解，于是，心里总有个结解不开……总之，有的人就是这也放不下，那也放不下；想这想那，愁这愁那；心事不断，愁肠百结，结果损害了自身的健康和寿命。有的人之所以感觉活得很累，无精打采，未老先衰，就是因为习惯于将一些事情吊在心里放不下来，结果把自己折腾得既疲劳又苍老。其实，简单地说，让人放不下的事情大多是在财、情、名这几个方面。想透了，想开了，也就看淡了，自然就放得下了。

人们常说："举得起、放得下的是举重，举得起、放不下的叫作负重。"为了前面的掌声和鲜花，学会放弃吧。放弃之后，你会发现，原来你的人生之路也可以变得轻松和愉快。

生活有时会逼迫你不得不交出权力，不得不放走机遇。然而，有时你放弃并不意味着失去，反而可能因此获得。要想采一束清新的山花，就得放弃城市的舒适；要想做一名登山健儿，就得放弃娇嫩白净的肤色；要想穿越沙漠，就得放弃咖啡和可乐；要想拥有简单的生活，就得放弃眼前的虚荣；要想在深海中收获满船鱼虾，就得放弃安全的港湾。

今天的放弃，是为了明天的得到。干大事业者不会计较一时的得失，他们都知道如何放弃、放弃些什么。一个人倘若将一生的所得都背负在身，那么纵使他有一副钢筋铁骨，也会被压倒在地。昨天的辉煌不能代表今天，更不能代表明天。

我们应该学会放弃：放弃失恋带来的痛楚，放弃屈辱留下的仇恨，放弃心中所有难言的负荷，放弃耗费精力的争吵，放弃没完没了的解释，放弃对权力的角逐，放弃对金钱的贪欲，放弃对虚名的争夺……凡是次要的、枝节的、多余的、该放弃的，都应放弃。

放弃，是一种格局，是我们发展的必由之路。漫漫人生路，只有学会放弃，才能轻装前进，才能不断有所收获。

博大的心量可以稀释一切痛苦烦扰

从前有座山，山里有座庙，庙里有个年轻的小和尚，他过得很不快乐，整天为了一些鸡毛蒜皮的小事唉声叹气。后来，他对师父说："师父啊，我总是烦恼，爱生气，请您开示开示我吧！"

老和尚说："你先去集市买一袋盐。"

小和尚买回来后，老和尚吩咐道："你抓一把盐放入一杯水中，待盐溶化后，喝上一口。"

小和尚喝完后，老和尚问："味道如何？"

小和尚皱着眉头答道："又咸又苦。"

然后，老和尚又带着小和尚来到湖边，吩咐道："你把剩下的盐撒进湖里，再尝尝湖水。"

弟子撒完盐，弯腰捧起湖水尝了尝，老和尚问道："什么味道？"

"纯净甜美。"小和尚答道。

"尝到咸味了吗？"老和尚又问。

"没有。"小和尚答道。

老和尚点了点头，微笑着对小和尚说道："生命中的痛苦就像盐的咸味，我们所能感受和体验的程度，取决于我们将它放在多大的容器里。"小和尚若有所悟。

老和尚所说的容器，其实就是我们的心量，它的"容量"决定了痛苦的程度，心量越大烦恼越轻，心量越小烦恼越重。心量小的人，容不得，忍不得，受不得，装不下大格局。有成就的人，往往也是心量宽广的人，看那些"心包太虚，量周沙界"的古圣大德，都为人类留下了丰富而宝贵的物质财富和精神财富。

其实，我们每个人一生中总会遇到许多盐粒似的痛苦，它们在苍白的心空下泛着清冷的白光，如果你的容器有限，就和不快乐的小和尚一样，只能尝到又咸又苦的盐水。

一个人的心量有多大，他的成就就有多大。不为一己之利去争、去斗、去夺，扫除报复之心和嫉妒之念，则心胸广阔天地宽。当你能把虚空宇宙都包容在心中时，你的心量自然就能如同天空一样广大。无论荣辱悲喜、成败冷暖，只要心量放大，自然能做到风雨不惊。

寒山曾问拾得："世间有人谤我、欺我、辱我、笑我、轻我、贱我、骗我，如何处之？"

拾得答道："只要忍他、让他、避他、由他、耐他、敬他、不理他，再过几年，你且看他。"

如果说生命中的痛苦是无法自控的，那么我们唯有拓宽自己的心量，才能获得人生的愉悦。通过内心的调整去适应、去承受必须经历的苦难，从苦涩中体味心量是否足够宽广，从忍耐中感悟暗夜中的成长。

心量是一个可开合的容器，当我们只顾自己的私欲，它就会愈缩愈小；当我们能站在别人的立场上考虑，它又会渐渐舒展开来。若事事斤斤计较，便把自身局限在一个很小的框框里。这种处世心态，既轻薄了自身的能力，又轻薄了自己的品格。

心量是大还是小，在于自己愿不愿意敞开。一念之差，心的格局便不一样，它可以大如宇宙，也可以小如微尘。我们的心，要和海一样，任何大江小溪都要容纳；要和云一样，任何天涯海角都愿遨游；要和山一样，任何飞禽走兽，都不排拒；要和路一样，任何脚印车轨，都能承担。这样，我们才不会因一些小事而心绪不宁、烦躁苦闷！

把心打开吧，用更宽阔的心量来经营未来，你将拥有一个别样的人生！

凡事不能太较真

有一句著名的话叫作"唯大英雄能本色"，做人在总体上、大方向上讲原则，讲规矩，但也不排除在特定的条件下灵活变通。

美国教育专家戴尔·卡耐基可以说是处理人际关系的"老手"，然而他在年轻时，也曾犯过小错误。有一天晚上，卡耐基参加一个宴会。宴席中，坐在他右边的一位先生讲了一段幽默故事，并引用了一句话，那位健谈的先生提到，他所引用的那句话出自《圣经》。然而，卡耐基发现他说错了，卡耐基很肯定地知道出处，一点疑问也没有。为了表现优越感，卡耐基认真又讨嫌地纠正了过来。那位先生立刻反唇相讥："什么？出自莎士比亚？不可能！绝对不可能！"卡耐基的话使那位先生一时下不来台，那位先生不禁有些恼怒。

当时卡耐基的老朋友法兰克·葛孟就坐在他的身边。葛孟研究莎士比亚的著作已有多年，于是卡耐基向他求证。葛孟在桌下踢了卡耐基一脚，然后说："戴尔，你错了，这位先生是对的。这句话出自《圣经》。"那晚回家的路上，卡耐基对葛孟说："法兰克，你明明知道那句话出自莎士比亚。""是的，当然。"葛孟回答，"在《哈姆雷特》第五幕第二场。可是亲爱的戴尔，为了那么一点小事就和别人较起劲来，值得吗？再说，我们是宴会上的客人，为什么要证明他错了？那样会使他喜欢你吗？他并没有征求你的意见，为什么不保留他的脸面而非要说出实话得罪他呢？"

法兰克所说的道理人人皆知，但并非人人都能做到。正如他所说，一些无关紧要的小错误，如果放过去无伤大局，那就没有必要去纠正它。这不仅是为了自己避免不必要的烦恼和人事纠纷，而且也顾到了对方的名誉，不致给别人带来无谓的烦恼。这样做并非只是明哲保身，而是为了体现为人的大度。

人们常说："凡事不能太较真。"一件事情是否该认真，这要视场合而定。钻研学问要讲究认真，面对大是大非的问题更要讲究认真。而对于一些无关大局的琐事，不必太认真。不看对象、不分地点刻板的认真，往往使自己处于尴尬的境地，处处被动受阻。每当这时，如果能理智地后退一步，往往能化险为夷。

与人相处，你敬我一尺，我敬你一丈；有一分退让，就有一分收益。

相反，存一分骄躁，就多一分挫败；占一分便宜，就招一次灾祸。

当你心胸宽广的时候，对于那些蝇营狗苟、一副小家子气的人，就会觉得他的表演实在可笑。但是，凡人都有自尊心，有的人自尊心特别强烈和敏感，因而也就特别脆弱，稍有刺激就有反应，轻则板起脸孔，重则马上还击，结果常常是为了争面子反而没面子。多一点宽容退让之心，我们的路就会越走越宽，朋友也就越交越多了，生活也会更加甜美。所以，要想成为一个成功的人，我们千万不能处处斤斤计较。

认真需要我们去仔细权衡。许多非原则的事情不必过分纠缠计较，凡事都较真常会得罪人，给自己多设置障碍。鸡毛蒜皮的烦琐无须认真，无关大局的枝节无须认真，剑拔弩张的僵持则更不能认真。

不妨做个"糊涂"的人

很多年轻人缺少生活的历练，却对生活要求太高，任何事情都想要一个结果：朋友为什么会给自己"穿小鞋"？男（女）友在外面交了些什么朋友？上司对某个同事为什么比自己好？但生活中的是是非非很多，我们无法对每件事都做一个清楚的交代。

这些看似聪明的人其实都很愚蠢。他们总被生活牵着走，为了一点小事，就会歇斯底里，这种人对生活中的任何事情都抱着紧张的态度，无疑要承受比别人多很多的压力。但如果能够"糊涂"一些，这些人就会远离很多烦恼，活得更加快乐。

某家政学校的最后一门课是婚姻的经营和创意，主讲老师是学校特地聘请的一位研究婚姻问题的教授。他走进教室，把随手携带的一叠图表挂在黑板上，然后，他掀开挂图，上面用毛笔写着一行字：

婚姻的成功取决于两点：一是找个好人，二是自己做一个好人。

"就这么简单，至于其他的秘诀，我认为如果不是江湖偏方，也至少是些老生常谈。"教授说。

这时台下嗡嗡作响，因为下面有许多学生是已婚人士。不一会儿，终于有一位30多岁的女子站了起来，说："如果这两条没有做到呢？"

教授翻开挂图的第二张，说："那就变成4条了。"

1. 容忍，帮助，帮助不好仍然容忍。

2. 使容忍变成一种习惯。

3. 在习惯中养成傻瓜的品性。

4. 做傻瓜，并永远做下去。

教授还未把这4条念完，台下就喧哗起来，有的说不行，有的说这根本做不到。等大家静下来，教授说："如果这4条做不到，你又想有一个稳固的婚姻，那你就得做到以下16条。"

接着教授翻开第三张挂图。

1. 不同时发脾气。

2. 除非有紧急事件，否则不要大声吼叫。

3. 争执时，让对方赢。

……

教授念完，有些人笑了，有些人则叹起气来。教授听了一会儿，说："如果大家对这16条感到失望的话，那你只有做好下面的256条了，总之，两个人相处的理论是一个几何级数理论，它总是在前面那个数字的基础上进行二次方。"

接着教授翻开挂图的第四页，这一页已不再是用毛笔书写，而是用钢笔，256条，密密麻麻。教授说："婚姻到这一地步就已经很危险了。"这时台下的喧哗声更大了。

生活原本就是简单的，是我们自己太过计较了，所以变得越来越复杂。太过计较的人总是追着幸福跑，用尽全力也抓不住飘忽不定、转瞬即逝的幸福。每跨出一步，前面意味着什么，得到什么或失去什么，人未动心已远，何止一个"累"字了得。

不要太过计较，糊涂一番又何妨？只有想得开，放得下，朝前看，才有可能从琐事的纠缠中超脱出来。假如对生活中发生的每件事都寻根究底，去问一个为什么，那实在既无好处，又无必要，而且破坏了生活的诗意。

小事缠身，不要斤斤计较

两千多年前，雅典政治家伯利克里曾经给人类说过一句忠言："请注意啊，先生们，我们太多地纠缠于一些小事了！"这句话，对今天的人们来说仍然值得品味和借鉴。

说句老实话，对于一般人来说，生活就是由无数的小事所组合而成的，甚至对那些大人物来说也是如此。每个人的生活中，小事都是无处不在、无时不有的，如果你过多地拘泥、计较小事，那么人生就根本没有什么乐趣可言了，触目所及的必然都是矛盾和冲突。

想一想，你挤公共汽车时，有人不小心踩了你的脚；你去买菜时，有人无意间弄脏了你的裙子；有时走在路上，从道旁楼上落下一个纸团，打在你头上……此时此刻，你如果不是大事化小，小事化了，而是口出污言秽语，大发雷霆，说不定会闹出什么祸事来。

20 世纪 80 年代末，在辽宁某地曾经发生过这样一件事：有一个年轻女子在看电影时，被后面的男观众无意间碰了一下脚，尽管男观众当面道歉，但那名女子仍然不依不饶。她硬说对方是要耍流氓，竟然回家叫来丈夫用刀将那个人砍伤以此解气。结果，因触犯刑律，夫妻俩双双锒铛入狱。

在小事上斤斤计较，常常成为损害人际关系的一大诱因。这种悲剧不仅在平常人中屡见不鲜，就是在一些卓有成就的名人中也时有发生。

从医学的观点看，事事计较、精于算计，不但容易损害人际关系，而且对自己的身体也极其有害。《红楼梦》里的林黛玉，虽有闭月羞花、沉鱼落雁的美丽容貌，可总是患得患失，别人一句无意的话都会让她辗转反侧，难于入眠，抑郁不已，再加上爱情的打击，终于落得个"红颜薄命"的悲惨结局。

还有一个实际的例子，就是唐代有一位著名的诗人李贺。他思路敏捷，才华过人，被人称为"奇才"，写出的诗连当时的大文豪韩愈也赞不绝口。只可惜他心胸狭窄，常为一些芝麻绿豆大的小事而郁郁寡欢，愁肠百结。最后他只活了短暂的 27 岁，成为文学史上的一桩憾事。

古语云："让一让，三尺巷。"人生之事，只要不是原则性的大事，从宽发落又何妨？人活在世上，理应开朗、豁达，活得超脱一些；凡事斤斤计较，只是徒增烦恼罢了。

能够获得成功的人，无不是"小事糊涂，大事计较"的人。可是，我们只要认真观察那些计较小事的人，就会发现他们往往是"大事糊涂"的。很明显，人的精力和时间都是有限的，如果对小事计较得过多，那么对大事的注意力和处理能力必然淡化，甚至根本无暇顾及了。

通常，喜欢计较小事的人往往私心都是比较重的，他们过多地考虑个人的得失，如面子、利益、地位等，而这些东西又最容易使人动感情。因此，对小事过于认真的人往往容易冲动，一旦感情代替理智，就会不顾后果和影响，不考虑别人的接受程度。如此一来，就会影响正常的人际关系，在社会上失去他人的理解和同情。

生活的烦恼，一笑了之

1945 年 3 月，罗勒·摩尔和其他 87 位军人在贝雅 S·S318 号潜艇上。当时雷达发现有一支驱逐舰队正往他们的方向开来，于是他们就向其中的一艘驱逐舰发射了三枚鱼雷，但都没有击中。这艘舰也没有发现。但当他们准备攻击另一艘布雷舰的时候，它突然掉头向潜艇开来，可能是一架日本飞机看见这艘 60 英尺深的潜艇，用无线电告诉这艘布雷舰。

他们立刻潜到 150 英尺的地方，以免被日方探测到，同时也准备应付深水炸弹。他们在所有的船盖上多加了几层栓子。3分钟之后，突然天崩地裂。6枚深水炸弹在他们的四周爆炸，他们直往水底——深达276英尺半的地方，他们都吓坏了。

按常识，如果潜水艇在不到500英尺的地方受到攻击，深水炸弹在离它17英尺之内爆炸的话，差不多是在劫难逃。罗勒·摩尔吓得不敢呼吸，他在想："这回完蛋了。"在电扇和空调系统关闭之后，潜艇的温度升到近40度，但摩尔却全身发冷，牙齿打战，身冒冷汗。15小时之后，攻击停止了，显然那艘布雷舰在炸弹用光以后就离开了。

这15小时的攻击，对摩尔来说，就像经过了1500年。他过去所有的生活都一一浮现在眼前，他想到了以前所干的坏事，所有他曾担心过的一些很无聊的小事。他曾经为工作时间长、薪水太少、没有多少机会升迁而发愁，他也曾经为没有办法买自己的房子，没有钱买部新车子，没有钱给妻子买好衣服而忧虑，他非常讨厌自己的老板，因为这位老板常给他制造麻烦，他还记得每晚回家的时候，自己总感到非常疲倦和难过，常常跟自己的妻子为一点小事吵架，他也为自己额头上的一块小疤发愁过。

摩尔说："多年以来，那些令人发愁的事看来都是大事，可是在深水炸弹威胁着要把他送上西天的时候，这些事情又是多么的荒唐、渺小。"就在那时候，他向自己发誓，他如果还有机会见到太阳和星星的话，就永远永远不会再忧虑。在潜艇里那可怕的15小时中，摩尔对于生活所学到的知识，比他在大学读了4年书所学到的要多得多。

我们可以相信一句话：要解决一切困难是一个美丽的梦想，但任何困难都是可以解决的。矛盾和痛苦总是在与那些处在痛苦中的人玩游戏。转换看问题的视角，就是不能用一种方式去看所有的问题和问题的所有方面。如果那样，你肯定会钻进一条死胡同，处在混乱的矛盾中不能自拔。

·第三节·

爱，就是无条件的接纳

爱，就是谁先为谁低头

走在一起的两个人，个性完全不同，所以婚姻中总会出现各式各样的摩擦，夫妻之间也一直矛盾不停，麻烦不断。琐碎的事情是最折磨人的，稍微处理不当，就可能引发更大的麻烦，甚至可能会影响正常的婚姻生活。

其实，夫妻之间的问题很多都是因为彼此都不愿意让步，不愿意先向对方低头，所以才将问题越积累越多，到了最后陷入了无法挽回的地步。所以，如果真正的爱对方，想要跟对方一起幸福地生活下去，就要先学会向对方低头。

1983 年的冬天，一对夫妇的婚姻正濒于破裂的边缘。为了重新找回昔日的爱情，他们打算进行一次浪漫之旅，如果能找回就继续生活，如果不能就友好分手。他们来到加拿大的魁北克的一条南北走向的山谷。这个山谷没有什么特别之处，唯一能够引起人们注意的是它的西坡长满松、柏、女贞等树，而东坡只有雪松。这一奇异景观是个谜，许多地质学家一再对其进行研究，但一直没有令人满意的结论。

晚上的时候，突然下起了大雪。这对夫妇支起了帐篷，望着满天飞舞的大雪，发现由于特殊的风向，东坡的雪总比西坡的雪来得大，来得密。不一会儿，雪松上就落了厚厚的一层雪。不过当雪积到一定的程度，雪松那富有弹性的枝丫就会向下弯曲，直到雪从枝上滑落。这样反复地积，反复地弯，反复地落，雪松完好无损。可其他的树由于没有这个本领，树枝被压断了。

西坡由于雪小,总有些树挺了过来,所以西坡除了雪松,还有柏和女贞之类。

帐篷中的妻子发现了这一奥秘,对丈夫说:"东坡肯定也长过杂树,只是树枝不会弯曲才被大雪摧毁了。"丈夫点头称是。少顷,两人像突然明白了什么似的,紧紧拥抱在一起。

对于婚姻的压力要尽可能地去承受,在承受不了的时候,学会弯曲一下,像雪松一样让一步,这样就不会被压垮。婚姻中,不要总是去苛求对方做到完美,因为你也不是完美的,向他(她)低一下头,你们的婚姻就会别有一番风景。

在中国,大男子主义的作风成为爱情婚姻中一道不和谐的音符。很多男人都觉得自己任何做法都是无可挑剔的,所以若是和妻子发生争执,那也必须是妻子先低头,不然自己就太没面子。可是妻子也会有自己的委屈,她们也希望丈夫能够给予理解。这个时候,如果相互之间没有一个人肯低头认错,那么无疑会让僵持的氛围一直延续。时间长了,自然会影响夫妻之间的感情。

当然,在现实生活中,不理解丈夫的妻子也大有人在。她们只是一味追求家庭幸福、夫妻美满,沉醉于卿卿我我的夫妻生活中,对丈夫一心想干好事业的想法不怎么理解,对丈夫兢兢业业为事业操劳的行动不理解,埋怨丈夫回家晚,埋怨丈夫不知道买家具,甚至同丈夫吵架,不体谅丈夫,使丈夫的精力不能集中。做妻子的要知道,一些丈夫之所以那么钟爱自己的妻子,就是因为他感到妻子很理解、体谅、支持自己。有的丈夫说:"最了解我的是妻子,最支持我的也是妻子。"

生活中,我们已经活得很累了,不管是男人还是女人,都不容易,当感受到对方已经身心疲惫的时候,就应该低下头去,握住对方的手,用自己的体贴温暖对方,保护对方。虽然有时候,问题的发生并不是我们故意的,或者矛盾的产生,也不完全是我们的错,但是能够在对方疲惫的时候,给予一点体贴和谅解,才能更加温暖彼此脆弱的心。

爱需要我们彼此扶持

爱从一个人的心里发出，然后流到别人的心里，在人与人之间搭建起一条长长的爱心之桥。爱，往往会有意想不到的力量，它需要我们彼此宽容和彼此扶持。

一战期间，美、德两军在一处平原相遇，双方交战激烈，枪声不断响起，在他们之间的是一条无人地带。一个年轻的德军尝试爬过那个地带，结果被带钩的铁丝钩住，发出痛苦的哀号，不住地呜咽。

相距不远的美军都听得到他的惨叫声。一个美军无法再忍受，于是爬出战壕，匍匐着向那位德军爬过去。其余美军明白他的意图后，就停止开火，但德军仍炮火不辍，直到德国指挥官明白那年轻美军的意图，才命令军队停火。

此时，战场上出现了一片沉寂。年轻美军爬到受伤的德军那里，救他脱离了险境，扶起他走向德军的战壕，交给已准备迎接他的同胞。之后，他转身走回美军阵营。

忽然，一只手搭在他肩膀上，他倏地转过来，原来是一位获得铁十字勋章的德军军官，从自己的制服上扯下勋章，把它别在美军身上，才让他走回自己的阵营。当该美军安全抵达己方战壕后，双方又恢复了那毫无理智的战斗。

我们都知道，在我们生存的世上，不仅有嗜血无情的战争贩子，也有腐败堕落的政府官员；不仅有流血和死亡，也有欺诈和虚伪；不仅有纸醉金迷的享受，也有声色犬马的诱惑。这些，不是我们能够视若无睹的，也不是我们能够荡涤殆尽的。但是，我们能在自己的心里将这些东西清扫干净，还自己一片洁净的空间。

我们应该相信，"我们的生活是由我们的思想造就的"，如果我们每个人都能爱护自己，爱护自己善良、朴实的天性，爱护自己懂得爱并珍视爱的心灵，让自己的内心始终保持一块纯净生动、仁爱无私的净土，永不放弃对真诚的情感、对善良的人性、对美好的人生的追求，即使我们不能使所有人的世界变得更美好，至少也可以使自己的世界更美好。

相信这个世界上还有爱，加入那个传播爱的队伍，你就会慢慢发现，爱是不息的火，它拥有传染的魔力，能够温暖每一个人的心灵，即使是那些所谓的坏人，在他们的灵魂深处也还保留着一块温软的园地，可以感受爱，可以感动。就像歌里唱的那样："如果人人都献出一点爱，世界将变成美好的人间。"谁不愿意生活在美好的世界里呢？所以在我们的生活中，你经常能够看到各种"献爱心，送温暖"的活动，因为在大家的心中还有爱，爱心让这个世界充满了温暖。

爱自己必先爱他人

要获得他人的喜爱，首先必须要真诚地喜欢他人。这种喜欢必须是发自内心的，而非另有所图。要做到这一点有一定的难度。某些人感到喜欢别人比较困难。但是，你如果能学着多多喜欢别人，今后对别人产生好感就越容易。光靠嘴巴上说"我要去喜欢他人"是没用的。

"喜欢别人"是一种生活方式的结果，它是一种思维模式的产物。而能使你喜欢别人的一种思维方式，便是积极思想，也就是说，你必须以一种积极的态度，而非消极的想法对待其他人。

一个人如果只关心自己，他很难成为一个被人喜欢的人。要成为令人敬重的人，必须将你的注意力从自己的身上转到别人身上去。哲学家威廉·詹姆斯说："人性中最强烈的欲望便是希望得到他人的敬慕。"这句话对于"别人"也同样适用，他人也希望得到你的敬慕。你如果只是过度地关心你自己，就没有时间及精力去关心别人。别人想获得你的关心，却无法从你这里得到，当然也不会去注意你。

一个人希望被别人喜欢、敬重，必须先学会关爱别人。要真正地去关心别人、爱别人，激励他们展现最好的一面。那样，正如不求报酬做善事终会有所回报一样，别人也会加倍地关心你、爱护你。最好的朋友是能将你内心中最好的潜质引导出来的人。你必须透过表面现象，看清一个人的真相。你如果帮助他，使他达到他内心中所期望的境界，你当然可以赢得他的敬重和信赖。如果在一个艰难的处境中，你能对一个人表现出你的理解和耐心，那么不只是那个人，其他的人也同样会对你非常敬重。

你的行动和语言一样能表明思想，有时甚至比你的语言更明白、更直接。我们大都只是听人说话，而没有注意到行动也是一种语言，因此使人与人之间的沟通受到阻碍。

然而，我们大多数人甚至不知道如何倾听别人的谈话。当别人有问题来找我们时，我们常说得太多。而且我们总是试着提出太多建议，其实大多数时候最重要的也许只是沉默，同时把耐心、宽容和爱传达给对方。

受欢迎的人大多拥有一种特质：他们似乎知道如何使别人接受自己。谁能做到这一点，谁就能获得别人的喜爱。所以，过分以自我为中心的人总会令自己不快乐。

以自我为中心的人，常常不懂得接受自己。这种心境常会产生受挫感。因为一个人内心感到痛苦，其他人往往会不自觉地加剧他的紧张情绪，而且他在这样想的过程中更加营造了一种令人不满意的人际关系。

所以，如果你对他人真正有兴趣，并且认为他们很重要，如果你经常关心他们，这无疑会增加你获得成功和幸福的几率，别人也会因此而喜欢你。你必须向他们提供建设性的帮助，同时具备与人沟通的技巧。知道如何帮助别人是一门艺术，一个人如果知道该怎么做的话，他必能获得别人持久的感情。

所以，我们必须再说一遍：爱己必先爱人。

给予，让你的生命增值

一位儿童教育家说："只知索取，不知付出；只知爱己，不知爱人：是当前独生子女的通病。"学会付出是人类光辉灿烂人性的体现，同时也是一种处世智慧和快乐之道。

你即使拥有金钱、爱情、荣誉、成功和刺激，也许也不快乐。快乐是人生的至高追求，只有给予和付出，你才能实现这一追求。

国外一位作家曾写过这样一篇文章：

巴勒斯坦有两个海，一个是淡水，里面有鱼，名为伽里里海。从山脉流下来的约旦河带着飞溅的浪花，成就了这个海。它在阳光下歌唱，人们在周围盖房子，鸟类在茂密的枝叶间筑巢，每种生物都因它而幸福。

约旦河向南流入另一个海。这里没有鱼的欢跃，没有树叶，没有鸟类的歌唱，也没有儿童的欢笑。除非事情紧急，旅行者总是选择别的路径。这里水面空气凝重，没有哪种动物愿意在此饮水。

这两个海彼此相邻，何以又如此不同？不是因为约旦河，它将同样的淡水注入。不是因为土壤，也不是因为周边的国家。区别在于：伽里里海接受约旦河，但绝不把持不放，每流入一滴水，就有另一滴水流出，接受与给予同在。

另一个海则精明得厉害，它吝啬地收藏每一笔收入，每一滴水它都只进不出。

伽里里海乐善好施，生气勃勃。另外那个则从不付出，它就是死海。

巴勒斯坦有两个海，世上有两种人。一种乐于索取，一种乐于付出。吝啬付出的人，他的生活也将死气沉沉，被幸福疏远。

付出的种类有很多，方式也各不相同。有一种付出是对世界的看法、对生活的态度。正是这种对人生的态度，决定了我们一生是否幸福。在太多的时候，我们只是在为自己而付出。付出我们的汗水和辛劳来换取我们所应得的回报，但生活中我们也常常需要另外一种付出——为别人付出。同时，获得自己所需的财富和精神上的满足。

生活就是这样，当你为别人付出的时候，你的人生也会因你的付出而快乐、升华，你得到的是生命的延长和增值。

爱心能使人生更有意义。爱的反面不是恨，而是漠然。如果一个人失去了爱的能力，他的人生也会异常黯淡。给别人以帮助和鼓励，自己不但不会有损失，反而会有所收获。并且，通常一个人给别人的帮助和鼓励越多，从别人那儿得到的收获也越多。给别人一颗善心，就能将对方感染，回馈回来的便是两颗爱心的跳动。

人与人之间奉献的力量一直感动着我们的心灵，那一份深沉的人间真情久久地温暖着每一颗尘封已久的心。当一种心与心共鸣而发出的旋律奏响时，心灵浸润其中，不由得会习得一种温情的通透，而原本覆盖着的蒙尘也随之被荡涤得没有了影踪。久而久之，心灵会变得超脱，并找到通往精神家园的路。

用爱打破心中的"冰点"

一位建筑大师阅历丰富，一生杰作无数，但他最大的遗憾就是把城市空间分割得支离破碎，而楼房之间的绝对独立则加速了都市人情的冷漠。大师准备过完65岁寿辰就封笔，而在封笔之作中，他想打破传统的设计理念，设计一条让住户交流和交往的通道，使人们不再隔离，而充满大家庭般的欢乐与温馨。

一位颇具胆识和超前意识的房地产商很赞同他的观点，出巨资请他设计。图纸出来后，果然受到业界、媒体和学术界的一致好评。

然而，等大师的杰作变为现实后，市场反应却非常冷漠，乃至创出了楼市新低。

房地产商急了，急忙进行市场调研。调研结果出来后，让人大跌眼镜：人们不肯掏钱买这种房的原因竟然是嫌这样的设计使邻里之间交往多了，不利于处理相互间的关系；在这样的环境里活动空间大，孩子们却不好看管；还有，空间一大，人员复杂，对防盗之类人人担心的事十分不利……

大师没想到自己的封笔之作会落得如此下场，心中哀痛万分。他决定从此隐居乡下，再不出山。临行前，他感慨地说："我只认识图纸不认识人，是我一生最大的败笔。"

我们可以拆除隔断空间的砖墙，谁又能拆除人与人之间厚厚的心墙呢？

心墙不除，人心会因为缺少氧气而枯萎，人会变得忧郁、孤寂。

在人与人之间的交往中，我们很多时候只是应付。比如，从上班的那一刻起，我们就开始将自己关闭在一个小的空间内，懒得和别人打招呼，也懒得去和别人搞好关系。只顾忙着自己的事情，寂寞着一个人的寂寞，开心着一个人的开心。这便是冷漠，冷漠地看待世间的万物，世界上除了自己再没有了别人。

一个冷漠的人注定孤独，因为冷漠的人没有朋友，谁也不愿意和冷漠的人打交道，因为这样的人根本不在乎朋友只在乎自己。冷漠的人也注定不会幸福。

当我们身处困境难以脱身的时候，往往会希望别人能够助自己一臂之力，而我们看到的是冷漠的眼神，有时候真的不是世态炎凉，而是我们平日里的冷漠造成了今天孤立无援下场。对于冷漠的人，别人给予他的也将是冷漠。

有这样一首歌："这是心的呼唤，这是爱的奉献，这是人间的春风，这是生命的源泉。在没有心的沙漠，在没有爱的荒原，死神也望而却步，幸福之花处处开遍。只要人人都献出一点爱，世界将变成美好的人间。"的确，人与人之间的交往不是冷漠，而是爱。付出爱，你就会发现世界是"美好人间"。

爱是医治心灵创伤的良药，爱是心灵得以健康生长的沃土。爱，以和谐为轴心，照射出温馨、甜美和幸福。爱把宽容、温暖和幸福带给了亲人、朋友、家庭、社会。无爱的社会太冰冷，无爱的荒原太寂寞。爱能打破冷漠，让尘封已久的心重新温暖起来。

在与人交往时，将你的心窗打开，不要吝啬心中的爱，因为只有爱人者才会被爱。当你陷入困境时，你会得到许多充满爱心的关怀和帮助。

让自私无处停留

有一句名言说："人活着应该让别人因为你活着而得到益处。"学会分享、给予和付出，你会感受到舍己为人，不求任何回报的快乐和满足。幸福犹如香水，你不可能泼向别人而自己却不沾几滴。的确，在生活中，超越狭隘，帮助他人，撒播美丽，善意地看待这个世界……快乐、幸福和丰收会时时与我们相伴。对此，罗曼·罗兰说得很精彩："快乐和幸福不能靠外来的物质和虚荣，而要靠自己内心的高贵和正直。"

贝尔太太是美国一位有钱的贵妇，她在亚特兰大城外修了一座花园。花园又大又美，吸引了许多游客，他们毫无顾忌地跑到贝尔太太的花园里游玩。

年轻人在绿草如茵的草坪上跳起了欢快的舞蹈，小孩子扎进花丛中捕捉蝴蝶，老人蹲在池塘边垂钓，有人甚至在花园当中支起了帐篷，打算在此过他们浪漫的盛夏之夜。贝尔太太站在窗前，看着这群快乐得忘乎所以的人们，看着他们在属于她的园子里尽情地唱歌、跳舞、欢笑。她越看越生气，就叫仆人在园门外挂了一块牌子，上面写着：私人花园，未经允许，请勿入内。可是这一点也不管用，那些人还是成群结队地走进花园游玩。贝尔太太只好让她的仆人前去阻拦，结果发生了争执，有人竟拆走了花园的篱笆墙。

后来贝尔太太想出了一个绝妙的主意，她让仆人把园门外的那块牌子取下来，换上了一块新牌子，上面写着：欢迎大家来此游玩，为了安全起见，本园的主人特别提醒大家，花园的草丛中有一种毒蛇。如果哪位不慎被蛇咬伤，请在半小时内采取紧急救治措施，否则性命难保。最后告诉大家，离此地最近的一家医院在威尔镇，驱车大约50分钟即到。

这真是一个绝妙的主意，那些贪玩的游客看了这块牌子后，对这座美丽的花园望而却步了。可是几年后，有人再往贝尔太太的花园去，却发现那里因为园子太大，走动的人太少而真的杂草丛生，毒蛇横行，几乎荒芜了。孤独、寂寞的贝尔太太守着她的大花园，她非常怀念那些曾经来她的园子里玩得快乐的游客。

贝尔太太用一块牌子为自己筑了一道特别的"篱笆墙"，随时防范别人靠近。这道看不见的篱笆墙就是自我封闭。

自我封闭就是把自我局限在一个狭小的圈子里，隔绝与外界的交流与接触。自我封闭的人就像契诃夫笔下的装在套子中的人一样，把自己严严实实包裹起来，因此很容易陷入孤独与寂寞之中。自我封闭的后果是什么呢？在封闭自己的同时，也把快乐和幸福封闭在外面。

自私是人的本性，但是我们要知道，我们就是社会性动物，没有谁能够独立生活。人与人之间少不了交往，我们总有需要别人帮忙的时候。所以，不要吝啬分享你的东西，有时只是一杯小小的可乐，都可以让你拥有一个朋友。

我们每个人心中都有一座美丽的大花园。如果我们愿意让别人在此种植快乐，同时也让这份快乐滋润自己，那么我们心灵的花园就永远不会荒芜。

微笑着面对犯过错误的父母

晚饭过后，母亲忙着似乎永远也忙不完的家务。刚上五年级的女儿大声嚷嚷道："妈妈，问您一个问题，您的心愿是什么？"

母亲先是一愣，接着不耐烦地回答："心愿很多，跟你说也没用。"

女儿执拗地要求："您就说说看，这对我很重要。"

母亲看见女儿坚持的样子，就回答说："好吧，就说给你听听。第一，希望你努力学习，保持好成绩；第二，希望你听话，不让大人操心；第三，希望你将来考上名牌大学；第四……"

女儿打断母亲的回答："哎，妈妈，您不要总是说对我的期望，说说您自己的心愿吧？"母亲有滋有味地历数着，沉浸在对美好未来的种种设想之中："我嘛——一是希望身体健康，青春长驻；二是希望工作顺心，事业有成；三是希望家庭和睦，美满幸福；四是……"女儿再次打断母亲的回答："妈妈，您说的这些又大又空，说点实际的吧，比如您想要……"

母亲好像猛然发现了什么似的，有些恼火地打断女儿的话："我就知道你跟我玩心眼儿，一定是老师留了关于心愿的作文题目，你写不出来就想到我这里挖材料对不对？实话告诉你吧，我的心愿多着呢！我想要别墅，我想要小轿车，我想要高档时装，看，我的手袋坏了，还想要一只真皮手袋，你看这些实际不实际？这些你都能满足我吗？跟你说顶什么用？好了，心愿说完了，你去写作业吧。"

女儿回到自己的房间，母亲觉得还意犹未尽，又站起身推开女儿的房门。女儿正在写作业，串串泪珠滚落，不停地用手背擦着。母亲的无名火又上来了，比刚才的声音还要高出几个分贝，吼道："你还觉得挺委屈是不是？你想偷懒是不是？你故意气我是不是？"

女儿解释："妈妈，我不是……"

"还敢顶嘴！告诉你，9点钟之前写不完这篇作文有你好瞧的！"母亲很权威地命令着，一扭身"砰"地把门关上。

第二天晚上吃完饭，女儿照例进屋写作业，母亲照例重复着每日必做的家务。

蓦然间，她发现茶几上多出一束鲜花，鲜花旁放了一个包装袋，包装袋上放了一张小纸条，纸条上面写着：

"妈妈：

今天是您的生日，我用平时攒的零花钱和这两年的压岁钱给您买了一只真皮手袋。让您高兴，这是我最大的心愿。

想给您一份惊喜却不小心惹您生气的孩子"

母亲的手颤抖了，呆呆地坐在沙发上说不出一句话。

人们常常会说：天下无不是之父母。其实这话是不对的，圣贤都会犯错，何况身为普通人的父母呢？

孔子曾经讲过为人子女者如何对待父母的缺点问题，首先是委婉地劝说，发现父母的缺点不劝说是不对的，但应注意劝说的态度要温和。更重要的是，如果发现父母的错误不进行规劝，则不能称为孝子。

但是，当子女的规劝父母，而父母不听怎么办？孔子接下来说，在这种情况下，仍要对父母表示恭顺，虽然为父母不能改正错误和缺点而内心担忧，但不能心怀怨恨。

说到自己的父母，也有可能是君子或者小人，如何能够让他们远离小人的习气而靠近君子的行为呢？这就要劝谏他们放弃不良习惯，委婉说服。即使是说服不了，也要对他们恭敬行孝，任劳任怨。因为他们毕竟是自己的父母，绝不能因为他们有过失就不孝顺。否则，自己连孝都做不到，又怎么去要求父母行义和道呢？也许在自己的孝心感召和耐心劝说下，父母会真正认识到自己的错误而加以改进的。

远离吝啬的魔鬼

罗素说过，吝啬，比其他事更能阻止人们过自由而高尚的生活。这是告诉我们一定要摒弃吝啬的不良习惯。

凡吝啬的人一般都是自私的、贪婪的。这类人总是嫌自己发财速度太慢，总嫌发财"效率"太低，总想不劳而获或者少劳多获，因而挖空心思、不择手段地算计他人、算计集体、算计社会。

这种过于吝啬的习性的一种表现是与人交往只索取不奉献。

有个勤劳的男孩叫汤姆，他一个人住在一间小屋子里，并且拥有一座村庄里最美丽的花园。小汤姆有很多朋友，其中有一个是磨坊主汤恩。汤恩是个很富有的人，他总自称是小汤姆最忠厚的朋友，因此他每次到小汤姆的花园来时，都以最好的朋友的身份拎走一大篮子各种美丽的鲜花，在水果成熟的季节还拿走许多水果。

汤恩经常说："真正的朋友就该分享一切。"而他却从来没有给过小汤姆什么。

冬天的时候，小汤姆的花园枯萎了。"忠实的"磨坊主朋友再也没去看望孤独、寒冷、饥饿的小汤姆。

汤恩在家里对他的家人说："冬天去看小汤姆是不恰当的，人们经受困难的时候心情烦躁，这时候必须让他们拥有一份宁静，去打扰他们是不好的。而春天来的时候就不一样了，小汤姆花园里的花都开放了，我去他那采回一大篮子鲜花，我会让他多么高兴啊。"

磨坊主天真无邪的儿子问他："爸爸，为什么不让小汤姆到咱们家来呢？我会把我的好吃的、好玩的都分给他一半。"

谁想到磨坊主却被儿子的话气坏了，他怒斥这个白白上了学、仍然什么都不懂的孩子。他说："如果小汤姆来到我们家，看到了我们烧得暖烘烘的火炉、我们丰盛的晚饭，以及我们甜美的红葡萄酒，他就会心生妒意，而嫉妒则是友谊的大敌。"

磨坊主汤恩的高论让我们看到了吝啬的人在面对生活时的丑恶嘴脸。吝啬者衣食无忧，然而其灵魂、精神却日趋贫穷。

吝啬果真能给吝啬者带来愉快吗？不能。其实吝啬者的生活是最不安宁的，他们整天忙着的是挣钱，最担心的是丢钱，唯恐盗贼将他的金钱全部偷走，唯恐一场大火将其财产全部吞噬，唯恐自己的亲人将它全部挥霍，因而整天提心吊胆，坐立不安，永远不会快乐。

所以，我们要远离吝啬的魔鬼，走出吝啬的灰暗，寻找生命中那一块与人分享的蓝天。施与没有资格的限制，再吝啬、再坏的人，只要决心想给予，就可以透过训练开启布施之心。在生活中，让我们学会"布施"吧，因为，只有如此，才能让我们得到更多，学会给予，才能收获幸福，懂得付出，才能有更多收获。

· 第四节 ·

谅解是通往幸福的门

站在对方的立场上才能传递温暖

在美国的一次经济大萧条中，90% 的中小企业都倒闭了，一个名叫丹娜的女人开的齿轮厂的生意也是一落千丈。丹娜为人宽厚善良，慷慨体贴，交了许多朋友，并与客户都保持着良好的关系。在这举步维艰的时刻，丹娜想要找那些老朋友、老客户出出主意、帮帮忙，于是就写了很多信。可是，等信写好后才发现：自己连买邮票的钱都没有了！

这同时也提醒了丹娜：自己没钱买邮票，别人的日子也好不到哪里去，怎么会舍得花钱买邮票给自己回信呢？可如果没有回信，谁又能帮助自己呢？

于是，丹娜把家里能卖的东西都卖了，用一部分钱买了一大堆邮票，开始向外寄信，还在每封信里附上 2 美元，作为回信的邮票钱，希望大家给予指导。她的朋友和客户收到信后，都大吃一惊，因为 2 美元远远超过了一张邮票的价钱。每个人都被感动了，他们回想了丹娜平日的种种好处和善举。

不久，丹娜就收到了订单，还有朋友来信说想要给她投资，一起做点什么。丹娜的生意很快有了起色。在这次经济萧条中，她是为数不多站住脚而且有所成的企业家。

有些人时常抱怨自己不被他人理解，其实，换个角度可能别人也有同样的感受。当我们希望获得他人的理解，想到"他怎么就不能站在我的角度想一想呢"时，我们也可以尝试自己先主动站在对方的角度思考，也许会得到意想不到的答案，许多矛盾误会也会迎刃而解。

一位女孩刚开始上网的时候，个性十足，上论坛最喜欢砸人，当然也挨砸。挨砸了，心里不好过，吃饭都吃不下去。好友知道后对女孩说了一句话："上网是为了快乐。"

这句话如同醍醐灌顶，让女孩一下子释怀。

想想看，大家来自不同的城市甚至不同的国家，有不同的看法，操着不同的口音，如果没有网络，大家如何能彼此交谈？如何能够彼此分享快乐，分担忧伤？相识，本来就是缘分。珍惜缘分，珍惜彼此。伤人不快乐，被伤更不快乐。

后来再上网，女孩再也没有和人吵过架，没有恶意抨击过别人——不为别的，只为大家都要寻求快乐。

沟通大师吉拉德说："当你认为别人的感受和你自己的一样重要时，才会出现融洽的气氛。"我们需要多从他人的角度考虑问题，如果对方觉得自己受到重视和赞赏，就会抱以合作的态度。如果我们只强调自己的感受，别人就会和你对抗。

换个角度替对方多思考一下，关系立刻就会变得缓和。生活中，我们相信，每一个有坏处的人都有他值得同情和原谅的地方。一个人的过错，常常不是他一个人所造成的，对他多一些体谅吧，从对方的角度出发，你的宽容就可以温暖一颗失落的心，他也会把温暖传递给他人。

多给对方一些谅解

成功学大师卡耐基认为，谅解在中和酸性的狂暴感情上，有很大的价值。你所遇见的人中，有 3/4 都渴望得到谅解，那么给他们谅解吧，他们将会爱你。

你想不想拥有一个神奇的句子，可以阻止争执，除去不良的感觉，营造良好的氛围，并能使他人注意倾听？那么就以这样开始："我一点也不怪你有这种感觉。如果我是你，毫无疑问，我的想法也会跟你的一样。"

像这样的一段话，会使脾气最坏的老顽固也软化下来，而且你说这话时，必须有 100% 的诚意，因为如果你真的是那个人，你的感觉当然就会完全和他一样。

例如，你并不是响尾蛇的唯一原因，是你的父母并不是响尾蛇。你不去亲吻一只牛，也不认为蛇是神圣的唯一原因，是因为你并不出生在恒河河岸的印度家庭里。

你目前的一切，原因并不全在你。记住，那个令你觉得厌烦、心地狭窄、不可理喻的人，他那副样子，原因并不全在于他。为那个可怜的家伙难过吧，可怜他、同情他，但是也要谅解他。你自己不妨默诵约翰·戈福看见一个喝醉的乞丐蹒跚地走在街道上时所说的这句话："若非上帝的恩典，我自己也会是那样子。"

佳衣·满古是俄克拉何马州吐萨市一家电梯公司的业务代表。这家公司同吐萨市一家最好的旅馆签有合约，负责维修这家旅馆的电梯。旅馆经理为了不愿给旅客带来太多的不便，每次维修的时候，顶多只准许电梯停开 2 个小时。但是电梯修理至少要 8 个小时，而且在旅馆方便停下电梯的时候，他的公司都不一定能够派出技工。

在满古先生能够为修理工作安排一位最好的技工的时候，他打电话给这家旅馆的经理。

他不去和这位经理争辩，他只说："瑞克，我知道你们旅馆的客人很多，你要尽量减少电梯停开的时间。我了解你很重视这一点，我们要尽量配合你的要求。不过，我们检查你们的电梯之后发现，如果我们现在不把电梯修理好，电梯损坏的情形可能会更加严重，到时候停开时间可能会更长。我知道你不愿意给客人带来好几天的不方便。"

经理不得不同意电梯停开8个小时总比停开几天要好。由于满古表示谅解这位经理要使客人愉快的愿望，他很容易地说服了经理。

可见，在与人交往中，多一点对别人的谅解，更容易引起与他人的共鸣。

很多时候，我们会对自己不能理解的事情表示愤怒，可是，当我们开始尝试从对方的角度着想，或者开始对对方表示谅解的时候，我们就发现，那些曾经让我们愤怒的事情，也变得可以理解和接受了。

理解是座舒心桥

著名京剧表演艺术家梅兰芳先生是一位通情达理、善解人意的人，因此他受到许多人的尊敬，得到了白玉无瑕的美名。

抗战胜利后，上海一家小报的广告中，出现了一条"艺人梅兰芳卖画"的消息，显然，是有人在冒梅兰芳之名赚钱。对这种恶劣行为，梅兰芳的朋友们都十分气愤，纷纷准备去那家小报兴师问罪，并准备找出那个冒名者，狠狠教训他一通。

梅兰芳却劝阻了他们，他对朋友们说，这个冒名者想赚钱不假，但通过卖画来赚钱，想必也是有点本事的，估计也是个读书人，只不过命运不济罢了。

朋友们从侧面了解了一下冒名者的来历，果然同梅兰芳所预料的一样。

无独有偶，西班牙著名画家毕加索也有这样的宽大胸怀。

毕加索对冒充他作品的假画毫不在乎，从不追究，最多只是把伪造的签名除掉。有人不解地问他为什么这样，毕加索说："做假画的人不是穷画家就是老朋友，我是西班牙人，不能和老朋友为难，穷画家朋友们的日子也不好过。再说，那些鉴定真迹的专家们也要吃饭，那些假画使许多人有饭吃，而我也没有吃亏，为什么要追究呢？"

梅兰芳和毕加索都是伟大的，都是聪明的，正是他们的理解，才使许多人得以生存。他们没有因为理解、宽容别人而失去什么，反而让人更加敬重他们，而他们自己也拥有一个好心情，何乐而不为呢？

汤姆怀着十分悲痛的心情，把妻子病逝的消息写信告诉了杰克。过了两天，他收到了杰克的回信。信中的开头写道："玛丽的噩耗使我感到意外，也极为震惊。"接着，笔锋一转，就说自己陷于怎样的困境。往后，也没有什么安慰的话。

"太不像话了！这么冷冰冰的态度，哪像20年的老朋友！"汤姆看完信，越想越生气。过了几天，他给杰克寄去了一封信，发了一通火，最后干脆写上："那就请便吧！"

20年的友谊发生裂痕！看了汤姆的信，杰克的心里像压了一块大石头那样沉重。他感到自己写那封信是个大错，而现在又不是马上能解释得清楚的时候。过了10天，他想老朋友"冷静"一些了，就写信认了错，解释了情况，表达了自己的心情。

退让、坦率和真诚，使友谊的裂痕弥合了，疙瘩解开了。汤姆在接到杰克的来信后，以欢快的心情立即回了信，他在信中说："你最近的这封信已经把前一封信所留下的印象清除了，而且我感到高兴的是，我没有在失去玛丽的同时再失去自己最老和最好的朋友。"

人与人之间最可贵的是站在对方的角度换位思考。

理解是伟大的，它拉近了心与心之间的距离，增进了人与人之间的感情，增进了友谊，避免了无意义的争端。理解是一座舒心桥，只有理解别人，才能得到别人的理解。理解既给别人带来快乐，也让自己免受烦恼之苦，可谓既利人又利己。

没有必要去追究

女模特事业有成，朋友们为她举行宴会。可在宴会上，这位春风得意的小姐突然听到一个朋友正大声宣布一个她曾发誓永远不会告诉别人的秘密："她现在多苗条啊！要是你们两年前看到她是什么样子，那可就妙了。"他对那些屏息静听的人们说："她现在的身材是花了整整一个夏天进行减肥才得到的。"几个人吃吃地笑了，女模特羞愧得无地自容。

生活中时常还有这样的情形发生：离开饭桌之前，丈夫为了在他们夫妇俩请的客人面前显示一下慷慨大方的气度，在桌上留下了 20 美元的小费，可是他的妻子一把夺过钱，大声嚷道："这饭店的服务并不怎么好！"丈夫只好赶紧溜之大吉。

还有一些喜欢和别人捣蛋的人——这些人可能是你的朋友、同事或者是爱人——在公共场合，他会把你突然搂住，然后提起一件你讳莫如深的往事，有恃无恐地出你的丑，或是公开你的隐私，或是阔谈你干过的傻事和闹出的笑话。如果这时你生了气，他就会说："只是开开玩笑，你太神经过敏，太缺乏幽默感了。"所以，很多事情过去了就过去了，完全没有必要一定要追究谁对谁错。

文静一直深深记得一件尴尬的事，前年 3 月 31 日，她接到无话不说的好朋友邹敏的电话，说晚上一些朋友在毛家饭店聚餐，请她务必赏光。

不用说，好朋友之约，下刀子也得出席。当天傍晚，精心打扮的文静按时赴约了。十多个朋友在包房里边吃边侃，极其开心。几个小时就这样不知不觉地过去了。

"文静，文静，你说我该怎么办？我……我爱上了黄炜，你把他让给我好不好，好不好嘛？"突然，邹敏举着酒杯，摇摇晃晃地向文静走来。

"你说什么？"听到有人公然要自己让出男朋友，文静有些目瞪口呆。

"我说文静，好东西要和好朋友分享，你别那么小气嘛。我可是有什么好东西都没忘了你呀！再说啦，黄炜也不反对呀！"邹敏扔下了一颗重磅炸弹。

"你不要脸！你还是不是人啊，觊觎人家的男朋友，我瞎了眼，才会把你当朋友！"文静一急，就有些口不择言了。

"更正，不是我觊觎你的男朋友，而是我们两情相悦。他已经有两个星期没有找你了吧？他骗你出差了，实际上啊，是和我在一起！"邹敏不停地火上浇油。

"我撕了你的嘴！"文静再也忍不住了，张牙舞爪地冲向邹敏。

邹敏灵活地在众人之间穿来穿去。一帮朋友要么袖手旁观，要么不知所措。文静气得号啕大哭。

"停！游戏到此结束。现在是 4 月 1 日凌晨，文静，愚人节快乐！"一位朋友见此情景，忍不住揭穿了谜底。

"你们……"文静终于明白了这是愚人节的玩笑。想到自己不顾形象，追打"死党"，涕泗横流的模样，文静尴尬得僵在原地，不知如何是好，只觉得脸火辣辣的。

相信这样被人捉弄的经历，大多数人都有过，面对这样的事情，的确我们会很尴尬。可是文静却选择了微微一笑，说："我的演技不错吧，你们都被骗了吗？"继而转移了话题，化解了尴尬。

文静尽管也觉得难堪，可是她完全不想去追究谁的责任，因为她知道，很多事情并不需要去探究最后的结果。正如佛罗里达大学的心理学家巴里·舒兰克所说："完全没有必要去追究一个人的所作所为是否别有用心。"可能的情况是他压根没有意识到你会受到伤害。但是当你向他指出失礼的言行后，这位呆头呆脑的冒犯者通常会向你致歉。

别花太多的时间为你受到的伤害而烦恼，不要苦思冥想"为什么这人要这样对我"这类问题。也许有些人是故意使你感到窘迫的，因为他们觉得你对他已造成了威胁，或者是想惩罚你曾经做过的对不起他的事；而另一些人是习惯于开这类玩笑，他们忘记了考虑别人是否受到伤害，对于这些人，更加没有必要去计较他是否是故意的。

谁是谁非不重要

人生就像在考试，在不断地做题。学生常做的作业是选择题、是非题和填充题。

选择题胜在可以选择，即使不知道答案，也可以胡乱选一个碰碰运气。是非题随便答是或非，也有一半机会答对。填充题最难，根本无法蒙混过关。其实，是非题也不再容易，分清是非对错，并不代表你我成功了一半。

在这世上是非对错到底有什么评判标准呢？是与非的对比或是划分，应该怎么看呢？很多小时候觉得对的东西长大后却让人十分怀疑，现在的社会好像也和小时候不一样了，小的时候看东西，对就是对，错就是错，很容易分辨，现在却不明白了。

很多时候，一件事情本身的是是非非其实并不重要，重要的是我们所要达到的目的。顾客和售货员为谁应负责任争得脸红脖子粗，走了冤枉路的乘客和司机为谁没说清楚而大动干戈，事情越闹越大，该退的货没退成，该节约的时间没节约，双方都憋了一肚子的气，何苦呢？有人说："我就要争这个理儿！"是，争了一个"理"，的确有一种胜利的感觉，但你想没想到过这个"理"的代价呢？

很多时候，我们就为了跟别人争这个"理"，常常要吵个半天。换成脾气比较不好的，还可能跟人大打出手，甚至伤了人。所以面对这样的事情，最好是不争辩，能忍就忍了，放弃无谓的辩解，有时却能带给你意想不到的结果。下面这个故事便是个很好的例子。

"您好，"小李对老总说，"昨天我交给您的文件签了吗？"老板想了想，然后翻箱倒柜地在办公室里折腾了一番，最后他耸了耸肩，摊开两手无奈地说："对不起，我从未见过你的文件。"如果是刚从学校毕业时的小李，他会义正词严地说："我看到您的秘书将文件摆在桌子上，您可能将它卷进废纸篓了！"可他现在不会这样说，他要的是老总的签字。于是他平静地说："那好吧，我回去找找那份文件。"于是，小李下楼回到自己办公室，把电脑中的文件重新调出再次打印，当他再把文件放到老总面前时，老总连看都没看就签了字。这就是小李在与上司发生冲突时的解决方式。

聪明的人会装傻，谁是谁非不重要。好汉不吃眼前亏，针尖对麦芒在某些场合是一种耿直与正义的表现，可是生活本身就是很复杂的，谁是谁非并不容易辨认。

有时候在路上遇到两个人争吵，你凑上前去看热闹，可是听来听去，也听不出个头绪来，各说各的理，你也弄不清楚哪个是真哪个是假。所以，不去判断对错是非，糊涂一下，忍耐一下往往是我们处世的一剂良方。

做一个善解人意的人

一个人也许做错了，但他本人并不一定能意识到这一点。那就不要去责备他，而应该试着去理解别人，这样的人才是聪明、宽容的人。

试试看，真诚地使自己置身于别人的处境里。如果你总能对自己说："我要是处在他的情况下，会有什么感觉？会有什么反应？"那你就能免去许多苦恼。因为"若对原因感兴趣，我们就不太会讨厌结果"。而除此以外，你还将大大提高为人处世的技巧。"暂停一分钟，"肯尼斯·库第在他的著作《如何使人们变得高贵》中说："暂停一分钟，把你对自己事情的高度兴趣，跟你对其他事情的漠不关心互相做个比较。那么，你就会明白，世界上其他人也正是抱着这种态度！这就是：要想与人相处，成功与否全在于你能不能以同理心，理解别人的观点。"

为此，社交大师卡耐基曾讲过这样一个故事：

多年来，我经常在我家附近的一处公园内散步和骑马，作为消遣和休息。我跟古代高卢人的督伊德教徒一样"只崇拜一棵橡树"。因此，当我一次又一次地看到那些嫩树和灌木被一些不必要的大火烧毁时，觉得十分伤心。那些火灾并不是由吸烟者的疏忽引起的，而几乎全是由那些在公园野餐、在树下煮蛋和做"热狗"的小孩子们引起的。有时火势太猛，甚至要惊动消防队来扑灭。

公园的一个角落里，立着一块告示牌：禁止在公园进行任何使公园内起火的行为。但告示牌立在一个偏僻的角落里，很少有人看到。所以，我总是想去保护那个公园。

刚开始，我并不去试着了解孩子们的想法，一看到树下有火，心里就很不痛快。

我总是骑马来到这些孩子面前，警告说：如果他们使公园发生火灾，就要被送进监牢去。我以权威的口气，命令他们把火扑灭。如果他们拒绝，我就威胁说要叫人把他们抓起来。我只是尽情发泄我的怒气，根本没有顾及他们的看法。

结果呢？那些孩子服从了——不是心甘情愿而是愤恨地服从了。但等我骑马跑过山丘之后，他们又把火点燃了，而且恨不得把整个公园烧光。

随着年岁的增长，我对为人处世有了更多一点的知识，变得通情达理了一点，更懂得从别人的观点来看事情。于是，我不再下命令了，我会骑着马来到那个火堆前，说出这样一番话：

"玩得愉快吗？孩子们。你们晚餐想煮点什么？我小时候也很喜欢烧火堆，而且现在还是很喜欢。但你们应该知道，烧火在这个公园里是十分危险的，我知道你们几位会很小心，但其他人可就不这么小心了。他们来了，看到你们生起了一堆火，因此他们也生起了火，而后来回家时却又不把火熄灭，结果火烧到枯叶，蔓延开来，把树木都烧死了。我们如果不多加小心，以后我们这儿会连一棵树都没有了。但我不想太啰嗦扫了你的兴，我很高兴看到你们玩得十分痛快，可是，能不能请你们现在立刻把火堆旁边的枯叶全部拨开。另外，在你们离开之前，用泥土，很多的泥土，把火堆掩盖起来。你们愿不愿意呢？下一次，如果你们还想生火，能不能麻烦你们改到山丘的那一头，就在沙坑里起火。在那儿起火，就不会造成任何损害……真的谢谢你们，孩子们！祝你们玩得愉快。"

这种说法产生了极大的效果，使得那些孩子们愿意合作了，不勉强、不憎恨。他们并没有被强迫接受命令，他们保住了面子，觉得舒服了一点。我也会觉得舒服一点，因为我事先考虑到了他们的看法，再来处理事情。

从这个故事中，我们可以看出，善解人意，能够站在他人的角度为对方考虑，那么就不会将自己的意志强加于人，也会让对方乐于接受你的想法。

第五章
不抱怨的自己

· 第一节 ·

接纳不完美的自己

你很重要，所以你没有理由不爱自己

多年以来，在我们的教育中，个人总是次要的那一个："面对集体，我不重要，为了集体的利益，我应该把自己个人的利益放在一边；面对他人，我不重要，为了他人能开心，只能牺牲我自己的开心；面对我自己，我也不重要，这个世界上，少了我就如同少了一只蚂蚁，没有分量的我，又有什么重要？"但是，作为独一无二的"我"，真的不重要吗？不，绝不是这样，"我"很重要。

当我们对自己说出"我很重要"这句话的时候，"我"的心灵一下子充盈了。是的，"我"很重要。

"我"是由无数星辰日月草木山川的精华汇聚而成的。只要计算一下我们一生吃进去多少谷物，饮下了多少清水，才凝聚成这么一具精美绝伦的躯体，我们一定会为那数字的庞大而惊讶。世界付出了这么多才塑造了这样一个"我"，难道"我"不重要吗？

你所做的事，别人不一定做得来；而且，你之所以为你，必定是有一些特殊的地方——我们姑且称之为特质吧！而这些特质又是别人无法模仿的。

既然别人无法完全模仿你，也不一定做得来你能做得了的事，试想，他们怎么可能给你更好的意见？他们又怎能取代你的位置，来替你做些什么呢？所以，你不相信自己，又有谁可以相信？

况且，每个来到这个世上的人，都是上帝赐给人类的恩宠，上帝造人时即已赋予了每个人与众不同的特质，所以每个人都会以独特的方式与他人互动，进而感动别人。要是你不相信的话，不妨想想：有谁的基因会和你完全相同？有谁的个性会和你一毫不差？

由此，我们相信：你有权活在这世上，而你存在于这世上的目的，是别人无法取代的。

不过，有时候别人（或者是整个大环境）会怀疑我们的价值，时间一长，连我们都会对自己的重要性感到怀疑。请你千万千万不要让这类事情发生在你身上，否则你会一辈子都无法抬起头来。

记住！你有权利去相信自己很重要。

"我很重要。没有人能替代我，就像我不能替代别人。"

生活就是这样的，无论是有意还是无意，我们都要发挥出对自己的信心。不要总是拿自己的短处去对比人家的长处，却忽视了自己也有人所不及的地方。自卑是心灵的腐蚀剂，自信却是心灵的发电机。所以无论我们身处何境，都不要让自卑的冰雪侵占心灵，而应燃烧自信的火炬，始终相信自己是最优秀的，这样才能发挥生命的潜能，去创造无限美好的生活。

也许我们的地位卑微，也许我们的身份渺小，但这丝毫不意味着我们不重要。重要并不是伟大的同义词，它是心灵对生命的允诺。人们常常从成就事业的角度，断定自己是否重要。但这并不应该成为标准，只要我们在时刻努力着，为光明在奋斗着，我们就是无比重要地存在着，不可替代地存在着。

让我们昂起头，对着我们这颗美丽的星球上无数的生灵，响亮地宣布：

我很重要！

面对这么重要的自己，我们有什么理由不去爱自己呢！

你不可能让所有人满意

哲人们常把人生比作路，是路，就注定有崎岖不平。

1929 年，美国芝加哥发生了一件震动全国教育界的大事。

几年前，罗勃·郝金斯，一个年轻人，半工半读地从耶鲁大学毕业，做过作家、伐木工人、家庭教师和卖成衣的售货员。现在，只经过了 8 年，他就被任命为美国第四大名校——芝加哥大学的校长。他只有 30 岁！真叫人难以置信。

人们对他的批评就像山崩落石一样一齐打在这位"神童"的头上，说他太年轻了，经验不够，说他的教育观念很不成熟，甚至各大报纸也参加了攻击。

在罗勃·郝金斯就任的那一天，有一个朋友对他的父亲说："今天早上，我看见报上的社论攻击你的儿子，真把我吓坏了。"

"不错，"郝金斯的父亲回答说，"话说得很凶。可是请记住，从来没有人会踢一只死狗。"

确实如此，越勇猛的狗，人们踢起来下脚越重。

曾有一个美国人，被人骂作"伪君子"、"骗子"、"比谋杀犯好不了多少"……一幅登在报纸上的漫画把他画成伏在断头台上，一把大刀正要切下他的脑袋，街上的人群都在嘘他。他是谁？他是乔治·华盛顿。

耶鲁大学的前校长德怀特曾说："如果此人当选美国总统，我们的国家将会合法卖淫，是非不分，不再敬天爱人。"听起来这似乎是在骂希特勒吧？可是他谩骂的对象竟是杰弗逊总统。

可见，没有谁的路永远是一马平川的。为他人所左右而失去自己方向的人，他将无法抵达属于自己的幸福终点。

真正成功的人，不在于成就的大小，而在于是否努力地去实现自我，喊出属于自己的声音，走出属于自己的道路。

一名中文系的学生苦心撰写了一篇小说，请作家批评。因为作家正患眼疾，学生便将作品读给作家。读到最后一个字，学生停顿下来。作家问道："结束了吗？"听语气似乎意犹未尽，渴望下文。这一追问，激起学生的激情，学生立刻灵感喷发，马上接续道："没有啊，下部分更精彩。"他以自己都难以置信的构思叙述下去。

到达一个段落，作家又似乎难以割舍地问："结束了吗？"

小说一定摄魂勾魄，叫人欲罢不能！学生更兴奋，更激昂，更富于创作激情。他不可遏止地一而再再而三地接续、接续……最后，电话铃声骤然响起，打断了学生的思绪。

有急事，作家匆匆准备出门。"那么，没读完的小说呢？""其实你的小说早该收笔，在我第一次询问你是否结束的时候，就应该结束。何必画蛇添足呢？该停则止，看来，你还没把握情节脉络，尤其是缺少决断。决断是当作家的根本，否则绵延逶迤，拖泥带水，如何打动读者？"

学生追悔莫及，自认性格过于受外界左右，作品难以把握，恐不是当作家的料。

很久以后，这名年轻人遇到另一位作家，羞愧地谈及往事，谁知作家惊呼："你的反应如此迅捷、思维如此敏锐、编造故事的能力如此之强，这些正是成为作家的天赋呀！假如正确运用，作品一定脱颖而出。"

"横看成岭侧成峰，远近高低各不同。"凡事绝难有统一定论，我们不可能让所有的人都对我们满意，所以可以拿他们的"意见"做参考，却不可以拿他们的"意见"代替自己的"主见"，不要被他人的论断束缚了自己前进的步伐。追随你的热情、你的心灵，它们将带你实现梦想。

全世界都和你一样不完美

有户人家有两个儿子。当两兄弟都成年以后，他们的父亲把他们叫到面前说："在群山深处有绝世美玉，你们都成年了，应该做探险家，去寻求那绝世之宝，找不到就不要回来。"两兄弟次日就离家出发去了山中。

大哥是一个注重实际、不好高骛远的人。有时候，发现的是一块有残缺的玉，或者是一块成色一般的玉甚至是奇异的石头，他都统统装进行囊。过了几年，到了他和弟弟约定的会合回家的时间。此时他的行囊已经是满满的了，尽管没有父亲所说的绝世完美之玉，但造型各异、成色不等的众多玉石，在他看来也可以令父亲满意了。

后来弟弟来了，两手空空一无所得。弟弟说："你这些东西都不过是一般的珍宝，不是父亲要我们找的绝世珍品，拿回去父亲也不会满意的。

"我不回去，父亲说过，找不到绝世珍宝就不能回家，我要继续去更远更险的山中探寻，我一定要找到绝世美玉。"

哥哥带着他的那些东西回到了家中。父亲说："你可以开一个玉石馆或一个奇石馆，那些玉石稍一加工，都是稀世之品，那些奇石也是一笔巨大的财富。"

短短几年，哥哥的玉石馆已经享誉八方，他寻找的玉石中，有一块经过加工成为不可多得的美玉，被国王御用作了传国玉玺，哥哥因此也成了倾城之富。

在哥哥回来的时候，父亲听了他介绍弟弟探宝的经历后说："你弟弟不会回来了，他是一个不合格的探险家，他如果幸运，能中途所悟，明白'至美是不存在的'这个道理，是他的福气。他如果不能早悟，便只能以付出一生为代价了。"

很多年以后，父亲已经奄奄一息。哥哥对父亲说要派人去寻找弟弟。

父亲说，不要去找，如果经过了这么长的时间都不能顿悟，这样的人即便回来又能做成什么事情呢？世间没有纯美的玉，没有完美的人，没有绝对的事物，为追求这种东西而耗费生命的人，何其愚蠢啊！

追求完美，是人类自身在渐渐成长过程中的一种心理特点或者说一种天性。应该说，这没有什么不好。人类正是在这种追求中，不断完善着自己，使得自身脱去了以树叶遮羞的衣服，变得越来越漂亮，成为这个世界万物之精灵。人如果只满足于现状，而失去了这种追求，那么大概现在还只能在森林中爬行。我们对事物总要求尽善尽美，愿意付出很大的精力去把它做到天衣无缝的地步。

但是，世界上根本就不存在任何完美的事物。为了心中的一个梦而偏执地去追求，却全然不顾你的梦是否现实，是否可行，从而浪费掉许许多多的时间和精力，最终只能在光阴蹉跎中悔恨。世界并不完美，人生当有不足。对于每个人来讲，不完美的生活是客观存在的，无须怨天尤人。

不要再继续偏执了，给自己的心留一条退路，不要因为自己的一时之错而埋怨自己，不要因为不完美而恨自己，不要因为不完美而觉得不幸福。看看那些活得幸福快乐的人，他们没有一个是十全十美的。

完美往往只会成为人生的负担，人绷紧了完美的弦，它却可能发不出声来。只有那些懂得爱自己、宽容别人的人，才是生活的智者，才更容易活得幸福。

别太在意别人的眼光，那会抹杀你的光彩

在这世上，没有任何一个人可以赢得所有人的满意。跟着他人眼光来去的人，会逐渐暗淡自己的光彩。

西莉亚自幼学习艺术体操，身段匀称灵活。可是很不幸，一次意外事故导致她下肢严重受伤，一条腿留下后遗症——走路有一点瘸。为此，她十分懊丧，甚至不敢走上街去，因为害怕看见别人注视残腿的目光。作为一种

逃避，西莉亚搬到了约克郡乡下。

一天，小镇上的雷诺兹老师领着一个女孩来向她学跳苏格兰舞。在他们诚恳的请求下，西莉亚勉为其难地答应了他们。为了不让他们察觉到自己残疾的腿，西莉亚特意提早坐在一把藤椅上。可那个女孩偏偏天生笨拙，连起码的乐感和节奏感都没有。

当那个女孩再一次跳错时，西莉亚不由自主地站起来给对方示范那个要领——一个带旋转的交叉滑步动作。西莉亚一转身，便敏感地看见那个学生的目光正盯着自己的腿，一副惊讶的神情。她忽然意识到，自己一直刻意掩盖的残疾在刚才的瞬间已暴露无遗。这时，一种自卑让她无端地恼怒起来，她对那个女孩说了一些难听的话。西莉亚的行为伤害了女孩的自尊心，女孩难过地跑开了。

事后，西莉亚满心歉疚。过了两天，西莉亚亲自来到学校，和雷诺兹老师一起等候那个女孩。西莉亚说："把你训练成一名专业舞者恐怕不容易，但我保证，你一定会成为一个不错的非职业领舞者。"

这一次，他们就在学校操场上跳，有不少学生好奇地围观。那个女孩笨手笨脚的舞姿不时招来同学的嘲笑，她满脸通红，不断犯错，每跳一步，都如芒刺在背。西莉亚看在眼里，深深理解那种无奈的自卑感。她走过去，轻声对那个女孩说："一个舞者假如只盯着自己的脚，就无法享受跳舞的快乐，而且别人也会跟着注意你的脚，发现你的错误。现在你仰起脸，面带微笑地跳完这支舞曲，别管步伐是不是错的。"

说完，西莉亚和那个女孩面对面站好，朝雷诺兹老师示意了一下。悠扬的手风琴音乐响起，她们踏着拍子，愉快起舞。其实那个女孩的步伐还是有些错误，而且动作也不是很和谐。但意外的效果出现了——那些旁观的学生被她们脸上的微笑所感染，也不再去关注舞蹈细节上的错误。渐渐地，有越来越多的学生情不自禁地加入到舞蹈中。大家尽情地跳啊跳啊，直到太阳下山。

生活在别人的眼光里，就会找不到自己的路。

其实，面对同一个事物，每个人的眼光都有不同。面对不同的几何图形，有人看出了圆的光滑无棱，有人看出了三角形的直线组成，有人看出了半圆的方圆兼济，有人看出了不对称图形独到的美……

同是一个甜麦圈，悲观者看见的是一个空洞，而乐观者却品味到它的香甜味道。

同是交战赤壁，苏轼高歌"雄姿英发，羽扇纶巾，谈笑间樯橹灰飞烟灭"，杜牧却低吟"东风不与周郎便，铜雀春深锁二乔"。

同是"谁解其中味"的《红楼梦》，有人听到了封建制度的丧钟，有人看见了宝黛的深情，有人悟到了曹雪芹的用心良苦，也有人只津津乐道于故事本身……

苏轼曾说："横看成岭侧成峰，远近高低各不同。"人生是一个多棱镜，总是以它变幻莫测的每一面反照生活中的每一个人。不必介意别人的流言蜚语，不必担心自我思维的偏差，坚信自己的眼睛、坚信自己的判断、执着于自我的感悟。用敏锐的视线去审视这个世界，用心去聆听、抚摸这个多彩的人生，给自己一个富有个性的回答。

自卑是对自己的抱怨

自卑就是对自己的抱怨，是在心里对自己能力的一种怀疑。自卑是人生最大的栏架，每个人都必须成功跨越才能到达人生的巅峰。

自卑的人，情绪低沉，郁郁寡欢，常因害怕别人看不起自己而不愿与人来往，只想与人疏远，缺少朋友，顾影自怜，甚至内疚、自责；自卑的人，缺乏自信，优柔寡断，毫无竞争意识，抓不住稍纵即逝的各种机会，享受不到成功的乐趣；自卑的人，常感疲劳，心灰意懒，注意力不集中，工作没有效率，缺少生活情趣。

一个人如果总是沉迷在自卑的阴影中，那无异于给自己套上了无形的枷锁。但是如果能够认清了自己,懂得换个角度看待周围的世界和自己的困境,那么许多问题就会迎刃而解了。

一位父亲带着儿子去参观梵高故居,在看过那张小木床及裂了口的皮鞋之后,儿子问父亲:"梵高不是位百万富翁吗?"父亲答:"梵高是位连妻子都没娶上的穷人。"

第二年,这位父亲带儿子去丹麦,在安徒生的故居前,儿子又困惑地问:"爸爸,安徒生不是生活在皇宫里吗?"父亲答:"安徒生是位鞋匠的儿子,他就生活在这栋阁楼里。"

这位父亲是一个水手,他每年往来于大西洋各个港口;这位儿子叫伊东布拉格,是美国历史上第一位获普利策奖的黑人记者。20年后,在回忆童年时,他说:"那时我们家很穷,父母都靠卖苦力为生。有很长一段时间,我一直认为像我们这样地位卑微的黑人是不可能有什么出息的。好在父亲让我认识了梵高和安徒生,这两个人告诉我,上帝没有轻看卑微。"

富有者并不一定伟大,贫穷者也并不一定卑微。上帝是公平的,他把机会放到了每个人面前。自卑的人也有相同的机会。

自卑常常在不经意间闯进我们的内心世界,控制着我们的生活,在我们有所决定、有所取舍的时候,向我们勒索着勇气与胆略;当我们碰到困难的时候,自卑会站在我们的背后大声地吓唬我们;当我们要大踏步向前迈进的时候,自卑会拉住我们的衣袖,叫我们小心地雷。一次偶然的挫败就会令我们垂头丧气,一蹶不振,将自己的一切否定,觉得自己一无是处,窝囊至极,掉进自责自罪的旋涡。

自卑就像蛀虫一样啃噬着我们的人格,它是我们走向成功的绊脚石,它是快乐生活的拦路虎。一个人如果自卑,他不仅不敢有远大的目标,同时他将永远不会出类拔萃;一个民族和国家,如果自卑,只能当别国的殖民地,站不起来,也不敢站起来,只能跟在别国后边当附庸。

自卑是一种压抑,一种自我内心潜能的人为压抑,更是一种恐惧,一种损害自尊和荣誉的恐惧，所以生活中，我们只有比别人更相信并且珍爱自己，我们才能发挥自己最大的潜力，创造出属于自己的天地。当我们遭到冷遇时，当我们受到侮辱时，一定要自尊自爱，把羞辱作为奋发的动力，激励自己去战胜一个个难关。

相信自己才能成功

有一天，著名的成功学专家安东尼·罗宾在自己的办公室里接待了一个走投无路、风尘仆仆的流浪者。

那人进门打招呼说："我来这儿，是想见见这本书的作者。"说着，他从口袋中拿出一本名为《自信心》的书，那是安东尼许多年前写的。

安东尼微笑着示意流浪者坐下。流浪者激动地说："一定是命运之神在昨天下午把这本书放入我口袋中的，因为我当时决定跳到密歇根湖，了此残生。我已经看破一切，认为一切已经绝望，我什么事情都做不成，没有人能够接纳我。但还好，我看到了这本书，使我产生新的看法，为我带来了勇气及希望，并支持我度过昨天晚上。我已下定决心，只要我能见到这本书的作者，他一定能帮助我再度站起来。现在，我来了，我想知道你能替我这样的人做些什么。"

在他说话的时候，安东尼从头到脚打量了流浪者许久，发现他眼神茫然、满脸皱纹、神态紧张，一切都在向安东尼显示，他已经无可救药了。但安东尼不忍心对他这样说。

听完流浪者的话，安东尼想了想，说："虽然我没有办法帮助你，但如果你愿意的话，我可以介绍你去见本大楼的一个人，他可以帮助你东山再起，重新赢回原本属于你的一切。"安东尼刚说完，流浪者立刻跳了起来，抓住他的手，说道："看在上帝的份上，请带我去见这个人！"

他会为了"上帝的份上"而做此要求，显示他心中仍然存在着一丝希望。所以，安东尼拉着他的手，引导他来到从事个性分析的心理试验室里，和他一起站在一块布前。安东尼把布拉开，露出一面高大的镜子，流浪者可以从镜子里看到自己的全身。安东尼指着镜子说："就是这个人。在这个世界上，只有一个人能够使你东山再起，除非你学会信任他，并且觉得他能够做成任何事情。否则，你只能跳进密歇根湖里，因为如果连你自己都不能相信自己，那么这个世界上将不会再有人相信你，你也就不能再做成任何事情。这样一来，无论是对于你自己还是这个世界，你都将是一个没有任何价值的废物。"

流浪者朝着镜子走了几步，用手摸摸他长满胡须的脸孔，对着镜子里的人从头到脚打量了几分钟，然后后退几步，低下头，开始哭泣起来。过了一会儿，安东尼领他走出来，送他离去。

几天后，安东尼在街上碰到了这个人，而他已不再是一个流浪汉形象。他西装革履，步伐轻快有力，头抬得高高的，原来那种不安、紧张的神态已经消失不见。他说他非常感谢安东尼先生，是安东尼让他找回了自信，让他有勇气面对生活中的一切，并且很快找到了工作。

后来，他果然东山再起，成为芝加哥的一个大富翁。由此可见，自信对于一个人的成功是起着至关重要的作用的。

自信是成功的第一信念。《成功心理》的作者丹尼斯·华特利在书中写道："成功者都具有实现自我价值的坚定信念。他们的自信表现不会像其他人一样被失败的心理摧垮。"没错的，世界上伟大的创造性天才们都充满了自信。这种自信是一个成功者必须具备的基本条件。一个人因为如果连自己都不相信，就没办法取得别人的信任。

自信的态度，不仅会影响自己的生活，还会对周围的人产生影响。美国形象设计大师鲍尔说："成功男人的风格反映在外表，而优雅来自内在，它是你的自信及对自己的满意，它通过你的外表、举止、微笑展示。"如果在生活中认真观察，你就会发现自信是具有极大的感染力的。因为自信，你的神态、语气、仪态等，都在无声无息地、由里向外地散发着魅力。而这种魅力的力量，就会让你更具吸引力，结交更多的朋友，获得更多同事的追随，得到上司的青睐，并最终获得成功。

·第二节·

抱怨别人，不如修正自己

修正自己在于管理自己

很早的时候我国古代圣贤就说过"克己"，也就是自制的意思。虽然我们的祖先早就提出了"克己"，但是我们在"克己"方面做得还远远不够。相比较而言，一些外国人在"自制"方面比我们在"克己"方面更有成就。

南京大学有一个美国留学生叫唐·娜。寒假里，唐·娜随她的女同学张菁到张的老家河南农村过年。大年初一，张家准备了一桌丰盛的酒席招待唐·娜。席上，张父特意以当地名酒款待嘉宾。张父给唐·娜斟了满满一杯酒，可是唐·娜只是礼貌地举杯，却滴酒不沾。

张家问其故。唐·娜说，她的家乡在美国西雅图州，当地的法律规定，公民年满 21 岁才能饮酒，她今年才 19 岁，还未到饮酒的年龄。

张家人劝她，这里是中国，不是美国，入乡随俗是可以的。再说，没有一个美国人会知道你在中国饮过酒。唐·娜却说，虽然自己身在国外，也应该遵守美国法律。名酒的味道很香，但自己会克制自己，不到法定年龄，决不饮酒。

唐·娜始终没有饮酒，张家人对这个 19 岁的美国姑娘十分敬佩。

寒假结束，唐·娜要回南京的时候，当地政府有关部门特意设宴款待唐·娜，唐·娜却婉言谢绝了。问其故，唐·娜说，美国的法律规定，凡属官方的宴请，只能由政府官员出席。她是一个普通的美国人，不是政府官员，因此不能接受官方的宴请。当地政府一再做工作，唐·娜还是没有出席。

还有一个故事讲的是，一个美国商人，他经常到中国做生意。有一次，一笔生意成交以后，中方宴请他。中方听说这个美国商人十分喜欢吃虹鳟鱼，席上，主人特意请著名厨师做了一道名菜：清炖虹鳟鱼。

这道菜上来以后，美国商人眼睛一亮，看得出，商人真的很喜爱这道菜。奇怪的是，商人夹了一块鱼肉以后，还没有送到嘴里就又送了回去，放下筷子不吃了。

主人忙问其故，美国商人说，这是一条有卵的虹鳟鱼，美国法律规定，要保护生态环境，不能吃有卵的母鱼。主人连忙说，这是在中国，不是美国，中国并没有这样的法律。美国商人说，自己是美国人，走到哪儿，都要遵守美国的法律。

主人很尴尬，再次劝美国商人说，即使是这样，这条虹鳟鱼已经烧熟了，不吃浪费了岂不可惜！美国商人却说，即使浪费了，他也不能吃，美国商人自始至终都没有碰这条虹鳟鱼。

美酒的味道很香，唐·娜却不为之心动；虹鳟鱼的味道很美，美国商人却不为之下箸。这是在没有任何外界压力下的一种自我限制行为，他们是在自觉地履行道德上的某种义务。有较强自制能力的人，一定能够战胜自我。如果不幸遇到祸害，他一定能够泰然处之，化祸为福，让自己快乐。可见，自制对快乐的人生是极其重要的。

修正自己才能提高能力

上帝问人，世界上什么事最难。人说挣钱最难，上帝摇头。人说哥德巴赫猜想，上帝又摇头。人又说我放弃，你告诉我吧。上帝神秘地说是认识自己并且修正自己的弱点。的确，那些富于思想的哲学家也都这么说。

发现自己的弱点并克服它确实很难。理由繁多，因人而异，但是所有理由都源于两点：害怕发现弱点，害怕修正自己。

就像一个不规则的木桶一样，任何一个区域都有"最短的木板"，它有可能是某个人，或是某个行业，或是某件事情。聪明的人应该把它迅速找出来，并抓紧做长补齐，否则它带给你的损失可能是毁灭性的。很多时候，往往就是因为一个环节出了问题而毁了所有的努力。

对于个人来说，下面的弱点是人们最有可能出现的短板。

1. 恶习

毫无疑问，不良的习惯可以说是每个人最大的缺陷之一，因为习惯会透过一再的重复，由细线变成粗线，再变成绳索，再经过强化重复的动作，绳索又变成链子，最后，定型成了不可迁移的不良个性。

人们在分分秒秒中无意识地培养习惯，这是人的天性。因此，让我们仔细回顾一下，我们平时都培养了什么习惯？因为有可能这些习惯使我们臣服，拖我们的后腿。

诸如懒散、看连续剧、嗜酒如命，以及其他各式各样的习惯，有时要浪费我们大量的时间，而这些无聊的习惯占用的时间越多，留给我们自己可利用的时间就越少。这时的不良习惯就像寄生在我们身上的病毒，慢慢地吞噬着我们的精力与生命，这时的习惯就成了一个人最大的缺陷，成了阻碍个人成功的主要因素。

所以，习惯有时是很可怕的，习惯对人类的影响，远远超过大多数人的理解，人类的行为95%是透过习惯做出的。事实上，成功者与失败者之间唯一的差别在于他们拥有不一样的习惯。一个人的坏习惯越多，离成功就越远。

2. 犯错

通常人们都不把犯错误看成是一种缺陷，甚至把"失败是成功之母"当成自己的至理名言。

如果一个人在同一个问题上接连不断地犯错误，比如健忘，这是任何一个成功人士都不能容忍的。一个不会在失败中吸取教训的人是不配把"失败是成功之母"挂在嘴边的。不管是否具备吸取教训的意识还是能力，它都是一个人获取成功道路上的致命缺陷。

有一些人不管是在学习还是在工作中，犯错误的频率总是比一般人高。他们做事情总是马虎大意、毛毛糙糙。对他们而言，把一件事做错比把一件事做对容易得多，而且每当出现错误时，他们通常的反应都只是："真是的，又错了，真是倒霉啊！"

把犯错归结为坏运气是他们一向的态度，或许他们没有责任心，做事不够仔细认真，或许他们没有找到做事的正确方式，但无论出于哪一点，如果他们没有改正错误，这都将给他们的成功带来巨大的障碍。

3. 马虎

一位伟人曾经说过："轻率和疏忽所造成的祸患将超乎人们的想象。"许多人之所以失败，往往因为他们马虎大意、鲁莽轻率。

在宾夕法尼亚州的一个小镇上，曾经因为筑堤工程质量要求不严格，石基建设和设计不符，结果许多居民死于非命——堤岸溃决，全镇都被淹没。建筑时小小的误差，可以使整幢建筑物倒塌；不经意抛在地上的烟蒂，可以使整幢房屋甚至整个村庄化为灰烬。

鉴于我们这些可知的和未可知的缺点，我们一定要学会修正自己，这本身就是一种能力。

4. 不谨言慎行

自己的言行对做事成功是必要的，人们的语言有时比匕首还厉害。一句法国谚语说，语言的伤害比刺刀的伤害更可怕。那些溜到嘴边的刺人的反驳，如果说出来，可能会使对方伤心痛肺。

孔子认为，君子欲讷于言而敏于行。即君子做人，总是行动在人之前，语言在人之后。克制自己，懂言会行是做事最基本的功夫。

法国哲学家罗西法古说，如果你要得到仇人，就表现得比你的朋友优越；如果你要得到朋友，就要让你的朋友表现得比你优越。

在这个世界上，那些谦虚豁达能够克制自己的人总能赢得更多的知己，那些妄自尊大、小看别人、高看自己的人总是令别人反感，最终在交往中使自己到处碰壁。

所以无论在什么情况下我们都要学会克制自己、修正自己。只有这样，我们才能够提高自己的能力，才能修复我们生活中的一切"短板"，才会受到别人的欢迎，才能做好我们要做的事。

愉悦自己，才是真正地爱自己

在遭遇困苦时，乐观的人总会努力想办法让自己快乐起来，让精神的伤痛远离自己。愉悦自己，才是真正地爱自己。

由于破产和从小落下的残疾，人生对基尔来说已索然无味了。

在一个晴朗的日子，基尔找到了牧师。牧师耐心听完了基尔的倾诉，对基尔说："我给你看样东西。"他向窗外指去。那是一排高大的枫树，在枫树间悬吊着一些陈旧的粗绳索。他说："60 年以前，这儿的庄园主种下这些树，他在树间牵拉了许多粗绳索。对于嫩弱的幼树，这太残酷了，因为创伤是终生的。有些树面对残忍现实，能与命运抗争，而另一些树消极地诅咒命运，结果就完全不同了。眼前这棵粗壮的枫树看不出什么疤痕，所看到的是绳索穿过树干——几乎像钻了一个洞似的，真是一个奇迹。"

"关于这些树，我想过许多。"他说，"只有体内强大的生命力才可能战胜像绳索带来的那样终生的创伤，而不是自己毁掉这宝贵的生命。对于人，有很多解忧的方法。在痛苦的时候，找个朋友倾诉，找些活干。对待不幸，要有一个清醒而客观的全面认识，尽量抛掉那些怨恨、妒忌等情感负担。有一点也许是最重要的，也是最困难的：你应尽一切努力愉悦自己，真正地爱自己。"

能否越过障碍、突破挫折困苦，乐观的人总有他自己的方法。

1. 转移不良的情绪。碰到不顺心的事情或在家中与亲属发生争吵，不妨暂时离开一下现场，换个环境，或者同别人去侃大山，或者参加一些文体活动，娱乐娱乐。总之，把注意力转移到别的方面去。只有把原来的不良情绪冲淡以至赶走，而重新恢复心情的平静和稳定。

2. 憧憬美好未来。只有经常憧憬美好的未来，才能始终保持奋发进取的精神状态。不管命运把自己抛向何方，都应该泰然处之。不管现实如何残酷，都应该始终相信困难即将克服，曙光就在前头，相信未来会更加美好。

3. 思苦忆甜。人生的旅途中，有时荆棘丛生，有时铺满鲜花，有时忧心如焚，有时其乐融融。对此应进行精心的筛选，不能让那些悲哀、凄凉、恐惧、忧虑、彷徨的心情困扰着我们。对那些幸福、美好、快乐的往事要常常回忆，以便在心中泛起层层涟漪，激发人们去开拓未来，而对那些不愉快的事情，诸多的烦恼则尽量要从头脑中抹掉，切不可让阴影笼罩心头，而失去前进的动力。

4. 积极的自我暗示。例如对着镜子对自己说："我是最棒的！""我一定会成功！"看喜剧电影、听欢快的歌，做自己喜欢的事等。

5. 宽待自己。学会宽待自己是一件非常重要的事情。学会宽待自己就要允许自己犯错误，"金无足赤，人无完人"，谁能一辈子不犯错误？在总结教训之余，要安慰自己，即使是由于自身的原因导致的错误，也不要对自己责备太严，要学会宽待自己，经常对自己说：过去的就让它过去吧，一切从头开始。只有这样才能形成正确的心态，才能够乐观地生活下去。

反击别人不如充实自己

有时候，白眼、冷遇、嘲讽会让弱者低头走开，但对强者而言，这也是另一种幸运和动力。所以美国人常开玩笑说，正是因为刺激，才"造就"了杜鲁门总统。故事是这样的：

在读高中毕业班时，查理·罗斯是最受老师宠爱的学生。他的英文老

师布朗小姐，年轻漂亮，富有吸引力，是校园里最受学生欢迎的老师。同学们都知道查理深得布朗小姐的青睐，他们在背后笑他说，查理将来若不成为一个人物，布朗小姐是不会原谅他的。

在毕业典礼上，当查理走上台去领取毕业证书时，受人爱戴的布朗小姐站起身来，当众吻了一下查理，向他来了个出人意料的祝贺。当时，人们本以为会发生哄笑、骚动，结果却是一片静默和沮丧。

许多毕业生，尤其是男孩子们，对布朗小姐这样不怕难为情地公开表示自己的偏爱感到愤恨。不错，查理作为学生代表在毕业典礼上致告别词，也曾担任过《学生年刊》的主编，还曾是"老师的宝贝"，但这就足以使他获得如此之高的荣耀吗？典礼过后，有几个男生包围了布朗小姐，为首的一个质问她为什么如此明显地冷落别的学生。

"查理是靠自己的努力赢得了我特别的赏识，如果你们有出色的表现，我也会吻你们的。"布朗小姐微笑着说。男孩们得到了些安慰，查理却感到了更大的压力。他已经引起了别人的嫉妒，并成为少数学生攻击的目标。他决心毕业后一定要用自己的行动证明自己值得布朗小姐报之一吻。毕业之后的几年内，他异常勤奋，先进入了报界，后来终于大有作为，被杜鲁门总统亲自任命为白宫负责出版事务的首席秘书。

当然，查理被挑选担任这一职务也并非偶然。原来，在毕业典礼后带领男生包围布朗小姐，并告诉她自己感到受冷落的那个男孩子正是杜鲁门本人。

查理就职后的第一件事，就是接通布朗小姐的电话，向她转述美国总统的问话："您还记得我未曾获得的那个吻吗？我现在所做的能够得到您的奖赏吗？"

生活中，当我们遭到冷遇时，不必沮丧，不必愤恨，唯有尽全力赢得成功，才是最好的答复与反击。当有人刺激了我们的自尊心，伤害到我们的心灵时，强烈批驳别人不如思考自己什么地方还需要完善。

有个喜欢与人争辩的学者，在研究过辩论术，听过无数次的辩论，并关注它们的影响之后，得出了一个结论：世上只有一个方法能从争辩中得到最大的利益——那就是停止争辩。你最好避免争辩，就像避免战争或毒蛇那样。

这个结论告诉我们：反击别人不如自我休战。争辩中的赢不是真赢，它带来的只是暂时的胜利和口头的快感，它会导致他人的不满，影响你与他人之间的关系，更重要的是，在争辩中失利的人不会发自内心地承认自己的失败，所以你的说服和辩论统统徒劳无功，无助于事情的解决。

有一种人，反应快，口才好，心思灵敏，在生活或工作中和别人有利益或意见的冲突时，往往能充分发挥辩才，把对方辩得哑口无言。可是，我们为什么一定要与对方辩论到底，以证明是他错了？这么做除了能得到一时的快意之外还有什么呢？这样能使他喜欢我们或是能让我们签订合同吗？事实并非如此，要想拥有良好的人际关系，要想使自己在事业上游刃有余，在朋友中广受欢迎，在家庭中和睦相处，我们最好永远不要试图通过争辩去赢得口头上的胜利。

反击别人，除了互相伤害以外，我们都不会得到任何好处。这是因为，就算我们将对方驳得体无完肤、一无是处，那又怎样？我们只是使他觉得自惭形秽、低人一等，我们伤了他的自尊，他不会心悦诚服地承认我们的胜利。即使他表面上不得不承认我们胜了，但心里会从此埋下怨恨的种子，所以我们还不如用那些时间来做有意义的事情。

莫因害怕"出丑"而禁锢生活

很多时候，我们都会用这样一句话来鼓励自己：天才是 1% 的灵感加上 99% 的汗水。于是，一些人就开始拼命工作，希望能用 100% 的汗水换来那 1% 的天分。其实，如果能用汗水弥补天分，就不是真正的天分了。这个世界上，毕竟只有少数人才能成为天才。所以，我们的成长总是要伴随着一些无谓的辛苦和无趣的笑话的。

人们都想使自己聪明，都怕在众人面前出丑。这似乎是截然对立的两件事，聪明人绝不会出丑，出丑的人必然是笨蛋。然而，实际生活并非如此。聪明的人有时简直如一个大傻瓜，他们当众出丑，却若无其事，他们被人嗤笑却自得其乐。然而，他们就这样走向了成功。

罗茜读书时网球打得不好，所以老是害怕打输，不敢与人对垒，至今她的网球技术仍然很蹩脚。罗茜有一个同班同学，她的网球比罗茜打得还差，但她不怕被人打输，越是输越打，后来成了令人羡慕的网球手，成了大学网球代表队队员。

聪明是令人羡慕的，出丑总使人感到难堪。但是，聪明是在无数次出丑中练就的，不敢出丑，就很难聪明起来。

那些勇敢地去干他们想干的事的人是值得赞赏的，即使有时在众人面前出了丑，他们还是洒脱地说："哦，这没什么！"就是这么一类人，他们还没学会反手球和正手球，就勇敢地走上网球场；他们还没学会基本舞步，就走到舞池寻找舞伴；他们甚至没有学会屈膝或控制滑板，就站上了滑道。

艾米只会说几句法语，她却毅然飞往法国去做一次生意旅行。虽然人们曾告诫她：巴黎人是看不起不会讲法语的人，但她坚持在展览馆、在咖啡店、在爱丽舍宫用法语与每个人交谈。难道她不怕结结巴巴，不怕语塞、嘲笑、出丑吗？一点也不。因为艾米发现，当法国人对她使用的虚拟语气大为震惊之后，许多人都热情地向她伸出手来，为她的"生活之乐"所感染，从她对生活的努力态度中得到极大的乐趣。他们为艾米喝彩，为所有有勇气做一切事情而不怕出丑的人欢呼。

生活中有些人由于不愿成为初学者，就总是拒绝学习新东西。他们因为害怕"出丑"，宁愿放弃自己的机会，限制自己的乐趣，禁锢自己的生活。

若要改变自己的生活位置，总要冒出丑的风险。除非你决心在一个地方、一个水平上"钉死"了。不要担心出丑，否则你就会无所作为，而且更重要的是你同样不会心绪平静、生活舒畅。你会受到囿于静止的生活而又时时渴望变化的愿望的痛苦煎熬。我们也许应该记住这一点，由于我们害怕出丑，我们也许会失去许多机会而感到后悔。我们应该记住一句法国谚语："一个从不出丑的人并不是一个他自己想象的聪明人。"

· 第三节 ·

改变态度改变你

改变态度，你就可能成为强者

有这样一个故事：

一天，一只老虎躺在树下睡大觉。一只小老鼠从树洞里爬出来时，不小心碰到了老虎的爪子，把它惊醒了。老虎非常生气，张开大嘴就要吃它，小老鼠吓得簌簌发抖，哀求道："求求你，老虎先生，别吃我，请放过我这一次吧！日后我一定会报答你的。"

老虎不屑地说："你一只小小的老鼠怎么可能帮得了我呢？"但它最后还是把老鼠放走了，因为它觉得一只小小的老鼠还不够塞自己的牙缝。

不久，这只老虎出去觅食时被猎人设置的网罩住了。它用力挣扎，使出浑身力气，但网太结实了，越挣扎绑得越紧。于是它大声吼叫，小老鼠听到了它的吼声，就赶紧跑了过去。

"别动，尊敬的老虎，让我来帮你，我会帮你把网咬开的。"

小老鼠用它尖锐的牙齿咬断了网上的绳结，老虎终于从网里逃脱出来。

"上次你还嘲笑我呢，"老鼠说，"你觉得我太弱小了，没法报答你。你看，现在不正是一只弱小的小老鼠救了大老虎的性命吗？"

读完这个故事，我们不难想到，在这个世界上，从来就没有谁注定就是强者，也没有谁注定就是弱者。强大如老虎，在猎人的陷阱里，它就变成了弱者；弱小如老鼠，在结实的网绳前，拥有锋利牙齿的它就变成了强者。

你或许自以为是弱者：貌不惊艳，技不如人，出身贫寒，资质平平，在人才辈出的社会里就像"多一个不多，少一个不少"的那个人。如果你这么想，你就错了，甚至连上文中那个自信满怀的老鼠都不如。

在这个世界上，每个人都是身怀绝技的强者，这种绝技就像金矿一样埋藏在我们看似平淡无奇的生命中。

法国文豪大仲马在成名前，穷困潦倒。有一次，他跑到巴黎去拜访他父亲的一位朋友，请他帮忙找个工作。

他父亲的朋友问他："你能做什么？"

"没有什么了不得的本事。"

"数学精通吗？"

"不行。"

"你懂得物理吗？或者历史？"

"什么都不知道。"

"会计呢？法律如何？"

大仲马满脸通红，第一次知道自己太差劲了，便说："我真惭愧，现在我一定要努力补救我的这些不足。我相信不久之后，我一定会给您一个满意的答复。"

他父亲的朋友对他说："可是，你要生活啊！把你的地址留在这张纸上吧。"大仲马无可奈何地写下了他的住址。

父亲的朋友看后高兴地说："你的字写得很好呀！"

你看，大仲马在成名前，也曾有过认为自己一无是处的时候。然而，他父亲的朋友却发现了他的一个优点——字写得很好。

字写得好，也许你对此不屑一顾：这算什么绝技！然而，不管这个绝技有多么的渺小，但它毕竟是你的本事。你就能以此为基地，扩大你的优点范围：字能写好，文章为什么就不能写好？

我们每一个人，特别是妄自菲薄的人，切不可把强者的标准定得太高，而对自身的长处视而不见。你不要死盯着自己学习不好、没钱、不漂亮等不足的一面，你还应看到自己身体健康、会唱歌、文章写得好等不被外人和自己留意或发现的强项。

事实上，你不是个天生的弱者，每个人都有自己的长处和短处，你为什么只看到自己不足，而没有看到自己的闪光之处呢？

纤细孱弱的小草，自然无法与伟岸挺拔的劲松相提并论。然而，春寒料峭中，是小草那片淡淡的嫩绿，让大地展现出勃勃的生机。

潺潺而流的溪水，当然不能与奔腾浩渺的江河混为一谈。然而，深山河谷中，是小溪那份执着的奔流，让大地充满了无限的活力。

小草不因其柔弱而萎缩，小草自有一种信念；小溪不因其涓细而却步，小溪自有一种自信……你，同样不是弱者，你只要认识自己的力量，爆发自己的热能，你就是生活的强者。

你只要在认识自己中不断创造自己，不断完善自己，又何必要那么多的惆怅、自卑和叹息。仰起你自信的脸庞，即使你现在还是小草、小溪、小鸟、小舟，甚至阴暗角落里那粒不为人所知的尘埃，总有一天，你可以成为万众瞩目的强者。

你比你认为的更伟大

进入一个不了解的环境之中时，我们会习惯性地怀疑自己的能力，陌生会带给我们恐惧。再加上不了解的人对我们的不客观的评价，常常会让我们感受到很多莫名的压力。所以，我们总是在自我否定里畅游，以为自己很糟糕。但是我们可以看到，以前并不被看好的人最终站在成功的舞台上的时候，我们不得不说，是人们看低了他们，是他们自己低估了自己的实力。

由此可见，有时候我们并不了解自己到底有多大实力，当我们还在为自己的糟糕而难过的时候，说不定我们已经开始创造奇迹的旅程了。

在《野草只是没被发现用处的植物》一文中曾经写道：

他生于美国一个靠海的小村庄。5 岁那年，他们全家搬迁到纽约布鲁克林区，父亲在那儿做木工，承建房屋，他在那儿也开始上小学。由于生活穷困，他只读了 5 年小学，便辍学在印刷厂做学徒了。工作虽然辛苦，却没有阻止他爱上浪漫的诗歌，他像发疯一样，没日没夜地写。

1855 年 7 月 4 日，他自费出版了第一本诗集，初版印了 1000 册。薄薄的小书只有 95 页，包括十二首诗和一篇序。绿色的封面，封底上画了几株嫩草、几朵小花。他兴奋地拿了几本样书回家，弟弟乔治只是翻了一下，认为不值得一读，就弃之一旁。他的母亲也是一样，根本没有读过它。一个星期之后，他的父亲因风瘫病去世，也没有看过儿子的作品。

他把书拿出去卖，很可惜，一本都没卖掉。他只好把这些诗集全都送了人，但也没有得到什么好结果。著名诗人朗费罗、赫姆士、罗成尔等人对此不予理睬，大诗人惠蒂埃把他收到的一本干脆投进火里，林肯看后也险些烧掉。

社会上的批评更是铺天盖地，对他大肆辱骂。伦敦《评论》报认为"作者的诗作违背了传统诗歌的艺术。他不懂艺术，正像畜生不懂数学一样"。波士顿《通讯员》则把这本诗集称为"浮夸、自大、庸俗和无种的杂凑"，甚至写他是个"疯子"，"除了给他一顿鞭子，我们想不出更好的办法"。连他的服装、相貌都成为嘲笑的对象，"看他那副模样，就能断定他写不出好诗来"。

铺天盖地的嘲笑和谩骂声，像冰冷的河水，浇灭了他所有的激情。他失望了，开始怀疑自己：我是不是根本就不是写诗的料？就在他几近绝望时，远在马萨诸塞州康科德的一位大诗人被他那创新的写法、不押韵的格式、新颖的思想内容打动了。大诗人随即写了一封信，给以这些诗极高的评价：

"亲爱的先生，对于才华横溢的诗集，我认为它是美国至今所能贡献最了不起的聪明才智的菁华。我在读它的时候，感到十分愉快。它是奇妙的、有着无法形容的魔力、有可怕的眼睛和水牛的精神，我为您的自由和勇敢的思想而高兴……"

这真诚的夸奖和赞誉，一下子点燃了他心中那将要熄灭的火焰。他从此坚定了自己写诗的信念，一发而不可收。

他成为具有世界声誉和世界意义的伟大诗人，他唯一的诗集也成了美国乃至人类诗歌史上的经典。他就是现代美国诗歌之父——瓦尔特·惠特曼，那部诗集的名字叫《草叶集》。而当年那位写信对他予以赞美和鼓励的诗人，叫爱默生。

爱默生说："在我的眼里，没有野草，野草只是还没有被发现用处的植物。"所以，当惠特曼沉浸在对自己的失望的痛苦中时，他根本就没有意识到自己正在创造人类的奇迹，而他自己也已经成为了全世界最伟大的诗人之一。

很多时候，我们并不能完全了解自己。所以，在灾难发生时，我们才会有惊人的爆发力；在处于险境时，我们才能挖掘出以前没有意识到的潜能。

我们总是比自己想象中的更伟大，所以不要低估自己，认为自己很糟糕，而应该多给自己一份信心，多给自己准备一个发展的平台。相信在自信的动力驱使之下，我们一定会有更好的成绩，有更多的机会接近成功。

人生并非由上帝定局，你也能改写

常常会听到这样的抱怨：我很想做一番事业，可是没有贵人相助；如果我出生在显赫的家庭，我一定不会像现在这样生活了……面对生活的不如意，我们总是抱怨环境，抱怨命运，可是我们忘了，真正决定我们生活的，并不是命运，而是我们自己。

虽然，我们无法选择自己的出身、父母和家庭，也就是说无法选择决定我们前半生命运的平台。但是，我们绝对有办法选择自己后半生的路、生活环境和生活方式。命运不是一成不变的，所以即使我们曾经承受了过多的苦痛，现在也可能正在经受着生活的折磨，但是只要我们敢于向命运挑战，敢于寻找命运的突破口，我们就一定能改写自己的命运。

在《中国教师报》上曾经登载了这样一篇文章：

他出生在马里兰州。因为家境不好，父母很早就打算让他弃学，但遭到了两个姐姐的强烈反对。在他的记忆中，那次两个姐姐和父亲吵得很厉害，大姐甚至一度提出让自己来资助弟弟读书，这一方案最终没有得到父亲的首肯。

虽然没有吃什么大鱼大肉，但是他的身体却在猛速增长，这让他感到很烦恼。细心的姐姐发现了这一变化，认为他将是罕见的游泳天才。于是她想方设法地弄了一些游泳方面的杂志给他看，并利用一切闲暇给他灌输相关的知识。在姐姐的影响下，他对游泳变得近乎痴迷起来。

然而当他把要做一名游泳队员的想法告诉父亲时，却遭到父亲强烈的反对："你这个傻瓜，你知道白痴是怎么出来的吗？就是像你这样想出来的！游泳？你以为人人都是天才，别做梦了！"

然而他并不甘心做一个碌碌无为的人。在姐姐的指导下，他总能轻松学会别的少年所不能掌握的技巧……经过坚持不懈的努力，他终于将自己的理想一一变成了现实。2001 年，他打破了 200 米蝶泳世界纪录，成为最年轻的世界纪录保持者，并赢得了"神童"的美誉。2003 年，他接连 5 次打破世界纪录，当之无愧地被评为年度世界最佳男子游泳运动员。2007 年，在墨尔本世锦赛上，他更是独揽七金，被人称为世界泳坛上的"一哥"。

2008 年 8 月 10 日，在北京奥运会的首次比赛中，他轻松获得男子 400 米混合泳的冠军，并再次打破这个比赛的世界纪录。

是的，他就是被人称为游泳运动历史上最伟大的全能运动员，美国游泳队男头号明星的"金童"菲尔普斯。2008年,他带着一家人开始了环球旅行,最后一站就是长城。想起童年的往事,他感慨万千。他站在城墙上对父亲说:"亲爱的爸爸,还记得小时候你经常嘲笑我不要痴人做梦,但你的儿子很争气,不但成为世界冠军,也实现了当时立下环球旅行的誓言。"父亲紧紧地拥抱着他,热泪盈眶。

2008年,菲尔普斯用传奇的8项新纪录告诉了我们:许多时候,上天安排的厄运并非故事的结局,以你的信念作笔,你完全可以改写!

我们无法抹杀菲尔普斯在北京奥运会上呈现在我们面前的精彩,但是我们同样不能忘记,在之后的残奥会上,那些为了梦想而努力拼搏的身影。对于残奥会的健儿来说,他们没有受到命运的宠爱,上帝在书写他们的人生的时候,为他们安排了厄运。但是他们通过自己的努力,通过超乎常人的付出,呈现在我们面前的,同样是一种震撼人心的精彩。

与他们相比,我们所面临的那一点困难又能算什么呢?生活中,我们遇到的无非就是工作压力、求职压力、生活压力。也许我们对生活有美好的构想,但是现实总是粉碎了我们的愿望。这个时候,与其选择悲观失望,莫不如鼓起勇气,向生活挑战,向命运挑战。当我们展露出勇往直前的姿态的时候,那些曾经阻隔我们向美好生活迈进的困难与挫折,就会在我们面前丢盔卸甲,变得不堪一击。

依赖别人,不如依靠自己

在我们的生活中,随着孩子的越来越少,爷爷奶奶、姥姥姥爷、爸爸妈妈……一大家子人把一个孩子当成宝贝一样宠着,很容易就形成了孩子的依赖性。于是,在我们身边,很多人都存在极强的依赖心理,习惯依靠"拐杖"走路,在别人的关照之下生活。

这些人经常持有的一个最大谬见,就是以为他们永远会从别人不断的帮助中获益，而且他们相信，不管遇到什么事情，总会有人出来帮助他们，即使是雨天，也一定会有那么一个人会出来替他们打伞遮雨。但并不是所有的事情都是别人能替我们完成的：坐在健身房里让别人替我们练习，是无法增强自己肌肉的力量的。

没有什么比依靠他人更能破坏独立自主的精神了。你如果依靠他人，你将永远坚强不起来，也不会有独创力。生活中最大的危险，就是依赖他人来保障自己。"让你依赖，让你靠"，就如同伊甸园的蛇，总在引诱你。它会对你说："不用了，你根本不需要。看看，这么多的金钱，这么多好玩、好吃的东西，你享受都来不及呢……"这些话，足以抹杀一个人意欲前进的雄心和勇气，阻止一个人利用自身的资本去换取成功的快乐，让你日复一日原地踏步，止水一般停滞不前，以至于你到了垂暮之年，终日为一生碌碌无为悔恨不已。而且，这种错误的心理，还会剥夺一个人本身具有的独立的权利，使其依赖成性，靠拐杖而不想自己一个人走。有依赖，就不会想独立，其结果是给自己的未来挖下失败的陷阱。

美国总统约翰·肯尼迪的父亲从小就注重对儿子独立性格和凡事靠自己的精神的培养。有一次他赶着马车带儿子出去游玩。在一个拐弯处，因为马车速度很快，猛地把小肯尼迪甩了出去。当马车停住时，儿子以为父亲会下来把他扶起来，但父亲却坐在车上悠闲地掏出烟。

儿子叫道："爸爸，快来扶我。"

"你摔疼了吗？"

"是的，我感觉站不起来了。"儿子带着哭腔说。

"那也要坚持站起来，重新爬上马车。"

儿子挣扎着自己站了起来，摇摇晃晃地走近马车，艰难地爬了上来。

父亲摇动着鞭子问："你知道我为什么让你这么做吗？"

儿子摇了摇头。

父亲接着说："人生就是这样，跌倒、爬起来、奔跑，再跌倒、再爬起来、再奔跑。在任何时候都要靠自己，没人会永远扶着你的。"

肯尼迪听了父亲的话，若有所思地点点头。从那以后，他不再去依赖别人，即使他当上了总统，也依然保持着凡事靠自己的做事风格。

雨果曾经写道："我宁愿靠自己的力量打开我的前途，也不愿乞求有力者的垂青。"一个人只要活着，他的前途就永远取决于自己，成功与失败，都只系于他自己身上。依赖是对生命的一种束缚，是一种寄生状态。英国历史学家弗劳德说："一棵树如果要结出果实，必须先在土壤里扎下根。同样，一个人首先需要学会依靠自己、尊重自己，不接受他人的施舍，不等待命运的馈赠。只有在这样的基础上，才可能做出成就。"将希望寄托于他人的帮助，便会形成惰性，失去独立思考和行动的能力。将希望寄托于某种强大的外力上，意志力就会被无情地吞噬掉。

但是在我们的生活中，还有很多人靠在别人的肩膀上，享受着对别人的依赖：很多刚毕业或者即将毕业的大学生，不想自己去找工作，却想依赖父母的关系，想花一点钱走个后门直接进某某单位。可是，我们想过没有，父母能把我们送去一个工作岗位，却不能替我们完成所有的工作。那些工作上的苦痛，还是需要我们自己去承受的。

人生的风风雨雨，只有靠自己去体会、去感受，任何人都不能为你提供永远的荫庇。你应该掌握前进的方向，把握住目标，让目标似灯塔般在高远处闪光。你应该独立思考，有自己的主见，懂得自己解决问题。你不应相信有什么救世主，不该信奉什么神仙或皇帝，你的品格、你的作为，你所有的一切都是你自己行为的产物，并不能依靠其他什么东西来改变。你就是主宰一切的神灵，即使驾的是一匹羸弱的老马，但只要马缰握在你的手中，你就不会陷入人生的泥潭。人只有依靠自己，才能经得起风雨。

在压力中寻求动力

许多人视对手为心腹大患，视异己为眼中钉、肉中刺，恨不得除之而后快。其实，能有一个强劲的对手，反而是一种福分、一种造化，因为一个强劲的对手会让你时刻都有危机感，会激发你更加旺盛的精神和斗志。

加拿大有一位享有盛名的长跑教练，由于在很短的时间内培养出好几名长跑冠军，所以很多人都向他探询训练秘密。谁也没有想到，他成功的秘密仅在于一个神奇的陪练，而这个陪练不是一个人，是几匹凶猛的狼。

这位教练一直要求队员们从家里出发时一定不要借助任何交通工具，必须自己一路跑来，以此作为每天训练的第一课。有一个队员每天都是最后一个到，而他的家并不是最远的。教练甚至想告诉他改行去干别的，不要在这里浪费时间了。

但是突然有一天，这个队员竟然比其他人早到了 20 分钟，教练惊奇地发现，这个队员今天的速度几乎可以打破世界纪录。

原来，在离家不久，他在野地里遇到了一只野狼。那匹野狼在后面拼命地追他，他在前面拼命地跑，最后，那只野狼竟被他甩掉了。

教练明白了，今天这个队员超常发挥是因为一匹野狼，他有了一个可怕的敌人，这个敌人令他把自己所有的潜能都发挥了出来。

从此，教练聘请了一个驯兽师，并找来几匹狼，每当训练的时候，便把狼放开。没过多长时间，队员的成绩都有了大幅度的提高。

日本的游泳运动一直处于世界领先地位，有人说，他们的训练方法也有着很神奇的秘密：日本人在游泳馆里养着很多鳄鱼。

队员每次跳下水之后，教练都会把几只鳄鱼放到游泳池里。几天没有吃东西的鳄鱼见到活生生的人，立即兽性大发，拼命追赶运动员。运动员尽管知道鳄鱼的大嘴已经被紧紧地缠住了，但看到鳄鱼的凶相时，还是会拼命往前游。

无论是加拿大人还是日本人，他们无疑都掌握了这样一个道理，敌人的力量会让一个人发挥出巨大的潜能，创造出惊人的成绩，尤其是当敌人强大到足以威胁你的生命时。敌人就在你的身后，一刻不努力，生命就会有万分的惊险和危难。

谁都知道机器设备都会按一定年限折旧，可很少有人想到自己赖以生存的知识、能力，也会随着岁月的流逝而不断折旧。

我们很多人在本科毕业、硕士毕业、博士毕业以后就以为自己的知识储备已经完成，足够去应付新时代的风风雨雨，但是我们往往发现：在现实社会中，只有那些不断更新自己知识，不断改进自身知识结构的人，才能真正在市场上站住脚。

人与机器的区别就在于人有自我更新的能力。你如果不能睁大双眼，以积极的心态去关注、学习新的知识与技能，那么你很快就会发现，你的价值被打了八折、七折、六折甚至一文不值。这一切也许在你茫然不觉的时刻突然来临，因为不可能有一位会计时刻为你做"折旧"财务报表以提醒你，只有靠你自己主动给自己"折旧"，时刻提醒自己。在这个知识与科技发展一日千里的时代，你必须不断地学习，不断地充实自己，不断地追求成长，才能使自己在职场上始终立于不败之地。

成功的人有千万，但成功的道路却只有一条——学习，勤奋地学习。一个人如果停止了学习，那么很快就会"没电"，就会被社会所抛弃。养成不忘学习的习惯，你离成功就不远了。

在日新月异的时代，你必须时时刻刻具有危机意识，在压力中寻找动力，天天学习，经常充电，这样才不至于落伍；这同时也会充实自己，为自己奠定雄厚的基础，以保证自己在激烈的竞争环境中生存下去。

反方向游的鱼也能成功

　　人生不会一帆风顺，常常"行至水穷处"。所以，能够一直向前走，是智慧。若看到前方是绝路，主动转身给自己找到更好的出路，便是大智慧。2009 年春节联欢晚会上，青年魔术师刘谦显得引人注目，但是同样以魔术著称的大卫·科波菲尔，却如同一条反方向游的鱼，在成功的路上走出了一条属于他自己的路。

　　某杂志里有过这样一篇文章，其中写道：

　　从小他是个腼腆内向的孩子，和他一样大的孩子都不喜欢和他在一起，因为他什么也不会。每次考试，他都是倒数几名。老师不想让他回答问题，因为他总是羞涩地说不知道。大家认为他是笨蛋，是个白痴。伙伴们嘲笑他，说他永远和失败在一起，是失败的难兄难弟。邻居们说，这个孩子将来注定一事无成。父母听到这样的话，暗暗为他担心。

　　他努力过，可是收效甚微，自己在学业方面取得的进步近乎为零。但是，他还是在不断苦读。每天，他醒来后都害怕上学，害怕被嘲笑。周末，他坐在自家的门前，看着草地上喜笑颜开的男孩们，感到自己的未来一片渺茫。

　　时间在一天天地流逝，学校也在考虑劝其退学。

　　一次，他看到一个老人为了一张被老鼠咬坏的一美元钞票而痛哭不已。为了不让老人伤心，他悄悄回家将自己平时积攒的硬币换成一张一美元的钞票，交给了老人，说，这是他用魔法变回来的。老人激动不已，说他是个善良聪明的孩子。

　　父亲知道这件事后，认为自己的孩子还不是个笨到家的人。接下来的这天，是他永远不会忘记的。

　　父亲要带他出门，目的地是波士顿。他说，我们分头走，你先走，我们半个小时后会和。他听后，向前走去。途中几次回头却始终没有看到父亲的身影。可是等他到达目的地的时候，父亲已经先在那里了。他十分惊讶父亲是如何到达的。

父亲说："我是从反方向来的。"

父亲又说："只要我们能到达目的地，管它用什么方式呢！孩子，就像你学业不成功，并不代表你在其他方面都不能成功。换一个方向，向相反的路走，也许会成功的！"此时，他猛然醒悟。

随后，他看到很多人为了自己的理想不能实现而痛苦不已，就想假如自己用魔法帮助他们实现，即使是假的，但起码从精神上减轻了他们的痛苦。

从此，他对魔术表现出浓厚的兴趣，并跟随一些魔术师学习魔术。

他克服心中的怯懦，为自己的梦想开始奋斗。他为了实现自己的梦想而进行的努力受到了父母的鼓励。教他魔术的老师发现他在这方面具有很高的悟性，学东西很快，而且每次在原有的基础上都能创新。很快老师的技巧便被他学光了，他不得不换老师。就这样，短短的两年时间里，他换了四个魔术老师。

他就是大名鼎鼎的魔术师大卫·科波菲尔，一个匪夷所思的成功人士。

有人问他是怎么成功的，大卫·科波菲尔说："父亲告诉我，相反的方向也能成功。当人们都在向前的道路上拥挤时，我选择了悄悄撤退。"

人生很漫长，前方没有出路的时候，我们可以选择转身，因为在后方，我们同样可以续写更多更好更完美的篇章。但是，说起来容易，做起来却是很困难的。因为在生活中，人们一旦形成了某种认知，就会习惯性地顺着这种定式思维去思考问题，习惯性地按老办法想当然地处理问题，不愿也不会转个方向解决问题，这是很多人都有的一种愚顽的"难治之症"。这种人的共同特点是习惯于守旧、迷信盲从，所思所行都是唯上、唯书、唯经验，不敢越雷池一步。而要使问题真正得以解决，往往要废除这种认知，将大脑"反转"过来。

当今社会，大多数企业都喊出了"换个方向就是第一"、"做一条反方向游的鱼"的口号，因为人们已经发现了，随着社会竞争越来越激烈，单靠传统的思想与做法是不可能有多少成功的胜算的。所以，调转方向，开辟一条全新的道路，不失为一种求发展的良策。所以，当人们开始为了找不到工作而发愁的时候，完全可以尝试着自己创业。

不要以为机会总在前方等我们，有时候，恰恰是我们最固执的时候，它跑到了我们的身后，轻轻地拍了拍我们的肩膀。

· 第四节 ·

要改变命运，先改变自己

有自知之明的人才接近完美

看清你自己是你成功的必然，你不能因为境况的不如意而迷迷糊糊、浑浑噩噩地度日。只有正确地认识自己，评价自己，找到不足和差距，你才能不断取得进步，走出困境，走向成功。

多年前的一个傍晚，一位叫亨利的青年移民，站在河边发呆。那天是他30岁生日，可他不知道自己是否还有活下去的必要。因为亨利从小在福利院长大，身材矮小，长相也不漂亮，讲话又带着浓厚的法国乡下口音。所以他一直很瞧不起自己，认为自己是一个既丑又笨的乡巴佬，连最普通的工作都不敢去应聘，没有工作，也没有家。

就在亨利徘徊于生死之间的时候，与他一起在福利院长大的好朋友约翰兴冲冲地跑过来对他说："亨利，告诉你一个好消息！"

"好消息从来不属于我。"亨利一脸悲戚。

"不，我刚刚从收音机里听到一则消息。拿破仑曾经丢失了一个孙子，播音员描述的相貌特征，与你丝毫不差！"

"真的吗，我竟然是拿破仑的孙子？"亨利一下子精神大振。联想到爷爷曾经以矮小的身材指挥着千军万马，用带着泥土芳香的法语发出威严的命令，他顿时感到自己矮小的身材同样充满力量，讲话时的法国口音也带着几分高贵和威严。

第二天一大早，亨利便满怀自信地来到一家大公司应聘，他竟然应聘成功了。

20年后，已成为这家公司总裁的亨利，查证自己并非拿破仑的孙子，但这早已不重要了。

人贵有自知之明，更可贵的是真正了解自己，战胜自己，驾驭自己。自以为自知同真正自知不同，自以为了解自己是大多数人容易犯的毛病，真正了解自己是少数人的明智。人生如秤：对自己的评价秤轻了容易自卑，秤重了又容易自大，只有秤准了，才能实事求是、恰如其分地感知自我，完善自我，对自己了然于心，知道自己能吃几碗干饭，有几许价值，才能做到有自知之明。可现实中人们常常秤重自己，过于自信和自重，总觉得高人一等，办事忽左忽右，不知轻重，而造成不必要的失败。当然也有秤轻自己的人，其表现为往往自轻和自贱，多萎靡少进取，总以为自己不如人，而经常处于无限的悲苦之中。

古人云："吾日三省吾身。"就是说，自知之明来源于自我修养和慎独。因为自省才能自制自律，自律才能自尊自重，自重才能自信自立。自尊为气节，自知为智慧，自制为修养。人具备了自知之明的胸臆和襟怀，其人格顶天立地，其行为不卑不亢，其品德为人称道，其事业左右逢源。在人生道路上，就能经常解剖自己，自勉自励，改正缺点，量知而思，量力而行，及时把握机遇，不断创造人生的辉煌。

自知之明与自知不明一字之差，两种结果。自知不明的人往往昏昏然，飘飘然，忘乎所以，看不到问题，摆不正位置，找不准人生的支点，驾驭不好人生命运之舟。自知之明关键在"明"字，对自己明察秋毫，了如指掌，因而遇事能审时度势，善于趋利避害，很少有挫折感，其预期值就会更高。

在遭遇挫折的时候，不要妄自菲薄，也不要自视过高，正确地衡量自己，读懂自己，发现不足，弥补缺陷，你就能改变现状，获得成功。

不要太看重生活中的得失

很多人因为生活中的得失而备受折磨，其实有得必有失，一时的得失不会影响人生的进程，你如果总是把一时的得失挂在心头，不能自释，生命的水流可能就会在那一刻停滞不前。

有一位金代禅师非常喜爱兰花，在平日讲经之余，花费了许多的时间栽种兰花。有一天，他要外出云游一段时间，临行前交代弟子要好好照顾寺里的兰花。在这段时间里，弟子们总是细心照顾兰花，但有一天在浇水时却不小心将兰花架碰倒了，所有的兰花盆都打碎了，兰花撒了满地。因此弟子们都非常恐慌，打算等师父回来后，向师父赔罪领罚。金代禅师回来了，闻知此事，便召集弟子，不但没有责怪他们，反而说道："我种兰花，一来是希望用来供佛，二来也是为了美化寺庙环境，不是为了生气而种兰花的。"

金代禅师说得好："不是为了生气而种兰花的。"禅师之所以能如此，是因为他虽然喜欢兰花，但心中却无兰花这个障碍。因此，兰花的得失，并不影响他心中的喜怒。

养兰花是为了娱情，如果因失去兰花而失去心理的平衡，那就不如不种兰花。

在日常生活中，因为我们牵挂得太多，我们太在意得失，所以我们的情绪起伏不定，我们不快乐。在生气之际，我们如能多想想："我不是为了生气而学习的""我不是为了生气而工作的""我不是为了生气而交朋友的""我不是为了生气而恋爱的""我不是为了生气而打球的",那么我们会为我们的心情开辟出另一番天地。

坦然面对生活的不幸

在人生路途上,谁不会遇到不顺心的事呢?生活不顺心,可能使你心情烦躁,情绪低落,细细想一想,你把自己的心情搞得很糟,对事情的处理又能起到什么作用呢?与其这样,还不如心怀坦然,然后再想办法解决问题,走出不顺。

张伟被董事长任命为销售经理,这个消息大大出乎同事们的意料。谁都知道,公司目前的境况不佳,这个销售经理的职务更显得重要了。公司迫切需要拓展业务以求生存,也正因为这个原因,这个位置一直没有找到合适的人选。与其他几个较有资历的同事相比,言不出众、貌不惊人的张伟并无多少优势可言。

很快有好事者传说,张伟的提升,得益于前些日大厦电梯的突然停电。那天晚上公司里加班,近9点时总算结束了,张伟走得最迟,在电梯口遇到了董事长等人,当电梯运行时因停电卡住了,一片漆黑在寒夜里更显得凄冷,时间一分钟一分钟过去,大家开始抱怨,两个不知名的小女生更显得不安起来。这时闪出了一小串火苗,是从打火机发出的,人们立刻安静下来。在近一个多钟头的时间里,只有张伟的打火机忽亮忽灭,而他什么也没说。

对张伟的提升有些人不服。不久后,董事长在公司员工的一次会议上对此解释道:"因为他点燃手中仅有的火种,而不像有些人那样在抱怨诅咒这不愉快的事件和黑暗,我们公司要走出低谷,而不被一时的困境压倒,需要张伟这样的人。"

故事中的董事长很有知人之明。

在我们陷入困境时,一味地埋怨和诅咒是无济于事的,那只会让我们变得更加沮丧而觉得无望。与其苦苦等待，不如点燃自己手中仅有的"火种"和希望，去战胜黑暗，摆脱困境，为自己创造一个光明的前程。

坦然面对生活的不幸，当你面对困境时，这是你首先要做的事。

要改变命运，先改变自己

生活不如意的人，总会认为自己的命不好。其实，命运就掌握在你自己手中，你的命运只有你自己才能改变。要想改变你的命运，必须先改变你自己。

是改变你的世界，还是让世界改变你？

年轻人经常谈到这个问题，你如果想改变你的世界，首先就应该改变你自己。如果你是正确的，你的世界也会是正确的。这就是积极态度所谈及和强调的主要问题。

绿草如茵的草地上，住着一群羊，还住着一群狼。对这群羊来说，狼吃羊是天经地义的事，每隔几天总有些羊被吃掉。日子就这样过下去。

直到有一天，一只叫奥托的羊想：为什么羊要被狼吃掉？羊可不可以不被狼吃？于是它去问其他羊。

第一只羊说："自古以来就是这样。"

第二只羊说："因为狼比我们聪明。"

第三只羊说："因为狼比我们跑得快，也比我们合群。"

第四只羊说："狼比我们学得快，也学得好，我们永远不可能超过它们。"

经过不断地询问，收集资料及深入思索研究，奥托终于明白，只要羊学得比狼快、比狼好，羊就不会被吃掉，而且这是经过努力可以做得到的。于是，它召开羊群大会，告诉所有的羊它的梦想。

后来，它们共同行动，努力学习，尽可能快跑，还根据每到雨季狼不来吃羊的现象，找出狼不会游水的特性，又在居住地周围挖出一条护城河，筑起堤坝，现在，在绿草如茵的家园，这群羊过着幸福快乐的日子。

人生中不如意者十之八九，很多人都会慨叹命运不公，同时又感叹那些有车有房者命真好。其实，命运何尝厚此薄彼，每个人的命运都掌握在自己手中。只要你充分发挥自己的主观能动性，主动改变自己，那么你的命运也会随之改变。

人生没有借口

不要总给自己找借口，借口让人活得心安理得，也让人活得虚无缥缈。不要总给自己找借口，借口不是生活的必需品，坦诚直率的人不需要它。也许某日，我们为搪塞什么事，为了不失面子被它击溃。可是，你想过吗？我们由此失去了良心一角。

一个漆黑、凉爽的夜晚，坦桑尼亚的奥运马拉松选手艾克瓦里吃力地跑进了墨西哥市奥运体育场，他是最后一名抵达终点的选手。

这场比赛的优胜者早就领取了奖杯，庆祝胜利的典礼也早已结束，因此，艾克瓦里一个人孤零零地抵达体育场时，整个体育场已经空荡荡的。艾克瓦里的双腿沾满血污，绑着绷带，他努力地绕完体育场一圈，跑到终点。在体育场的一个角落，著名的纪录片制作人格林斯潘远远看着这一切。接着，在好奇心的驱使下，格林斯潘走了过去，问艾克瓦里，为什么这么吃力地跑至终点？这位来自坦桑尼亚的年轻人轻声地回答说："我的国家从两万多公里之外送我来这里，不是仅仅叫我在这场比赛中起跑的，而是派我来完成这场比赛的。"

没有任何借口，没有任何抱怨，职责就是他一切行动的准则。

不找任何借口看似冷漠，缺乏人情味，但它可以激发一个人最大的潜能。无论你是谁，在人生中，无须找任何借口，失败了也罢，做错了也罢，再妙的借口对于事情本身也没有用处。

要成功，就不要给自己寻找借口，不要抱怨外在的一些条件，当我们抱怨的时候，实际上是在为自己找借口。而找借口的唯一好处就是安慰自己：我做不到是可以原谅的。但这种安慰是有害的，它暗示自己：我克服不了这个客观条件造成的困难。在这种心理暗示的引导下，我们就不再去思考克服困难、完成任务的方法，哪怕是只要改变一下角度就可以轻易达到目的。

不寻找借口，就是永不放弃；不寻找借口，就是锐意进取……要成功，就要保持一颗积极、绝不轻易放弃的心，尽量发掘出周围人或事物最好的一面，从中寻求正面的看法，让自己能有向前走的力量。即使我们最终失败了，也能汲取教训，把失败视为向目标前进的踏脚石，而不要让借口成为我们成功路上的绊脚石。所以，千万不要找借口，把寻找借口的时间和精力用到努力学习中，成功属于那些不寻找借口的人！

从现在起，就做出改变

一个人如果满足于现状，满足于给别人打江山，那么，他就永远只能是一个优秀的打工仔。要想改变自己受人"折磨"的现状，必须改变你自己。

年轻时的李嘉诚在一家塑胶公司业绩优秀、步步高升，前途一片光明，如果是一般人，也应该心满意足了。然而，此时的李嘉诚，虽然年纪很轻，但通过自己不懈的努力，在他所经历的各行各业中，都有一种如鱼得水之感。他的信心一点一点地开始膨胀起来，他觉得这个世界在他面前已小了许多，他渴望到更广阔的世界里去闯荡一番，渴望能够拥有自己的企业，闯出自己的天下。

于是，李嘉诚不再满足于现状，也不愿意享受安逸。正干得顺利的他准备再一次跳槽，重新投入竞争的洪流，以自己的聪明才智开始新的人生搏击。

他的老板自然舍不得放他离去，再三挽留不止。但李嘉诚去意已决，老板见挽留不住李嘉诚，并未指责他"不记栽培器重之恩"，反而约李嘉诚到酒楼，设宴为他饯行，令李嘉诚十分感动。

席间，李嘉诚不好意思再加隐瞒，老老实实地向老板坦白了自己的计划："我离开你的塑胶公司，是打算自己也办一家塑胶厂，我难免会使用在你手下学到的技术，大概也会开发一些同样的产品。现在塑胶厂遍地开花，我不这样做，别人也会这样做。不过我绝不会把客户带走，不会向你的客户销售我的产品，我会另外开辟销售渠道。"

李嘉诚怀着愧疚之情离开塑胶公司——他不得不走这一步，要赚大钱，只有靠自己创业。这是他人生中的一次重大转折，他从此就一去不回头，迈上了充满艰辛与希望的创业之路。

正是要求改变现状的欲望改变了李嘉诚的一生。你是否有改变自己的强烈欲望？你是否有做富人的雄心大志？

人都有一种思想和生活的习惯，就是害怕自己的环境改变和思想变化，喜欢做大家经常做的事情，不喜欢做需要自己变化的事情。所以，很多时候，我们没有抓住机会，并不是因为我们没有能力，也不是因为我们不愿意抓住机会，而是因为我们恐惧改变。人一旦形成了习惯的思维定式，就会习惯地顺着定式的思维思考问题，不愿也不会转个方向、换个角度想问题，这是很多人的一种愚顽的"难治之症"。比如说看魔术表演，不是魔术师有什么特别高明之处，而是我们大伙儿思维过于因循守旧，想不开，想不通，所以上当了。让一个工人辞职去开一个餐厅，让一位教师去下海，他不愿意的几率大于70%，因为他害怕改变原来的生活和工作的状态。能够勇敢地主动变化，很大程度上是超越了自己，也比较容易获得成功。比尔·盖茨就是一个活生生的例子，比尔·盖茨还是一名学生的时候，在学校过着非常舒适的大学生活，如果走出校园去创业，就是一个很大的变化，但是比尔·盖茨毅然决定改变现状，他凭着自己的才华和毅力终于成为世界上首屈一指的富翁。

在生活的旅途中，我们总是经年累月地按照一种既定的模式运行，从未尝试走别的路，这就容易衍生出消极厌世、疲沓乏味之感。所以，不换思路，不思改变，生活也就很乏味。很多人走不出思维定式，所以他们走不出宿命般的贫穷结局；而一旦走出了思维定式，也许可以看到许多别样的人生风景，甚至可以创造新的奇迹。因此，从舞剑可以悟到书法之道，从飞鸟可以造出飞机，从蝙蝠可以联想到电波，从苹果落地可悟出万有引力……常爬山的应该去跋山涉水，常跳高的应该去打打球，常划船的应该去驾驾车。换个位置，换个角度，换个思路，寻求改变，也许你的命运就会在一瞬间得到改变。

从现在起，就做出改变吧！

一定要从"小钱"起步

现在社会上的一些年轻人，心态往往都很浮躁，他们看不起"小钱"，他们都认为那种指点江山、激扬文字的"大手笔"才是一个成功者的形象。

其实，很多成功者和富翁都是从"小钱"开始的，小钱才能累积出大钱来。

美国佛罗里达州的一名 13 岁学生萨科特，曾经替人照看婴儿以赚取零用钱。留意到家务繁重的婴儿母亲经常要紧急上街购买纸尿片，于是他灵机一动，决定创办打电话送尿片公司，只收取 15% 的服务费，便会送上纸尿片、婴儿药物或小件的玩具等东西。他最初给附近的家庭服务，很快便受到左邻右舍的欢迎，于是印了一些卡片四处分送。结果业务迅速发展，生意奇佳，而他又只能在课余时间用单车送货，于是他用每小时 6 美元的薪金雇用了一些大学生帮助他。现在他已拥有多家规模庞大的公司。

2006 年被美国《财富》杂志评为美国第二大富豪的巴菲特，被公认为股票投资之神。他也是以"小钱"起家的典型。巴菲特在 11 岁就开始投资第一张股票，把他自己和姐姐的一点小钱都投入股市。刚开始一直赔钱，他的姐姐一直骂他，而他坚持认为持有三四年才会赚钱。结果，姐姐把股票卖掉，而他则继续持有，最后事实证明了他的想法是正确的。

巴菲特 20 岁时，在哥伦比亚大学就读。在那一段日子里，跟他年纪相仿的年轻人都只会游玩，或是阅读一些休闲的书籍，但他却大啃金融学的书籍，并跑去翻阅各种保险业的统计资料。当时他的本钱不够而他又不喜欢借钱，但是他的钱还是越赚越多。

1954年他如愿以偿到葛莱姆教授的顾问公司任职，两年后他向亲戚朋友集资10万美元，成立自己的顾问公司。该公司的资产增值30倍以后，1969年他解散公司，退还合伙人的钱，把精力集中在自己的投资上。

巴菲特从11岁就开始投资股市，历经几十年坚持不懈。因此，他认为，他今天之所以能靠投资理财创造出巨大财富，完全是靠近60年的岁月，慢慢地创造出来的。

比尔·盖茨强调，千万别自大地认为你是个"做大事，赚大钱"的人，而不屑去做小事，赚小钱。要知道，连小事也做不好，连小钱也不愿意赚或赚不来的人，别人是不会相信你能做大事，赚大钱的！你如果抱着这种只想"做大事，赚大钱"的心态去投资做生意，那么失败的可能性很高！

一个人一生的时间其实很短，如果你把这很短的时间都用在等待那所谓的"大钱"身上，时间很快就会过去，只能在老之将至时徒留后悔。

恐怕现在的年轻人都不愿听"先做小事赚小钱"这句话，因为他们大都雄心万丈，一踏入社会就想做大事，赚大钱。

当然，"做大事，赚大钱"的志向并没什么错，有了这个志向，你就可以不断向前奋进。但说老实话，社会上真能"做大事，赚大钱"的人并不多，更别说一踏入社会就想"做大事，赚大钱"了。

事实上，很多成大事，赚大钱者并不是一走上社会就取得如此业绩，很多大企业家就是从伙计当起，很多政治家是从小职员当起，很多将军是从小兵当起，人们很少见到一走上社会就真正"做大事，赚大钱"的！所以，当你条件普通，又没有良好的家庭背景时，"先做小事，先赚小钱"绝对没错！你绝不能拿机遇赌，因为"机遇"是看不着抓不到，难以预测的！

"先做小事，先赚小钱"可以使你在低风险的情况之下积累工作经验，同时你也可以借此了解自己的能力。当你做小事得心应手时，就可以做大一点的事。赚小钱既然没问题，那么赚大钱就不会太难！何况小钱赚久了，也可累积成"大钱"！

此外，"先做小事，先赚小钱"还可培养自己踏实的做事态度和正确的金钱观念，这对日后"做大事，赚大钱"以及一生都有莫大的助益！

第六章
不抱怨的身体

· 第一节 ·

不抱怨的身体来自健康的生活理念

健康比金钱更重要

如果问一个人什么最重要，他可能会说财富、名誉、知识、机遇……但是细想来，健康往往比财富和名誉更重要。人如果没有了健康，就失去了享受财富与名誉的资本。

年轻人总是以为自己正是身强体壮的好时候，就不用注意健康了，殊不知很多疾病都是年轻时不注意导致的。所以，我们一定要对自己的健康进行投资。虽然年轻的时候正是为了事业打拼的时候，但是工作之余也一定要注意休息，不然就会事倍功半。

数年前，美国 IMG 公司聘用了一位精力充沛的女业务员，负责在高尔夫球场及网球场上的新人当中发掘明日之星。美国西岸有位网球选手特别受她赏识，她决定招揽对方加盟 IMG 公司。从此，纵使每天在纽约的办公室忙上 12 小时，她依然不忘时时打电话到加州，关心这个选手受训的情形。

他到欧洲比赛时，她也会趁着出差之际抽空去探望，为他打理打理。有好几次，她居然连续三天都未合眼，忙着飞来飞去，追踪这个选手的进步状况，虽然手边还有一大堆积压已久的报告。可悲的事终于在法国公开赛上发生了。照原订日程，这位女业务代表不必出席这项比赛，但是她说服主管，为了维持与那位年轻选手的关系，她要求到场。主管勉强应允，但要求她得在出发前把一些紧急公务处理完毕，结果她又几个晚上没合眼。

最后，她终于登上了飞往巴黎的飞机，但时差及重大赛事产生的压力感随之而来，这位非常积极能干的女士到最后已是大脑空空。抵达巴黎当天，在一个为选手、新闻界与特别来宾举行的宴会上，她依旧盯着那位美国选手，并且时时为他引见一些要人。当时是瑞典名将柏格独领风骚的年代，他刚好又是 IMG 公司的客户，也是那位年轻选手的偶像，自然她就介绍了他俩认识，然而，令人难堪的事却发生了。柏格正在房间与一些欧洲体育记者闲聊，她与年轻选手迎上前去。

对方望向这边时，她说："柏格，容我介绍这位……"天哪！她居然忘了自己最得意的这位球员的姓名！她实在是精疲力竭，过度疲劳使她大脑刹那间一片空白。好在柏格有风度，尽力设法打圆场，解决了尴尬场面，可是这位年轻选手却面红耳赤，张口结舌，心中更是难过得不得了，从此他再也不相信 IMG 的业务代表是真心对他了。

可悲的是，她一片苦心，却由于疲劳过度这单纯的因素而造成无可挽回的失误。她发掘的这位选手后来果真打入世界排名前十名，却从此再也不是 IMG 公司的客户了。

休息是工作的一部分，休息就是修补。只有保证了身体的健康，才能保证工作的效率与质量。充沛的体力和精力是成就伟大事业的先决条件，这是一条铁的法则。虚弱、没精打采、无力、犹豫不决、优柔寡断的年轻人，虽有可能过上一种令人尊敬和令人羡慕的高雅生活，但是他很难再往上爬，很难成为一个领导者，也几乎不可能在任何重大事件中走在前列。

身体和精神是息息相关的。一个有八分天才的身强体壮者所取得的成就，可以超过一个有十分天才的体弱者所取得的成就。所以说，生命中最重要的奖赏是健康、坚强和健壮。人并不是必须要有很大的块头和威武的外表，但一定要具有旺盛的生命力和巨大的精神力量。这种力量体现在布瑞汉姆领主连续工作 176 个小时的狂热中，体现在拿破仑 24 小时不离马鞍的精神中，体现在富兰克林 70 岁高龄还露营野外的执着中，体现在格莱斯顿以 84 岁的高龄还能紧握船舵，每天行走数公里，到了 85 岁时还能砍倒大树的状态中。

可是现在，由于都市生活的高压与紧张，很多人的身体都处于亚健康状态。这其中的很多人有一种错误的观念，就是认为等有了病再去医院治疗。其实很多的疾病在早期是很难被发现的，而有些疾病一旦发病医院也无法治愈。比如，脑血栓、肾脏疾病、肝脏疾病、糖尿病、肿瘤、癌症等。

当人的生命受到威胁时，花钱就不会心痛。因为这时候我们才会发现：我们已经没有资格与自己的健康讨价还价了。很多人终其一生都是在给医院打工，透支自己的健康来换取金钱、权位，前半生拿命换钱，后半生拿钱换命。这样看来，我们莫不如在年轻的时候就注意休息，有一个健康的身体。健康的身体，才是我们享受幸福的最基本保障。

失去健康你就失去一切

很少有人能够彻底明白体力与事业的关系是怎样密切。人们的每一种能力、每一种精神机能的充分发挥，与人们的整个生命效率的增加，都有赖于体力的充沛。

体力的充沛与否，可以决定一个人的勇气与自信心的有无；而勇气与自信心，是成就大事业的必需的条件。体力衰弱的人，多是胆小、寡断、无勇气的。

要想在人生的战斗中得到胜利，第一个条件，就是每天都能以一副体强力健的身体、精神饱满的状态去对付一切。

对于整个生命所系的大事业，你必须付出你的全部力量才能成功。只发挥出你的一小部分能力从事工作，工作一定是干不好的。你应该以一个精干、健壮、完全的"人"去从事工作，工作对于你，是乐趣而不是痛苦；你对于工作，是主动而不是被动。假如你因为生活不谨慎而以一个精疲力竭的身体去从事工作，你的工作效率自然要大减。在这种情形之下，你所做的一切，将都带着"弱"的记号，这样，成功是难以得到的。

许多人，就失败在这点上——工作、创业时，不能发挥出其全部的力量——生活力低下、精神衰弱、心理动摇、步骤不定、情绪波动的人，自然永远不能开创出什么了不起的事业来。

聪明的将军，不肯在军士疲乏、士气不振时，统率他们去应付大敌。他一定要秣马厉兵，然后才肯去参加大战。在人生的战斗中，能否得到胜利，就在于你能否保重身体，能否保持你的身体处于良好的状态。假如在你的血液中没有火焰的燃烧，在你的身体中没有精神的储存，则你在人生战斗中一经打击，就会失败。

一个人有大志，有绝对的自信，而同时又具有足以应付任何境遇，适应任何事变的旺盛的体力，则他一定能够从那些烦闷、忧虑、疑惧等种种精神束缚中解脱出来。

旺盛的体力可以增强人们各部分机能的力量，而使其效率、成就较之体力衰弱的时候大大增加。强健的体魄，可以使人们在事业上处处得到便利，得到帮助。

凡是有志成功、有志上进的人，都应该爱惜、保护体力，而不能稍许浪费在不必要的地方，因为体力的浪费，将减少我们成功的可能性。世间有不少有志于成大事的人，因没有充沛的体力为后盾，以致壮志未酬身先死。然而世间又另有大批的人，有着充沛的体力却不知珍重，任意浪费在无意义、无益处的地方，而摧毁了珍贵的身体资本。

美国的罗斯福总统曾说："我是一个软弱多病的孩子。但我后来决意恢复我的健康，我立志要变得强健无病，并竭尽全力以做到这点。"

身心不断地活动，是祛病健身的最好处方。要保持健康，必要的活动是绝对前提。所以，经常活动有助于增进你的健康。

良好的生活习惯带来健康

毋庸置疑，健康和富足可以给我们带来快乐，这种快乐是单纯而美好的。但健康和富足通常来源于你个人的努力和习惯，就如同拿破仑·希尔所说："健康和富足都是习惯的产物。所以我们只有远离不良生活习惯，自己获得身心健康，才会轻轻松松地获得这种再简单不过的快乐。"

有两个人，一个是体弱的富翁，一个是健康的穷汉。两人相互羡慕着对方。富翁为了得到健康，乐意出让他的财富；穷汉为了成为富翁，随时愿意舍弃健康。

一位闻名世界的外科医生发现了人脑的交换方法。富翁赶紧提出要和穷汉交换脑袋。其结果，富翁会变穷，但能得到健康的身体；穷汉会富有，但将病魔缠身。

手术成功了。穷汉成为富翁，富翁变成了穷汉。

但不久，成了穷汉的富翁由于有了强健的体魄，又有着成功的意识，渐渐地又积起了财富。同时，他总是担忧着自己的健康，一感到些微的不舒服便大惊小怪。由于他总是那样担惊受怕，久而久之，他那极好的身体又回到原来那多病的状态里，或者说，他又回到了以前那种富有而体弱的状况中。

那么，另一位新富翁又怎么样呢？

他总算有了钱，但身体羸弱。然而，他不想用换脑得来的钱建立一种新生活，而不断地把钱浪费在无用的投资里，应了"老鼠不留隔夜食"这句老话。

钱不久便被挥霍殆尽，他又变成原来的穷汉。然而，由于他无忧无虑，换脑时带来的疾病也不知不觉地消失了。他又像以前那样有了一副健康的身子骨。

最后，两人都回到了原来的模样。

由此，希尔指出："健康和富足都是习惯的产物。"所以，为了有一个健康的身体，我们应该做到：

1. 要戒烟。

吸烟者应自觉遵守公共场所"禁止吸烟"的规定，即使是在家里也应坚持不吸烟，这样，不仅有助于增进"烟民"的健康，同时也有助于增进亲人的健康。

2. 注意劳逸结合。

缓解工作中的压力，调好工作节奏，做到有张有弛。可以通过自己的业余爱好，如集邮、收藏、钓鱼、跳舞、旅游等方法，缓解紧张情绪。

3. 良好饮食习惯。

食物的功能在于供给我们活动所需要的能源，你的饮食习惯应该以此为唯一目标。如果把消化系统想象成一座工厂，则为了使它能正常运转，必须供给它不同的原料。如果配料不当，则工厂很可能无法完成制造任务，或是制造出一些有瑕疵的产品，甚至有些原料会积存在各个角落，以致工厂的中的各种原料开始腐烂，最后墙崩屋垮。

随着科学家对人体愈来愈了解，关于食物营养方面的资讯也愈来愈丰富。你应该随时注意有关饮食的信息。以下是几点可帮助你达到饮食平衡的方法：

（1）新鲜水果和蔬菜应该占所吃食物中的最大比例，它们含有相当丰富的维生素和高效物质，而人体最容易吸收这些物质。

（2）你应多吃的第二种食物就是碳水化合物，诸如面包、谷物和马铃薯等。

（3）蛋白质（诸如瘦肉、鱼和乳酪）是非常重要的食品，但不宜吃得太多，每天食用少量即可。

（4）避免油性食物，限制牛油和食用油的食用量，并且拒绝吃油炸食物，同时也应少吃糖类食物，像糖果和可乐之类。

此外你还应摄取不同的食物，以满足身体不同的需要，不要偏食，但应该拒绝不当的饮食方法。

切勿在生气、受到惊吓或担心时吃东西，因为当你在备战状态时，你的身体便无法充分吸收所吃食物的营养，尤其不可养成一紧张就想吃东西的习惯，因为这样只会使你变胖。

4. 运动。

最理想的情况是把运动当作放松自己和娱乐的一种方式。放松和娱乐对你的思想能力有很大的影响，而运动除了能保持身体健康之外，对思想同样也会有所帮助。

你应每周至少做三次体操，每次 20 分钟。运动是身体和心理最好的刺激物，它对于清除负面影响因素有很大的助益。体育训练已成为了解人类潜力的重要方法，并且可以培养出一些有助于你追求成功的技巧。

不要靠酒精消愁

李长顺 24 岁丧妻，膝下无子，不知什么原因，他一直没有再娶。有人曾好奇地问过他，他什么都不说；人们再问他，他扭头就走。人们都说他是个怪人。

李长顺喝酒有个习惯。他自己可以在值班期间狂喝海饮，但他绝不让他手下的 7 个小电工沾一滴酒。只要看到他们谁偷偷喝酒，他不仅严厉呵斥，而且还责令其写检查。手下的人为此深感不解。

一天晚上，正值电工小路值班，当他路过李长顺的办公室的时候，看到喝着酒嘴里还在不停地念叨着什么的班长。好奇心驱使小路走进了他的办公室。

小路真诚地劝说班长不要喝那么多酒，酒多伤身，并且让他多注意身体。

听到这里，平时挺严肃的李长顺，突然放下手中的酒杯抱头大哭。一会儿，李长顺抬起头说："你知道我为什么爱喝酒吗？有谁知道我心里的苦啊……"

原来，李长顺的妻子当年很漂亮，追求她的人很多，李长顺是通过朋友介绍认识她的。在那么多的追求者当中，李长顺靠的就是人老实、不喝酒赢得了妻子的欢心。

其实，当时李长顺很爱喝酒，只不过认识妻子的那段时间，母亲有病，李长顺那点微薄的工资全部用在给母亲买药上，没有多余的钱买酒。

结婚后，随着生活的好转，李长顺的酒瘾犯了，为此妻子经常和他吵架。

一次，李长顺因酒后工作出了事故，被调到离县城很远的一个山区乡镇。那段时间，李长顺很消沉。听邻居说丈夫消瘦了很多，平时极力反对丈夫喝酒的妻子特意备了两瓶酒去看望李长顺。从此每个月的第一个星期天，妻子都会带酒去看望李长顺。

又盼到了妻子送酒的星期天，李长顺一直等到下午4点多，但是连妻子人影也没有看到。傍晚听一位同事说，上午县城来的一辆班车出了车祸，车上人全部遇难。李长顺来不及听同事细讲，就朝出事地点奔去。还没找到妻子人影，就闻到一股扑鼻的酒味……

从此，酒成了李长顺生命里的唯一依靠，也只有在喝醉的时候，才能看到妻子微笑着向他走来。

李长顺的遭遇只是酒精给人们带来伤害的九牛之一毛，长期大量饮酒还会导致慢性酒精中毒，对人体造成多方面的损害，比如视力减退。如前所述，酒中甲醇继续分解出来的甲醛对人的视网膜有特殊毒性，长期痛饮，视网膜会持久受到伤害，就会使视力迅速减退，甚至失明，还会引起营养缺乏。酒精过多会抑制食欲,好酒的人常常多饮(酒)少吃(菜)就是例证。

同时，酒类所含有的热量是没有营养成分的，酒后发热，还会消耗体内原有的大量热能，大多数饮酒成瘾的人还会产生一些心理问题。很多人把喝酒作为一种逃避现实的方法，但是这通常是以牺牲了健康为代价的。所以我们必须要解决酒依赖的问题，必须重视心理健康。

李白诗曰："抽刀断水水更流，举杯消愁愁更愁。"古人都知道，酒只起到一时的麻痹作用，为什么还有那么多人依赖酒呢？当断则断，告别酒杯，过一个清醒的人生吧！

酗酒对个体和社会的危害极大，因此对滥喝酒者和依赖酒者必须进行治疗和戒酒指导。常用的方法有：

1. 认知疗法。通过影视、电台、图片、实物、讨论等多种方式，让嗜酒者端正对酒的态度，认识到适量饮酒有益，过量饮酒有害，逐步控制饮酒量。

2. 厌恶疗法。对嗜酒成瘾的患者的饮酒行为附加一个恶性刺激，使之对酒产生厌恶反应，以消除饮酒欲望。

3. 家庭治疗。酗酒往往给家庭带来不幸，但对其进行制约的最好环境也是家庭。因此家庭成员应帮助患者，让其了解酒精中毒的危害，为其树立起戒酒的决心和信心，并与患者签好协约，定时限量给其酒喝，循序渐进地戒除酒瘾。同时创造良好的家庭气氛，用亲情温情去解除患者的心理症结，使之感受到家庭的温暖。

4. 集体疗法。患者可参加各种戒酒者协会，进行自我教育及互相约束与帮助，达到戒酒目的。国外有各种各样的嗜酒者互诫协会，譬如日本有民间的断酒会。这些组织每周聚会 1 ~ 2 次，讨论戒酒方法，介绍戒酒经验，并互相勉励。

学会忙里偷闲，张弛有度

这是一个令人难以置信的事实：日常的工作并不会让人感到疲倦，大多数疲劳现象源于精神或情绪的状态。

英国著名的精神病理学家哈德菲尔德在其《权力心理学》一书中写道："大部分疲劳的原因源于精神因素，真正因生理消耗而产生的疲劳是很少的。"

著名精神病理学家布利尔更加肯定地宣称："健康状况良好而常坐着工作的人，他们的疲劳 100% 是由于心理的因素，或是我们所谓的情绪因素。"

那长期工作者存在的情绪因素是什么？喜悦？满足？当然不是！而是厌烦、不满，觉得自己无用、奔波、焦虑、忧烦等。这些情绪因素会消耗掉这些人的精力，使他们容易患感冒、精力衰退，每天带着头痛回家。不错，是我们的情绪在体内制造出紧张而使我们觉得疲倦。

为什么你在工作时会感到疲劳呢？丹尼尔·乔塞林说道："我发现症结在哪里了——几乎全世界的人都相信，工作认不认真，在于你是否有一种努力、辛劳的感觉，否则就不算做得好。"于是，当我们聚精会神的时候，总是皱着眉头，微耸肩膀，我们要肌肉做出紧绷的动作，其实那与大脑的工作一点也没有关系。

大多数人不会随便地浪费自己的金钱，但是他们却在鲁莽地浪费自己的精力，这是一个令人难以置信却必须承认的事实！那么，什么才是消除精神疲劳的方法？放松！放松！再放松！要学会在工作的时候让自己放松！

古人云："一张一弛，乃文武之道。"人生也应该有张有弛，也应该忙里偷闲。人生就像一条弦，太松了，弹不出优美的乐曲，太紧了，容易断，只有松紧合适，才能奏出舒缓优雅的乐章。

悠闲与工作并不矛盾。处理好二者的关系，最重要的是能拿得起放得下。俗话说得好，磨刀不误砍柴工。该工作的时候就好好工作，该休息放松的时候就玩个痛快。这样才能更好地工作，更好地生活。

工作休闲应该搭配得当，不能忙时累个半死，闲时又闲得让人受不了。可以隔三差五地安排一个小节目，比如雨中散步、周末郊游、烛光晚餐等。适时的忙里偷闲，可以让人从烦躁、疲惫中及时摆脱，从而获得内心的平静和安详。

要养成一种松弛有道的习惯，以最佳的精神状态应对工作，当你进行每天的工作时，就会获得一种放松的状态，更加理性而激情。每天都要练习一会儿，并"详细地记得"放松的感觉。回想你的腿、手臂、背、颈、脸、各处的感觉。想象自己躺在床上，或坐在摇椅上，这样会帮你仔细回想。默默对自己说几次："我觉得愈来愈放松。"这样也有帮助。每天练习几次，你会很惊奇地发现这样不仅能大大减少你的疲乏，还会提高你的办事能力，更因为经常放松，你就可以清除这些干扰，清除紧张和焦虑了。

要学会放松，你可以试试下面的方法：

1. 随时保持轻松，让身体像只猫一样松弛。它全身软绵绵的，就像泡湿的报纸。懂得一点瑜伽的人都知道，要想精通"松弛术"，就要学学懒猫，以优雅、轻松的心态面对人生。

2. 工作的环境要尽量舒适轻松。记住，身体的紧张会导致肩痛和精神疲劳。

3. 每天对着镜子看自己，并且自问："我做事有没有讲求效率？有没有让肌肉做不必要的劳作？"这样会使你养成一种自我放松的习惯。

4. 晚上的时候，回想自己的一天是否有意义，想想看："我感觉有多累？如果我觉得累了，那不是因为劳心的缘故，而是我工作的方法不对。"丹尼尔·乔塞林说过："我不以自己疲累的程度去衡量工作效率，而用不累的程度去衡量。"他说，"一到晚上觉得特别累或者容易发脾气，我就知道当天工作的质量不佳。"如果全世界的工作者都懂得这个道理，那么，因过度紧张所引起的高血压死亡率就会在一夜间下降，我们的精神病院和疗养院也不会人满为患了。

其实，不只是工作，做任何事情都一样，我们都应该学会忙里偷闲，松弛有道。让自己不要劳累，保持一个平和的心态，才能有更好的心情和干劲去做事情。

休息为你赢得好状态

泰戈尔曾说过："休息与工作的关系，正如眼睑与眼睛的关系。"很多人因为想要获得事业上的成功，总是强迫自己无休止地工作。他们拒绝休假，公文包里塞满了要办的公文。如果要让他们停下来休息片刻，他们也会认为纯粹是浪费时间。这些人都成功了吗？没有，他们中很多人不但没有成功，还使自己身心疲惫，有的甚至疏远了亲人，造成家庭的破裂。休息和运动一样重要。如果缺乏休息，身体会积劳成疾。因此，我们把休息称为是对身体的充电。

每当电池快没电时，我们就要及时充电，如此才能确保它继续正常运作。人也一样，经过一天的持续工作之后，我们需要补充能量，否则很难在第二天保持旺盛的精力。

我们要学会休息，以确保自己能有充足的精力去工作。当你感到心力交瘁之时，自己的健康状态和工作能力可能会停滞，你会做出言行不合时宜的举动来。此时你的身体就像一只耗掉大部分电量的蓄电池，无法再如平时一般正常工作。

什么是正确的休息方法呢？一般人可能会认为，最有效的休息方法就是睡眠。许多人因为工作过度繁忙而长期失眠，因此对于自己的疲倦感到无能为力。但事实证明，睡眠并不是唯一的休息方式。

当一个人工作太久了，疲惫和压力就会产生，这时如果不改变一下工作的步调，很可能会造成情绪不稳定、慢性神经衰弱，以及其他的毛病，这时需要调节一下。调节不一定需要休息，从脑力劳动转换去做几分钟体力劳动，从坐姿变为立姿，绕着办公室走一两圈，都可以迅速恢复精力。

另外，人类的心灵需要安静、独处与平和的时间，以利于忘记竞争的压力。因此，你不妨在自己繁忙的时间表上，安排几分钟或十几分钟静坐默想的时间，以获得内心的平静，让自己摆脱竞争的忙碌和工作的压力，退一步看看自己究竟在做什么。

当然，小睡也是一种有效的休息和恢复精力的方法。小睡与正常睡眠不矛盾，它因人而异，有时打个盹儿就能起作用。通常正常的睡眠以能恢复体力即可，不可贪睡，而白天的小睡则是一种既不多占时间又能有效地恢复体力的休息方法。

深呼吸是最简单、最方便的休息。它只需持续两分钟，你所要做的就是深吸——把空气直接送入腹部，让自己切实感到胃部随着吸入的空气而膨胀起来，然后再慢慢呼出来。

我们虽然一直在呼吸，但是由于匆忙，由于不断增强的压力，呼吸变得很浅，因此根本无法获得足够的氧气。

要想克服这种缺氧带来的不良反应，你只需要如上所说，慢慢地深呼吸两分钟，每天重复 3～5 次。

掌握了有效休息的方法，你的工作效率也将大大提高。聪明的人，会挣钱，爱工作，更要会休息。人就像机器，无休止地运行只会死机。

平衡的生活才是幸福的生活

生活平衡一直是我们社会中的一个大问题。即使现在，当大多数人都更容易想到什么才是生活中最重要的东西的时候，我们所说的最重要的东西，同我们为之实际付出的时间和金钱之间仍然存在着差距，有时这种差距还相当巨大。

认真审视一下你的时间的货币价值，回顾一下你是如何花费时间的，这也许能显示出你的生活是否缺少平衡性。按一个星期计算，你的工作时间是多少？用于陪伴家人和朋友的时间是多少？用于自己的休闲、运动、健身的时间有多少？用于精神层面享受的时间又是多少？你是否忙得不可开交，以至于一旦面临危机时就只能手足无措地仓促祈祷，或失魂落魄地苦思冥想？你如果想知道在你自己的生活中这种差距有多大，可以用一个简单的方法快速计算出来。拿出你的计划或日程表，再拿出你的支票簿或信用卡对账单，看一看过去几周内你的时间和金钱都用在了哪些方面，这些是否真的就是对你最重要的东西。

遗憾的是，许多人对这个问题的回答都是否定的，而且后果也清楚地体现在他们的生活中。大多数人能在人生的几个重要的组成部分获取平衡并受益匪浅，这几个重要的组成部分为：朋友和家人、健康运动、家园、个人自我发展、职业或事业、精神领域的享受。

显而易见，职业或事业在大多数人的生活中占有最大的比重。但是在生活有规律的基础上，留出时间给与朋友和家人相聚、参加健身运动、精神领域的享受、安居家园、自我发展也是同样重要的。记录时间日记，能让你看清楚你的时间是如何失衡地分配的，也能让你明白你的生活究竟在哪里失去了平衡。你如果过去对自己的生活状态不清楚，那你永远也无法掌握或调整生活的天平。

不同的人对生活重心的认识不同，总体来说有以下几种观念：

1. 工作重要。

工作远不只是从事某项职业。工作是高质量生活的根本要素，关系到我们如何维持自己和家人的生活，如何表达自己的爱，如何发挥自己的作用，以及如何塑造内心崇高而有创造力的自我。

2. 家庭重要。

家庭是个人幸福的根本要素，也是社会不断发展的根本要素。最重要的"成功"，是在家庭中取得的成功。一代更比一代强是我们为整个社会做贡献的最佳方式。

3. 时间重要。

时间是价值的体现，是生活平衡的反映。我们可以随心所欲地高谈阔论，可以梦想，但最终决定我们是否与众不同的，是我们在每天的生活中做了什么事情和没有做什么事情。我们使用时间的方式，反映了我们能否持之以恒地关注和实现我们的首要目标，能否将最重要的东西体现在日常生活的决策之中。

4. 金钱重要。

金钱也是价值的一种体现，同时几乎还与每一个涉及工作、家庭和时间之间关系的问题存在必然的联系。金钱是别人认为我们的时间和精力所具有的价值的具体体现，也是我们认为可以购买的"东西"所具有的价值的具体体现。花钱就是用过去努力的成果或预支将来的时间作为交换，以改善我们自己和他人现在和将来的生活质量。个人理财可能是我们制定生活纪律、形成生活特质最有用的工具之一。

一些学者在研究这些严峻而深刻的生活平衡问题时发现，有一个特点已经越来越明显：工作、家庭、金钱和时间绝不是相互孤立的领域，人们不能仅凭在其中一个领域不断努力就能获得巨大的成功。这些领域都是一个互相关联、高度复杂的系统的必要组成部分。虽然经济滑坡和战争威胁等事件可能会影响人们关注的重心，使人们的注意力从一个方面转移到另一个方面，但是较长时期内的总体形势和我们自身的经验都证明：工作、家庭、金钱和时间都是非常重要的方面。我们如果不能在以上每一个重要方面都取得一定的成功，就不可能长期保持较高的生活质量。

所以，一个人要想学会生活，就要学会平衡自己的生活。只有把生活的各个方面都平衡好了，你才会幸福，你才会拥有更多。

·第二节·

远离抱怨，维护身心的健康

亚健康，最爱欺负抱怨的人

亚健康是当今社会最让人头疼的问题之一，越来越多的人进入了亚健康状态，他们经常感到疲乏、胃口不好、失眠，主观上觉得身体很不舒服，到了医院却查不出什么毛病，找不到原因。

很多人认为亚健康无关紧要，他们认为这种状态尽管有些不好，但还不至于到影响正常生活的地步。这样的想法是错误的。在亚健康状态中，有两种情况特别要引起重视，一种是"潜病态"，另一种是"前病态"。潜病态是指人体内已有潜在的病理信息，但尚未出现临床症状，也查不出器质性病变。长期以来，人们对"潜病态"的病理信息一直不易或未能识别，现在已经可以借助多种手段识别，然后，采取必要措施将疾病消灭在萌芽状态；前病态即存在于人体内的病理信息已有所表露，但临床上尚不能明确诊断，任其发展便成为疾病。

所以说，亚健康是一种动态的，它有可能会引发更重大的身体问题。所以我们必须要给予重视。

既然亚健康的危害这么严重，那么我们应该做出哪些预防呢？什么人最容易进入亚健康的状态呢？答案是爱抱怨的人。

这里所说的抱怨，不是简单地埋怨别人，而是包括了批评和指责等一切让心里觉得不舒服的言辞。爱抱怨的人有一个习惯，那就是总能从生活中找到不如意的事情，然后经过心理的酝酿使自己形成气愤、委屈、不满等情绪，所以他们的心情总是不好，心态总是悲观消极的。他们所看到的人生是苦闷的，不具备任何的快乐和幸福。在这种精神的引导下，他们会觉得生活中没有任何的乐趣，所以在心理上就会出现疲乏、懈怠、无助、失望等状况，这些不良心理反应到了身体上的时候，就形成了主观上的疾病，也就是亚健康的一种。

我们在前面已经提到了，亚健康呈现一种动态，它不会永远停留在原有的状态中，或者向疾病状态转化，这是自发的；或者向健康状态转化，这是需要自觉的，即需要付出代价与努力。我们如果在心里一直抱怨生活，以悲观、失望的态度来面对人生，那么无疑在心理的导向上，我们已经出现了失误。消极的人生态度，只会将我们推向疾病。

所以，为了防止亚健康继续影响我们的生活，为了将已经存在的亚健康状态引向健康，我们必须放下抱怨的心态，放弃对生活的不满和指责，用乐观的、积极的态度来对待生活。这样，我们就能够从生活中发现很多美好的事物，这些事物激发我们的斗志，让我们产生对生活的激情，心理上的问题消失了，主观上的不舒服也就会减少，导致亚健康的主要原因也就不见了。

压力是个隐形杀手

1993 年 3 月 9 日上午，上海大众汽车公司前总经理方宏，一个在外人看来近乎完美的人物，一个事业兴旺的成功人士，从自己 5 楼的办公室凌空一跃，选择了死亡。方宏的死在相当长的时间里使人迷惑不解，有人追踪了解，从其当医生的妻子口中，证实：方宏死于抑郁症。因为一些干扰自己的事情无法向人诉说，压力渐渐积累，终于到了不能抑制的一天。

英国心理学家查理斯顿认为，抑郁症这种病往往会袭击那些最有抱负、最有创意、工作最认真的人。

类似的例子有很多。宏基董事长施振荣，经常在打球后感到眩晕，需要平躺休息才能恢复，但在很长的时间里，他竟然从未想到过自己可能得了心脏病，直到被迫去做了身体检查，才恍然大悟。2004 年 7 月，曾被誉为"胆大包天"第一人、集团拥有航空、乳业和置业投资三大板块、总资产 35 亿元的均瑶集团董事长王均瑶，因患肠癌医治无效，在上海逝世，年仅 38 岁。这则消息迅速传遍了全国各地。他们在自己事业一帆风顺的时候却因过度劳累而失去生命，究其原因，就是没有正确对待压力，而使自己长期处于"亚健康"状态。

现代社会是一个到处充满压力的社会，有求学的压力，有家庭的压力，有工作的压力。美国精神健康研究所菲利浦·戈尔德说，世界上不存在任何没有压力的环境。要求生活中没有压力，就好比幻想在没有摩擦力的地面上行走一样是不可能的，关键在于怎样对待压力。从事压迫感研究 30 多年的塞利说："现代人要么学会控制压迫感，要么走向事业的失败、疾病和死亡。"

其实，人们一直生活在两种压力中，一是作用于身体的物理压力，如大气压、地心吸引力、心脏压力等，这些压力维持生命形式。二是内在的精神压力，如生存竞争的压力、对危险与死亡的恐惧、人际压力、情绪与情感的压力等，这些压力保持人的警觉（清醒状态）和合适的行为模式。

可见，压力并不都是无益的。研究压力对于人类身心影响的加拿大医学教授赛勒博士曾说："压力是人生的香料。"他提醒我们，不要认为压力只有不良影响，而应转换认知和情绪，多去开发压力的有利影响，本来人类在其一生中，就无法摆脱压力。

我们既然无法逃避压力，就要学会正确对待压力，若无法与压力共存，甚至克服压力来获得回馈，隐藏在身上的这一隐形杀手将使我们患上各种身体与精神疾病。天天受到压力的折磨，不仅对工作人员及其家庭生活造成伤害，同时也将导致企业生产力和竞争力下降，甚至造成无法弥补的损失。

抑郁，心灵上的一次"流感"

抑郁是禁锢人心灵的枷锁，困扰着人们，使人不能在现实的世界中调适自我，只能渐渐地退缩到自己的小天地里，以逃避抑郁。

佳佳是家中的独生女，父母都是知识分子，对她抱有极高的期望。因此，佳佳从小受到的教育要比别人多些，智力开发也比别人早些，学习成绩一直很好，每次考试都是优秀。

但是，期中考试时，佳佳患了重感冒。由于身体不适，精神不振，再加上心情紧张，她有一科没考好，受此影响，后面的其他科考试成绩也不好。尽管佳佳没有考好，但是爸爸妈妈没有责怪她，反而鼓励她，但佳佳仍然不开心。从那之后，她开始变得沉默寡言、闷闷不乐，有时候明显的精神不振，一副没睡醒的样子，在家学习时也打不起精神。妈妈还发现，自那之后，佳佳的饭量明显地比以前减少了。

这几天，佳佳总说自己不舒服，不想去上学，妈妈要带她去医院，她也显得很不耐烦，不肯去。妈妈没办法，只好帮她跟老师请了假。在家里，佳佳也只是闷在自己的小房间里，只有吃饭的时候才出来。

妈妈看到佳佳这个样子很心疼，于是给班主任老师打了个电话，询问近期佳佳的情况。老师告诉妈妈，自从期中考试之后，佳佳就像是变了个人似的，整天沉默寡言、闷闷不乐的，下课也不和同学们一起玩耍，上课的时候还经常走神，学习成绩也开始下降。

事实上，佳佳是陷入了抑郁情绪。在日常生活中，我们难免有不开心的时候，比如考试没考好，失去了亲人，做错了事情，遭到了老师的批评，甚至是同学之间的小矛盾，这时我们往往会感到失落和无助、自责或内疚，因而情绪低落、沮丧，这就是抑郁。

与一般的悲伤反应不同，抑郁比悲伤，也比痛苦、羞愧、自责等任何一种单一的负面情绪更为强烈和持久，给人带来的影响更深重。

抑郁是一种很普遍的情绪，可以说人在一生中总有某段或长或短的时间生活在抑郁之中。处于抑郁状态的人，如果能进行调节，积极面对所遭遇的现实，接受丧失与悲伤的现实，就有可能克服抑郁情绪，重新适应环境，恢复正常的生活。

遗憾的是，许多人并没有意识到抑郁的危害，不能积极调整心态，长期（一般在 3 个月以上）笼罩在抑郁的阴影下无法自拔，影响到正常生活的能力，这时他们就是患上了抑郁症。因此，哈佛教授常常告诫自己的学生：要及时地调节自己的不良情绪。

近年的医学研究发现，抑郁症是最常见的心理疾病，在全世界的发病率约为 11%，所以有人把它称为"心灵的感冒"。从其高发病率和发生的不可预测性来说，这个比喻还算贴切，但是从它的危害来看，它比感冒要严重得多，需要引起人们更多的重视。研究发现，大约有 12% 的人在一生中会经历比较严重的抑郁症。在总统竞选失败以后，老布什曾经得了两个月的抑郁症；

在与莱温斯基桃色新闻沸扬的日子里，克林顿靠服用药物度过精神危机……
由此我们可以看出，不管是平民百姓，还是成功人士，世界上没有一个人对
抑郁症有免疫力。所以，对于抑郁症，我们要打足了十二分的精神对待它。
那么怎样才能调节抑郁的心理呢？以下有几种方法：

1. 转移思路。

当扫兴、生气、苦闷和悲哀的事情发生时，可暂时回避一下，努力把不
快的思路转移到高兴的思路上去。例如，换一个房间，换一个聊天对象，去
会一个朋友或有意上街去购物等。

2. 向人倾诉。

把心中的苦处倒给知心人并能得到安慰，心胸自然会像打开了一扇门。
即使面对不很知心的人，学会把心中的委屈不多不少地倾诉给他，也常能得
到心境立即阴转晴之效。

3. 亲近宠物。

遇到不如意的事时，主动与小动物亲近，小动物凭与主人感情的基础，
会逗主人欢乐，与小动物交流片刻便可使不平静的心很快平静。

4. 多舍少求。

俗话说："知足者常乐。"老是抱怨自己吃亏的人，的确很难愉快起来。
多奉献少索取的人，总是心胸坦荡，笑口常开。

别让焦虑啃噬你的健康

焦虑已成为现代人的通病。随着社会节奏的加快，人们越来越担心未来
的工作、生活，他们整天在焦虑中度过，从而无暇顾及享受眼前的美好生活。

人们为什么会面临如此多的焦虑，从自然界、社会、人的心理和认识活
动，以及人体的特征来分析，这些因素可以概括为：

1. 在工作、生活等方面追求完美。

生活稍不如意，就遗憾万分，心烦意乱，长吁短叹，老担心出问题，惶

惶不可终日。须知，世间只有相对完美，绝无绝对完美，世界及个体就是在不断纠正不足，追求真善美的过程中前进的。应该"知足常乐"、"随遇而安"，绝不做追名逐利的奴隶，为自己设置太多精神枷锁，让自己太累，把生命之弦拉得太紧。

2. 没有迎接人生苦难的思想准备，总希望一帆风顺。

人一降临人间，就会面临各种各样的磨难。没有迎接苦难思想准备的人，一遇到困难，就会惊惶失措，怨天尤人，大有活不下去之感。其实，"吃得苦中苦，才能甜上甜"，要学会解决矛盾并善于适应困境。

3. 意外的天灾人祸。

破产或死亡等会引起紧张、焦虑、失落感或绝望，假如碰到意外或不幸时，建议你正视现实，不低头，不信邪，昂起头前进，灾难是会有尽头的，忍耐下去，一定会走出困境。

4. 神经质人格。

这类人的心理素质差，对任何刺激均敏感，一触即发，会对刺激做出不相应的过强反应。他们承受挫折的能力差，自我防御本能过强，甚至无病呻吟、杞人忧天。他们眼中的世界，无处不是陷阱，无处不充满危险。如此心态，怎能不焦虑呢？

了解了焦虑形成的原因，我们就可以克服焦虑。通常情况下，可以这样排除焦虑：

1. 可以向自己信任的亲朋好友倾诉内心的痛苦，也可以用写日记、写信的方式宣泄，或选择适当的场合痛哭或大声喊出来。

2. 焦虑是人在应激状态下的一种正常反应，要以平常心对待，顺应自然，接纳自己、接纳现实，在烦恼和痛苦中寻求战胜自我的理念。

3. 无论是学习还是工作，没有目标就会茫然不知所措。要根据人生不同发展阶段确立目标，而且要适度。

4. 回忆或讲述自己最成功的事，从而引起愉快情绪，忘掉不愉快的事，消除紧张、压抑的情绪。

5. 积极参加文体活动。研究表明，音乐能影响人的情绪、行为和生理功能；不同节奏的音乐能使人放松，具有镇静、镇痛作用。

6. 多参加集体活动。在集体活动中发挥自己的优势，提高人际交往的能力。和谐的人际关系会使人获得更多的心理支持，从而缓解紧张、焦虑的情绪。

远离忧虑，你必须从心灵上放松自己。只有这样，你才能缓解生活的压力，从内心深处释放自己。

做自己的心理健康导师

有一个心理治疗师曾经说过，现代社会，每个人都会有一点心理问题。有的人比较严重，就可能出现心理抑郁、失眠等症状，重者则会出现抑郁症。有的人相对来说比较轻，表现的不是很明显，但是也会出现情绪上的波动，或者喜怒无常等状况。

也许是压力促成了人们的心理疾病，也许是性格的悲观导致了人们的抑郁，但是心理问题的出现总是有一定的原因的，也是可以预防的。所以我们一定要在疾病还没有恶化的时候，做好心理的疏导，让自己健康快乐起来。

众所周知，身体的生长发育需要充足的营养，其实心理的成长也一样，"心理营养"也非常重要。那么，对于人，重要的心理健康"营养素"有哪些呢？

1. 最为重要的精神"营养素"是爱。

爱永远伴随在人的生活左右。童年时代主要是父母之爱，童年是培养人心理健康的关键时期，在这个阶段，儿童若得不到充足和正确的父母之爱，就将影响其一生的心理健康发育。少年时代增加了伙伴和师长之爱，青年时代情侣和夫妻之爱尤为重要。中年人社会责任重大，同事、亲朋和子女之爱十分重要，它们会使中年人在事业家庭上倍添信心和动力，使生活充满欢乐和温暖。至于老年人，晚年时，子女的爱是幸福的关键。

2.重要的精神"营养素"是宣泄和疏导。

适度的宣泄具有治本的作用，当然这种宣泄应当是良性的，以不损害他人，不危害社会为原则。心理的负担长期得不到宣泄或疏导，会加重心理矛盾，进而成为心理障碍。

3.善意和讲究策略的批评，也是重要的精神"营养素"。

一个人如果长期得不到正确的批评，势必会滋长骄傲自满、固执、傲慢等毛病，这些都是心理不健康发展的表现。过于苛刻的批评和伤害自尊的指责则会使人产生逆反心理，遇到这种"心理病毒"时，就应提高警惕，增强心理免疫能力。

4.坚强的信念与理想也是重要的精神"营养素"。

信念与理想对于心理的作用尤为重要。信念和理想犹如心理的平衡器，它能帮助人们保持平稳的心态，度过坎坷与挫折，防止偏离人生轨道，进入心理暗区。

5.宽容也是心理健康不可缺少的"营养素"。

人生百态，万事万物不可能都能够顺心如意，无名火与萎靡颓废常相伴而生，宽容是脱离种种烦扰，减轻心理压力的法宝。

上述的方法，尽管是针对大众现象做出的一些总结，但是难免有疏漏。在生活中，我们要根据自己的实际情况，适当地做出调整，知道自己需要的是什么，就去做什么。这样我们才能根据自己的实际情况做出最恰当的调节，让自己成为一个心理健康的人。

与病态心理说再见

在一所医院的同一间病房中，有两个重病患者。一人靠窗，可以看到窗外的景物，他每天都会讲许多外面的故事给病友听。起初，后者静静地享受着这一切。有一天，远离窗子的人突然想："为什么不是我靠着窗子呢？"

这个念头一直缠绕着他。某天夜里，靠窗子的病人一直大声咳嗽，他无法摸到能叫来医生的求救按钮。而另一个人睁着眼想着怎么能靠着窗子，因此他一动不动。

第二天，医生与护士抬走了死去的靠窗病人。经过申请，另一个人的病床移到了窗边。他急忙探头，窗外只有一面秃墙。

死去的人是可敬的，他编造了美丽的故事来鼓舞同伴，而活下来的人极其冷酷、自私，最终也一无所获。

人生中，有各种病态心理阻碍着人与人之间的交流，如自私、猜疑、冷淡、嫉妒、自闭、自卑、胆怯、虚伪等。

有一个漂亮的女孩子，在她眼睛里，世界上没有能够让她满足的东西。她希望别人都能服侍她，做她忠实的奴隶；除自己坐享其成、得人宠爱、受人尊敬之外，对别人的艰难和痛苦，她毫不理会，更毫无同情之心。她何以如此呢？因为她的心理没有成熟。她的年龄虽大，然而她实际还是一个幼稚的孩子，因为她认为全世界的人都应当像她父母在她小时候溺爱她一样，宁愿自己受苦，也要满足她的欲望。她以这样的态度做人，哪里还可能得到人生的乐趣呢，她自然会觉得世界上没有一个人、一样东西能够使她满足。

交际中，病态心理常有以下几种：

1. 自私心理。有些人奉行"人不为己，天诛地灭"的原则，一切只考虑自身利益，不为别人着想。

2. 猜疑心理。有些人爱用不信任的眼光审视他人，常无端猜疑，说三道四。

3. 冷漠心理。有些人见事情与己无关，就冷漠看待，不闻不问。或者错误地认为言语尖刻、态度孤傲、高视阔步就是"性格"，致使别人不敢接近自己。

4. 嫉妒心理。有的人一见到别人取得成就，获得荣誉，内心就十分厌恶憎恨，不想如何努力，却挖空心思去伤害他人。

5. 自卑心理。有些人自己瞧不起自己，缺乏自信，办事无胆量，畏首畏尾，随声附和，没有自己的主见。这种心理如不克服，会损害人的社交能力。

6. 怯懦心理。主要见于涉世不深、阅历较浅、性格内向、不善言辞的人。由于怯懦，在社交中即使自己认为正确的事，经过深思熟虑之后，也不敢表达出来。

7. 虚伪心理。有的人把交朋友当作逢场作戏，见异思迁，处处应付，爱说漂亮话、虚假话。这种人与人交往只是做表面文章，因而没有感情深厚的朋友。

8. 互惠心理。带有这种心理倾向的人，在人际交往中往往以眼前的名利为目的，以能否从他人那里得到实惠（名利）为选择交际对象的标准，其交际活动带有明显强烈的市侩气息。在实惠与情义面前，他们选择了实惠，在物质与精神面前，他们摒弃了精神。

9. 逆反心理。有些人总爱与别人抬杠，以说明自己标新立异。对任何一件事情，不管是非曲直，你说好，他就说为坏；你说对，他就说它错，使别人对其产生反感。

以上这些病态心理会影响一个人的社会交往，如果不注意进行自我调节，那么不但会使自己失去朋友，严重的话，还会导致心理障碍，进一步发展成为心理疾病。

美国前总统罗斯福有一套严格的交际准则，这些准则对克服病态心理发挥了重大作用。

他的 10 项准则是：

1. 记住人的名字。如果你没做到这点，就意味着你对人不友好。

2. 平易近人，让别人跟你在一起觉得很愉快。

3. 要有大将风度，不为小事而烦恼。

4. 不要自高自大，做一个谦虚的人。

5. 培养广泛的兴趣和爱好，充实自己，使别人在与你的交往中得到一些有价值的东西。

6.检查自己，去除所有不良习惯和令人讨厌的东西。

7.不结冤仇，消除过去的或现在的与他人的冤情和隔阂。

8.爱所有的人，真诚地去爱他们。

9.当别人取得成绩的时候，去赞赏他们；当他人遇到挫折或不幸的时候，去同情他们，安慰他们，给他们以帮助。

10.精神上给人以鼓励，你也会得到他们的支持。

朋友，当你一步步地告别那些病态心理时，相信你将拥有多彩、快乐的人生。

为自己准备一颗健康的心灵

即使生活再艰难，你也不能使自己的心灵透支，只有心灵处于健康状态，你才有成功的机会。

保持一份良好的心态，培养一种健康的心理，不要去管成败如何。也许结果很糟，但那奋斗的过程绝对是美好的回忆，人生路上的收获和成功很多，这也是其中的一种。有了健康的心理，你会发现其实生活可以更美；有了健康的心理，你会发现成功其实翘首可望。

一个人如果在46岁的时候，因意外事故被烧得不成人形，四年后又在一次坠机事故后腰部以下全部瘫痪，他会怎么办？再后来，你能想象他变成百万富翁、受人爱戴的公共演说家及成功的企业家吗？你能想象他去泛舟、玩跳伞，还在政坛获得一席之地吗？

米契尔做到了这些，甚至有过之而无不及。在经历了两次可怕的意外事故后，他的脸因植皮而变成一块"彩色板"，手指没有了，双腿那样细小，无法行动，他只能瘫坐在轮椅上。意外事故把他身上65%以上的皮肤都烧坏了，为此他动了16次手术。手术后，他无法拿起叉子，无法拨电话，也无法一个人上厕所。但米契尔从不认为他的人生就此终结了，他说："我完全可以掌握我自己的人生之船，我可以选择把目前的状况看成倒退或是一个新起点。"6个月之后，他又能开飞机了！

米契尔为自己在科罗拉多州买了一幢维多利亚式的房子，另外也买了一架飞机及一家酒吧。后来他和两个朋友合资开了一家公司，专门生产以木材为燃料的炉子，这家公司后来变成佛蒙特州第二大私人公司。意外发生后4年，米契尔所开的飞机在起飞时又摔回跑道，把他的12块脊椎骨压得粉碎，腰部以下永久性瘫痪！"我不解的是为何这些事老是发生在我身上，我到底做错了什么，要承受这样的痛苦？"

但米契尔仍不屈不挠，他不让自己的心灵陷入迷茫、空虚和悲观的境地，日夜努力使自己能达到最大限度的独立自主。后来他被选为科罗拉多州孤峰顶镇的镇长，负责保护小镇的环境，使之不因矿产的开采而遭受破坏。米契尔后来也竞选国会议员，他用一句"不只是另一张小白脸"的口号，将自己难看的脸转化成一项有利的优势。

尽管面貌骇人、行动不便，米契尔却坠入爱河，并完成终身大事，同时拿到了公共行政硕士学位，并持续他的飞行活动、环保运动及公共演说。

米契尔说："我瘫痪之前可以做1万件事，现在我只能做9000件，我可以把注意力放在我无法再做好的1000件事上，或是把目光放在我还能做的9000件事上。告诉大家，虽然我的肉体不再健康，但是我有一颗健康的心灵。只要心灵健康，还有什么事做不了吗？"

即使生活再艰难，你也不能使自己的心灵透支，只有心灵处于健康状态，你才有成功的机会。

·第三节·

疏导情绪，让健康与你同行

掌握好情绪的转换器

生活在都市快节奏的生活当中，人的情绪难免波动起伏，遇上不顺心的事情难免会发点小脾气，这无可非议，但最重要的是能够适度控制一下，如果一味地放任自己的情绪，则会成为人生成功的一大障碍。

生活之中，我们感受周围的事物，形成我们的观念，做出我们的判断，无一不是由我们的心灵来进行的。然而，不好的情绪常常干扰我们的心灵，使我们出现种种偏差。因此，成功的人能成功地驾驭情绪，而失败的人让情绪驾驭，把许多稍纵即逝的机会白白浪费。

一名初探歌坛的歌手，他满怀信心地把自制的录音带寄给某位知名制作人。然后，他就日夜守候在电话机旁等候回音。

第1天，他因为满怀期望，所以情绪极好，逢人就大谈抱负。第17天，他因为情况不明，所以情绪起伏，胡乱骂人。第37天，他因为前程未卜，所以情绪低落，闷不吭声。第57天，他因为期望落空，所以情绪坏透，拿起电话就骂人。没想到电话正是那位知名制作人打来的。他为此而毁了期望，自断了前程。

覆水难收，徒悔无益。我们在为这名歌手深深惋惜的同时，也更深刻地明白了不良情绪带给人的危害。

据说一位很有名气的心理学教师，一天给学生上课时拿出一只十分精美的咖啡杯，当学生们正在赞美这只杯子的独特造型时，教师故意装出失手的样子，咖啡杯掉在地上摔成了碎片，这时学生中不断发出了惋惜声。教师指着咖啡杯的碎片说："你们一定为这只杯子感到惋惜，可是这种惋惜无法使咖啡杯再恢复原形。如果今后在你们的生活中发生了无可挽回的事时，请记住这只破碎的咖啡杯。"

这是一堂很成功的素质教育课，学生们通过摔碎的咖啡杯懂得了，人在无法改变失败和不幸的厄运时，要学会接受它，适应它。

被称为世界剧坛女王的拉莎·贝纳尔，就是这位心理学教师的得意学生。一次她在横渡大西洋途中，突遇风暴，不幸在甲板上滚落，足部受了重伤。当她被推进手术室，面临锯腿的厄运时，她突然念起自己所演过的一段台词。记者们以为她是为了缓和一下自己的紧张情绪，可她说："不是的！是为了给医生和护士们打气。你瞧，他们不是太一本正经了吗？"

威廉·詹姆斯说："完全接受已经发生的事，这是克服不幸的第一步。"接受无法抗拒的事实，既然是第一步，那么有没有第二步？有。拉莎手术圆满成功后，她虽然不能再演戏了，但她还能演讲。她的演讲，使她的戏迷再次为她而鼓掌。

拉莎·贝纳尔在面对无法抗拒的灾难时，能跳出焦虑、悲伤的圈子又跨上一个新的里程，这就是她的情绪"转换器"在起作用。

任何人遇上灾难，情绪都会受到影响。面对无力改变的不幸，我们要学会掌握好情绪转换器，学会安慰自我，忘掉它，一切都会过去。

适时发泄，不让怒气折磨自己

你是否动辄勃然大怒？是否让发怒成为你生活中的一部分？也许你会为自己的暴躁脾气大加辩护："人嘛，总有生气发火的时候。""我要不把肚子里的火发出来，非得憋死不可。"在这种借口之下，你不时地生气，也冲着他人生气，你似乎成了一个愤怒之人。

其实，并非人人都会不时地表露出自己的愤怒情绪，愤怒这一行为习惯可能连你自己也不喜欢，更不用问他人感觉如何了。因此，你大可不必对它留恋不舍，它不能帮助你解决任何问题。任何一个阳光、有所作为的人都不会让它跟随自己。

发怒固然有损健康，但怒而不泄同样对健康无益。英国一位权威心理学家认为，积蓄在心中的怒气就像一种势能，若不及时加以释放，就会像定时炸弹一样爆发，可能会酿成大灾难。正确的态度是发泄怒气，适度释放，学会把怒气转移到小事上，调整好自己的情绪。

毕林斯先生曾任全美煤气公司总经理达 30 年之久。他在总经理任期内，给人最深刻的印象，就是他对于许多小事常常会大发脾气，对于那些重大事情却镇静异常。

有一次，他乘车回家，下车时，把一盒雪茄遗落在车里了，不久他记起来，再返身去找，但早已不见了。

这包雪茄的价值，不过是 5 美分一支，对他而言真可算是微乎其微的损失，但他竟因此而气得面红耳赤、暴跳如雷，以致旁观者都以为他失去的是一件盖世无双的宝物。

后来有一次，他遭遇了数万倍于那次的损失，但他反而镇定异常。

那是全世界闹着经济恐慌的年代，毕林斯先生有好几天因为卧病在床，没有去公司办公。就在这几天里，有一家银行倒闭了，他凑巧在这家银行里有 3 万块钱的存款，结果竟成了"呆账"。等到他病愈后，听到这个消息，却只伸手搔了搔头发，然后沉思了一会儿，便说："算了，算了。"

阳光的人总是善于把怒气转移到他处：遇到一些感觉不快的小事时，可以发泄自己的怒气，直到自己的心境完全恢复为止。因为这样可以使他们永远保持开朗镇定的情绪，一旦遇到大事发生，他们就可以用全部精神从容地应付。否则，不论事情大小，遇到气便积在心里，等到面临更大的打击时，堆积多时的大小怒气，便都将如爆裂的气球一样，冲破了理智的范围，变得毫无自制的能力了。

更重要的是，怒气发泄后，就必须立即把心情宽松下来，这样你的脾气才算没有白白发作。反之，如果你发作后，仍然把这事牢记在心，不肯忘却，那你所获得的结果，一定将更糟，而且到处都难与人相处。

当你在日常生活中，如果与人接触时发生了一些不快，最好的选择是回到房间里静静地坐一会儿，甚至躺一会儿，到外面去散散步，用一切办法来消除你的烦恼，直到恢复你的好心情为止。

让自己的精神快乐起来

生活中确实存在着这样或那样的挫折和痛苦，但生活中并不缺少快乐，人生的快乐与否，有时完全在于心态和精神思想，正如某位国学大师所说的"精神的炼金术能使肉体痛苦都变成快乐的养料"。人生常常遭遇痛苦，但精神却可以改变它，使人乐观，使人能够苦中作乐。钱锺书在《论快乐》中说："洗一个澡，看一朵花，吃一顿饭，假使你觉得快活，并非全因为澡洗得干净，花开得好，或者菜合你的口味，主要因为你心上没有挂碍，轻松的灵魂可以专注肉体的感觉，来欣赏，来审定。要是你精神不痛快，像将离别时的筵席，随它怎样烹调得好，吃来只是土气息、泥滋味。"是的，一个人快乐与否，不在于他拥有什么，而在于他怎样看待自己所拥有的东西。生活是快乐的源泉，有了生活，快乐就不会枯竭。生活中并不缺少快乐，缺少的是发现快乐的眼睛，缺少的是感受快乐的心灵。

一个信徒问禅师："人们都说信佛能够解除人生的痛苦，但我信佛多年，却不觉得快乐，这是怎么一回事？"

禅师问他："你现在都忙些什么呢？"

信徒说："人总不能活得太平庸了吧，为了让门第显耀，我日夜操劳，心力交瘁。"

禅师笑道："怪不得你得不到快乐，你心里装满了苦闷和劳累，哪里还容得下快乐呢？"

这样的人在我们的生活中并不少见，他们常问："究竟快乐是什么？"许多人都在刻意追求所谓的快乐，其实，乐由心生，心随情移。快乐是一种心态，它与人的心境、心态密切相关。一个人生活得快乐与否，取决于自己内心的态度，而绝非外在表现。在追求快乐的过程中，得之越艰，爱之越深。你也许并不富有，但你有一个健康的身体；你也许没有超人的地位，但你有一个幸福美满的家庭；你也许并不出名，但你有宁静而不受干扰的生活……快乐的关键是你要用心去感受快乐。

尽管生活中也会有痛苦，可是只要我们认识到，痛苦是快乐的催生剂，心态就能把忍受变为快乐享受。残疾人也有自己快乐的生活哲学，他们不会因为自身生理的缺陷而失去原本生活所给予他们的快乐。态度就像磁铁，不论我们的思想是正面的还是负面的，我们都受它的牵引。而思想就像轮子一般，使我们朝一个特定的方向前进。我们虽然无法改变人生，但是我们可以改变人生观；我们虽然无法改变环境，但是我们可以改变心境。

所以，生活中的我们，千万不要轻视每天发生的小事，幸福和快乐往往与此相伴。快乐并非天外来客，生活中常常充满快乐，如果不珍惜每一刻时光，快乐就与你无缘。何必刻意地到处寻找快乐，其实快乐时刻在你身边；何必苦苦地等候快乐，快乐时刻要你去创造、去感受。让自己的精神快乐起来，我们才能怀着一份感激的心情去面对生活，去感谢每一缕阳光、每一棵大树、每一份关爱、每一次收获……让自己的精神快乐起来，我们才能用心灵去触摸快乐，让快乐充满我们的世界。

疏导压抑，给心灵松绑

压抑心理是一种较为普遍的病态社会心理。它存在于社会各年龄阶段的人群中，它与个体的挫折、失意有关，人继而产生自卑、沮丧、自我封闭、孤僻等病态心理行为。挫折与压抑感之间互为因果，形成一个恶性循环。压抑的心理就好像一条无形的绳索，将人们的精神紧紧抓牢，让人们每时每刻都觉得痛苦、压抑、无法释放自己。那么怎样才能疏导压抑，为自己的心灵解绑呢？具体方法如下：

1. 运动法。

压抑情绪能量的发泄的确是来势汹汹，好像不可阻挡。实际上，在一定控制范围内的适当宣泄，可以改善自己的情绪健康状态。比如，当你感到压抑时，不妨赶快跑到其他地方宣泄一下，干脆出去跑一圈，或做一些既能消耗体力又能转移自己思想的体育运动，踢足球或打篮球都是不错的选择。特别是在活动中与人的合作和接触，又让我们有了新的交流。当你累得满头大汗气喘吁吁时，你会感到精疲力竭，相信这时你的压抑情绪已经基本被抚平了。

2. 眼泪法。

对于压抑情绪的发泄，还有一种方法，就是在我们感到十分压抑时不妨大哭一场。哭，也是释放积聚能量，调整机体平衡的一种方式。在亲人面前的痛哭，是一次纯真的感情爆发，如同夏天的暴风雨，越是倾盆大雨越是晴得快。许多人在痛哭一场之后，觉得畅快淋漓，压抑的心情也会随着泪水的流落而减少许多。为什么会这样呢？经过研究，科学家发现奥秘在于眼泪。美国生物学家曾挑选了一批志愿者，组织他们观看一些令人悲痛欲绝的电影或戏剧，并要求他们在痛哭时把事先发放的试管放在眼睛下面，将眼泪收集起来。他们发现，在哭泣以后，心动过速、血压偏高者病情均有不同程度的减轻。经过化学分析得知，原来在这些流出的眼泪中，含有一些生物化学物质，正是这些生化物质能引起血压升高、消化不良或心率加速。把这些物质排出体外，对身体当然是有利的。

3. 倾诉法。

倾诉，是缓解压抑情绪的重要手段。当一个人被心理负担压得透不过气来的时候，如果有人真诚而耐心地来听他的倾诉，他就会有一种如释重负的感觉。所谓"一吐为快"正是这个道理。对此，现代心理学中有"心理呕吐"的说法。美国心理学家罗杰斯认为，倾听不仅能使听者真正理解一个人，对于倾诉者来说，也有奇特的效果，心理上会出现一系列的变化。他会感觉到他终于被人理解了，内心有一种欣慰之感，进而使压抑感得到缓解，心理上似乎感到一种解脱，还会产生某种感激之情，愿意说出更多心里话，这便是转变的开始。一个人如能从混乱的思绪中走出来，换一个角度去思考问题，重新审视自己的内心世界，那些原来以为无法解决的问题，就会迎刃而解。

4. 宣泄法。

如果以上几种方法对你均没有产生效果，那么你就必须寻求心理医生的帮助了。心理医生会引导人们把自己心中的积郁倾吐出来，这称为宣泄疗法。宣泄疗法在现实表现中有一定的功效。当人们把自己的压抑情绪体验宣泄出来时，不仅能减轻宣泄者心理上的压力，也能减轻或消除他们的紧张情绪，容易使发泄者恢复平静的心情。在生活中，我们经常可以看到有些心胸开阔、性情爽朗的人，他们心直口快把自己的压抑情绪诉说出来，便不再愁眉苦脸了。所以，这种人的心理问题往往能获得及时解决。可是我们也常看到一些心胸狭窄的人，爱生气，心中总是闷闷不乐，由于心理压抑长期得不到解决而容易产生心理疾病。

紧张，会让精神"上火"

紧张这种情绪对于大多数人而言并不陌生。人长时间处于紧张状态就容易导致心理疲劳，使人动作失调、失眠多梦、记忆力减退、学习工作效率下降等。如果得不到及时纠正与疏导，直至超越心理警戒防线，它就会像慢性中毒那样，当其达到一定量时，就会让我们的精神总是处于焦灼的状态，会使我们的健康受到严重损害。

所以，每个人都应在平时注意消除自己的紧张情绪，一旦由于心理压力过大而感到疲劳不堪时，切不可等闲视之。在找准原因，探求合理解决办法的同时，请按如下方法进行自我调节的松弛练习，它将会使你受用无穷，给你的身心带来无限的乐趣与益处。

1. 开怀大笑。它既可以消除紧张也可以带来愉快。

2. 高谈阔论。它可以使你转移注意力。

3. 放慢生活节奏，把一些琐事安排在日程表中。

4. 在 0℃以下的气温中"冷冻"3 分钟，这样可以提升大脑的清醒程度，使头脑更镇定和冷静，从而使紧张情绪得到缓解。

5. 冷静地处理各种复杂问题，这也有助于舒缓你的紧张情绪。

6. 碰到各种困难和挫折时，要想到既然昨天及以前的日子都过得去，那么今天及往后的日子也会"车到山前必有路"。

7. 想入非非。一般来说，通过想象自己喜欢与热爱的地方，把思绪集中到所想地方和东西的"看、闻、听"上，会起到放松精神的作用。所以，当你正在为即将当众演讲而紧张时，不要考虑与此相关的一切问题，幻想自己是一只身轻似燕的小鸟在天空自由自在地飞翔，幻想自己置身于大海之中劈涛斩浪奋击中流，幻想自己在百花盛开的公园中欣赏着百花仙子的优美舞姿，等等。通过这一切，调节自己的呼吸及心跳速度，不断提醒自己唯有保持心平气和，方可镇定自如。

8. 收听音乐、观看球赛。即使你没有听音乐的习惯，你也应该尝试在精神紧张的时候，打开录音机、收音机，欣赏一下曲中的情怀和美妙的旋律，并试着在自己的心中对它做出评价。假若你自己能高歌一首，不管是自己清唱，还是与他人合唱或用卡拉 OK 伴唱，都将更加有效地使你的精神得到放松。你如果是一个球迷的话，那么当你情绪紧张时，没有比观看一场精彩纷呈的球赛更能缓解紧张的了。

综上所述，疏导紧张情绪的方式有很多种。人们完全可以根据自己的需要，选择合适的方法，缓解自己的紧张情绪。当紧张的情绪逐渐消除的时候，自己给自己的压力也会逐渐地减少，心灵轻松了，身体自然不会再显示出那么多的疲惫。

所以，紧张的情绪消除的时候，健康也就逐渐向你靠拢了。

消融冷漠，去除人体"毒素"

冷漠，就如同在人体内注入了"毒素"，其中的痛苦是让人难以忍受的。孤独、冰冷、无助的感觉，会让人感觉到无法适从。拥有冷漠的心理的人，会对什么事情都不感兴趣，做什么事情都觉得无味，而且内心很脆弱、很孤独，总是觉得世间很大，却没有自己的容身之所。而这样的想法，时常会让人产生悲观和厌世的情绪。可是怎样才能消除冷漠的心态呢？答案是热情，热情是消融冷漠的一剂良药。

1. 肯定热情。

永远也不要失去应有的热情。若你能保有一颗热情之心，那么，冷漠就会消融，就会给你带来奇迹。

两个具有相同才能的人，必定是那个更具热情的人会更受欢迎。

许多人都或多或少有些自卑感，常常低估了自己，对自己失去信心，缺少热情。每个人都应该相信自己的健康、精力与忍耐力，这种自信会给予你极大的帮助。热爱自己，肯定自己的热情，就会帮助你获得成功。

2. 培养热情。

消融冷漠需要培养热情。培养热情需要遵循以下几个步骤。

（1）深入了解每个问题。要对什么事情都具有热情，要学习更多你目前尚不热爱的事物。了解越多，越容易培养兴趣。有兴趣就会有热情，自然就驱赶了冷漠。

（2）做事要充满热情。你热心不热心或有没有兴趣，都会很自然地在你的行为上表现出来，没有办法隐瞒。

比如，与人打招呼，眼睛要配合你的微笑才好，当你对别人说"谢谢你"的时候，也要真心实意、充满热情。

3. 满足他人愿望。

每一个人，无论默默无闻或身世显赫、文明或野蛮、年轻或年老，都有成为重要人物的愿望。这种愿望是人类最强烈、最迫切的一种目标。只要满足别人的这项心愿，使他们觉得自己重要，你就会因为减少冷漠变得热情起来，同时，你也会因此而很快步上成功的坦途。

4. 采取热情行动。

热情就是将内心的感觉表现到外面来。让我们以热情面对社会，面对工作，面对生活，世界才能消除冷漠而更加温馨。

5. 振奋精神。

热情，是指一种热烈的精神特质深入人的内心里。你如果内心里充满要帮助别人的愿望，你就会一扫冷漠，兴奋不已。你的兴奋从你的眼睛、你的面孔、你的灵魂，以及你整个行为方面辐射出来。你的精神振奋，也会鼓舞别人。

6. 充满活力。

如果一个人充满了活力，他的精神和情感也会充满了活力。充满活力的人斗志昂扬，精神抖擞，精力充沛，不畏艰险，不惧困难，坚持不懈，始终如一，绝不会冷漠处世。

7. 语言鼓励。

教练用语言来鼓舞球队，业务员用语言来推销商品。这种语言无疑就是团体奋进的助力器。自己对自己进行精神鼓励虽然并不普遍，但是却极为有效。在做任何事前，来段语言方面的精神鼓励，以鼓舞自己，消除冷漠，必定会收到奇效。

8. 多交流。

交流不仅是克服冷漠的良方，也是攻克一切情感障碍的武器。愿君多用之，此方最见效。

9. 接触大自然。

孤独、冷漠时，不妨跨上自行车去郊外转一圈，呼吸新鲜空气，消除胸中的苦闷和忧郁。

10. 欣赏艺术。

无论是文学、音乐或美术，都蕴含着让人不得不折服的魔力。你如果爱上了这些无生命的东西，难道还会一味沉浸于冷漠之中吗？

以上的方法尽管不一定能够彻底消除冷漠的心理，但至少也会减缓对什么都不感兴趣的心理，让人们逐渐寻找到生活的乐趣。

·第四节·

自己是最好的心理医生

自闭症的自我调适

14 岁的王羽是一个思维敏捷的孩子，他记忆数字的能力堪比一部掌上电脑，在拆装机器方面也很有天分，但是所有的活动他都是独自完成，从不与人交流。在医生试图与他沟通时，他坐在沙发上，翘着两脚，正忙着玩游戏机，头也不抬。过了一会儿，他又丢下游戏机，开始吹肥皂泡，还跑到屋子外边大力敲窗户，一直当医生是透明的。最后，他终于开口说话了，但是沟通并不顺利。他跟医生说了句："我要把你的衣服扒下来。"其实，他只是想表达希望医生脱下外套，并且他似乎觉得这样用词没什么不妥。医生通过对王羽的动作、语言等方面的观察，最后，确诊王羽为一名自闭症患者。

自闭症是一种心理行为的病态表现，其特点是将自我封闭起来，大多表现为心情抑郁、苦闷，缺乏自信心，没有朋友，没有社交活动，对一切活动都没有兴趣，对未来失去希望，意志薄弱，生活懒散，逐渐丧失意识的主观能动性，陷入深深的心理困惑之中不能自拔。

那么，如何走出自闭症这个"套子"呢？如下方法或许能为你提供一些答案。

1. 要勇于正视自我。

生活工作中要正视自己，正确面对挫折，遇事镇静自若，勇于体现自我，挖掘优点，树立自信心，走出自我封闭的小圈子，投身到社会生活中去。

2. 转移注意力。

许多自闭症患者常常喜欢把注意力集中到某一点、某一特定的具体事物上，因而导致对外界、对他人的冷漠和自闭。只要注意培养自己在其他方面的兴趣和爱好，转移注意力，在大脑中建立新的兴奋点，自闭症就会很快消失。

3. 以积极的态度对待生活。

树立正确的生活目标，既对明天充满希望，又珍惜每一个今天。正确对待挫折与失败，以"失败为成功之母"的格言来激励自己，信念不动摇，行动不退缩。乐于与人交往，加强信心与情感的交流，促进相互间的友谊与理解，得到勇气和力量。增强适应能力，培养广泛的兴趣爱好，保持思维的活跃。

4. 敞开心扉，结交挚友。

遇见可结交的朋友，务必要用真诚的心爱他们，像爱你的父母或子女一样。不可盛气凌人地对他们，不可听信谗言远离他们。要有福同享，有难同当。这样，你才能得到真正的朋友。真诚友好、相互关心的人际关系，会带来好心情。

5. 亲近给你"良药"的人。

要尊重而且亲近那些经常规劝责备你，引导你行正路的人，他们这样帮助你，就证明他们是真爱你，也许你感觉他们有些可怕，有些讨厌，有些不顺你的意思，但这就是他们可爱可敬的地方，也就是他们于你有益的地方。正所谓"良药苦口利于病，忠言逆耳利于行"。对于那些看见你行不正的路，做不义的事时，不但不劝阻你，反而推波助澜的人，或是为你设恶谋，引诱你行邪恶之事的人，你应当像躲避毒蛇和瘟疫一样离他们远远的。

6. 告诉自己：没有十全十美的人。

有些人经常将自己和他人比较：比较工作，比较成就，比较外形，比较能力，然后在比较的落差中失落、自卑。须知，没有一个人是十全十美的。

7. 在心里撒一颗自信的种子。

心理学中有这样一个著名的实验。一个女孩长相很丑，因此对自己缺乏自信心，不爱打扮自己，整天邋邋遢遢的，做事也不求上进。心理学家为了改变她的心理状态，让大家每天都对丑女孩说"你真漂亮""你真能干""今天表现不错"等赞扬性的话语。经过一段时间的努力，人们惊奇地发现，女孩真的变漂亮了。其实，她的长相并没有变，而是精神状态发生了变化。她不再邋遢了，变得爱打扮，做事积极，爱表现自己了。怎么会发生这么大的变化？其根源正在于自信心。因为女孩对自己有了自信，所以使大家觉得她比以前漂亮了许多。

自信是人生不竭的动力，它能帮你战胜自卑和恐惧。你相信自己会成为什么样的人，并且去做了，你当然就会成为你希望的那个人。

8. 在社会交往中开放自我。

现代社会要求人不仅要"读万卷书，行万里路"，而且还要"交八方友"。交往能使人的思维能力和生活机能逐步提高并得到完善，交往能使人的思想观念保持新陈代谢，交往能丰富人的情感，维护人的心理健康。

只有开放自我，表现自我，才能使自己成为集体中的一员，享受到人间的快乐和温暖，而不再感到孤独与寂寞。一个人的发展高度，取决于自我开放、自我表现的程度。谁敢于开放，谁敢于表现，谁就能得到更好的发展，因此要改变封闭状态。

强迫症的自我调适

李方栋是某修配厂的一名工人，平时非常怕脏，只要别人碰过的衣物就丢弃，只要手碰了一下某种东西，就洗刷不止。三年前李方栋刚去工厂不久，生活上有些不适应，热心的老工人袁师傅对他比较关心，在生活上关照他，业务上指导他，因此关系比较密切。某次业务考试，李方栋不及格，内心紧张，后听人说袁师傅曾患有"肝炎"，因而更紧张，怕传染上"肝炎"，于是将所有被袁师傅接触过的衣物器皿丢掉，被袁师傅碰过的东西，如自己再碰着就不断地洗手，洗到双手发白，皮肤起皱才罢休，否则就会内心紧张不已，甚至感到思维都不灵活了。他明知这样洗是不必要的，但无法控制自己。在朋友的劝说下，李方栋去找心理学专家进行咨询，经诊断他患上了强迫症。

强迫症又称强迫性神经症，是病人反复出现的明知是毫无意义的、不必要的，但主观上又无法摆脱的观念、意向的行为。其表现多种多样，如：反复检查门是否关好，锁是否锁好，常怀疑被污染，反复洗手，反复回忆或思考一些不必要的问题，出现不可控制的对立思维，担心由于自己不慎使亲人遭受飞来横祸，对已做妥的事，缺乏应有的满足感……

对于强迫症的发病原因，一般认为主要是精神因素。现代社会压力大，竞争激烈，淘汰率高，在这种环境下，内心脆弱、急躁、自制能力差或具有偏执性人格或完美主义人格的人很容易产生强迫心理，从而引发强迫症。通常，他们会制订一些不切合实际的目标，过度强迫自己和周围的人去达到这个目标，但总会在现实与目标的差距中挣扎。此外，自幼胆小怕事、对自己缺乏信心、遇事谨慎的人在长期的紧张压抑中会焦虑恐惧，易出现强迫症行为。

需要指出的是，像反复检查门锁这种强迫心理现象在大多数人身上都曾发生过，如果强迫行为只是轻微的或暂时性的，没有使当事人感觉痛苦，也不影响正常生活和工作，就不算病态，也不需要治疗。如果强迫行为每天出现数次，且干扰了正常工作和生活，当事人就可能是患了强迫症，需要治疗了。

专家介绍，"强迫症"并不可怕，关键在于你能否勇敢理智地面对它，战胜它，让它再也"强迫"不了你。如果你有此决心，请你不妨试试以下几种方法进行自我调适。

1. 顺其自然法。

任何事情听其自然，该怎么办就怎么办，做完就不再想它，有助于减轻和放松精神压力。如好像有东西忘了带就别带它好了，担心门没锁好就没锁好了，东西好像没收拾干净就任它脏着乱着。经过一段时间的努力来克服由此带来的焦虑情绪，症状是会慢慢消除的。

2. 夸张法。

病人可以对自己的异常观念和行为进行戏剧性的夸张，使其达到荒诞透顶的程度，以致自己也感到可笑、无聊，由此消除强迫性的表现。

3. 活动法。

病人平时应多参与一些文娱活动，最好能参加一些冒险和富有刺激的活动，大胆地对自己的行动做出果断的决定，对自己的行为不要过多限制和评价。在活动中尽量体验积极乐观的情绪，拓宽自己的视野和胸怀。

4. 系统脱敏法。

先学会放松的方法，然后由易到难列出强迫性行为的次数和激怒情境，再对每种情境下的强迫行为逐渐进行放松脱敏。就洗手而言，应一步步地减少洗手次数，增加脏物的刺激量，依次执行下去。

5. 自我暗示法。

当自己处于莫名其妙的紧张和焦虑状态时就可以进行自我暗示。比如："我干吗要这样紧张？一次作业没做是没有关系的，只要向老师讲清原因就可以了。就是不讲，老师也不会批评；就是批评了，又有什么好紧张的，只要虚心听取下次改正就可以了，何必那样苛求自己呢？谁没有犯过一点过失呢？"

6. 满灌法。

满灌法就是一下子让你接触到最害怕的东西。比如说你有强迫性的洁癖，请你坐在一个房间里，放松，轻轻闭上双眼，让你的朋友在你的手上涂上各种液体，而且努力地形容你的手有多脏。这时你要尽量地忍耐，当你睁开眼，发现手并非你想象的那么脏，对思想会是一个打击，即不能忍受只是想象出来的。若确实很脏，你洗手的冲动会大大增强，这时你的朋友将禁止你洗手，你会很痛苦，但要努力坚持住，随着练习次数的增加，焦虑便会逐渐消退。

7. 当头棒喝法。

当你开始进行强迫性的思维时，要及时地对自己大声喊"停"。如果你在自我控制的过程中遇到困难，请别忘了向你身边的朋友或心理学家寻求帮助，大喊一声："我不要受'强迫'！"

癔症的自我调适

癔症又称歇斯底里症，是神经官能症中的一种类型。它是因心理——社会刺激引起的，其典型的症状是患者自己认为失去身体某部分的功能，而且也确实表现出身体某一部分功能的丧失。如有的人认为自己失聪、失听、失语、肢瘫了，确实就表现出失聪、失听、失语、肢瘫的症状。但各种检查又表明其根本没有相应器官的损伤或病变。其症状轻重、持续时间长短与暗示相关联。

癔症多发病于 16 ~ 30 岁之间，女性多于男性。

癔症的病症一般表现为以下方面：

1. 感觉障碍。

（1）感觉缺失。各种浅感觉减退和消失，有多种表现形式，如全身型、半侧型、截瘫型、手套或袜套型等，以半侧型多见，麻木区与正常侧界限明确，或沿中线或不规则分布，均不能以神经系统器质性病变规律来解释。

（2）感觉过敏。表现为某些皮肤过敏区的存在，此时，即使轻微的触摸亦可引起剧烈疼痛；有的病人在咽部有梗阻感，但用喉镜检查则正常；有的病人则是头部有紧压感，皮肤感觉异常或各种内感受性不适。

（3）特殊感官功能障碍。有突发性耳聋、视野缩小（管型视野，又称管窥）、弱视或失明、嗅觉和味觉障碍等。

2. 躯体化障碍。

（1）呕吐：多为顽固性呕吐，食后即吐，吐前无恶心，吐后仍可进食，虽长期呕吐，但并不引起营养不良。消化道检查无相应的阳性发现。

（2）呃逆：呃逆发作顽固、频繁，声音响亮，在别人注意时尤为明显，无人时则减轻。

（3）过度换气：呈喘息样呼吸，虽然发作频繁而强烈，但无紫绀与缺氧征象。

3. 精神障碍。

（1）情感爆发。在精神因素作用下急性发病，表现为哭笑、喊叫、吵闹、愤怒、言语增多等，常以唱小调方式表达内心体验。情感反应迅速，破涕为笑并伴有戏剧性表情动作。发作持续时间常受周围人言语和态度的影响。发作时有轻度意识模糊，发作后能部分回忆。

（2）遗忘症。以对引起精神创伤事件的局限性遗忘较多见，对既往经历和全部遗忘见于战时癔症。

（3）神游症。不仅记忆丧失，而且从原地出走，被发现时，则否认全部经历，甚至否认自身的身份。神游现象除癔症外，尚可见于癫痫病病人。

（4）癔症性神鬼附体。常见于农村妇女，发作时意识范围狭窄，以死去多年的亲人或邻居的口气说话，或自称是某某神仙的化身，或称进入阴曹地府，说一些"阴间"的事情，与迷信、宗教或文化落后有关。

（5）癔症性精神病。病人表现情绪激昂，言语零乱，短暂幻觉、妄想，盲目奔跑或伤人毁物，一般历时 3 ~ 5 日即愈。

如何对癔症进行有效调节呢？专家建议运用以下几种方法进行自我

调适：

1.情绪高涨时，借助静坐或者冥想，使心情平静。

不要以自我为中心，必须正确了解周围的人，并反省自己的言语行为。利用静坐，想想是否曾经希望自己比他人更引人注目？是否希望自己永远都是话题的中心？别人说话时，是否会打断他人的讲话，自己抢着说？当自己的希望无法达成时，会不会归咎于他人，请真诚、坦白地自我反思，让心灵活跃起来，不在意一切事情，静静地度过这段时光。养成心平气和的习惯，通过静坐、冥想，了解自己的心理状态，才能使心理健康。

2.反省自己的言行、行为是否太轻浮。

睡觉前，客观地回想自己一天的言行，站在他人的立场，想想他人对自己这种言行的接受程度如何。为什么当时会出现那种行为？为什么当时会说那番话？为什么对方会生气？为什么自己会生气？冷静地思考，仔细想想自己的表现是否过于轻浮、任性或者自私自利。

再面对那种场面时，一定要控制自己的情绪，学会忍耐，即使精神上受到很大的打击，也不要说出口，应该以正常的行动代替自己任性的行为。

3.借助阅读，提高自己。

为了拥有正常人对于人生的看法、与人交往的方式、工作方法等，必须阅读有关的书籍，也可以写日记，反省自己一天的生活，整理自己一天的情绪，想想应该如何面对他人，同时分析自己内心深处的欲求、不满及烦恼等。

为了正确地适应社会，必须充分了解自己感情的动态，不要被自己的情绪所左右，有时候必须控制自己的欲求。阅读好的书籍，会使你的心灵更丰富。

神经衰弱的自我调适

很多人都可能听说过神经衰弱这个病名。有的人说睡眠不好是患了神经衰弱，有的人记忆力差就怀疑自己患了神经衰弱，也有的人认为自己精力不足，也是患了神经衰弱……众说纷纭，似是而非。但究竟什么是神经衰弱呢？

我国精神病学家经过长期的调查研究认为，神经衰弱症是精神科的一种常见病、多发病，病人常感脑力和体力不足，容易疲劳，工作效率低下，常有头痛等躯体不适感和睡眠障碍。据统计，神经衰弱症病人占内科门诊人数的 10.8%，占神经精神科发病人数的 40%。在神经衰弱症的门诊病人中，女性病人也明显多于男性病人。

神经衰弱症病人一般以脑力劳动者居多，且多为青壮年。因此，只要有与疾病做斗争的愿望和决心，从解决认识问题入手，并在行为上进行自我调适，完全可以依靠自己的力量恢复健康。

1. 消除紧张情绪，减轻心理压力。

要放松心情，面对压力要从容，要认识到症状是一种信号，应该先冷静地分析一下，这种情绪紧张和心理压力来自何方。适当降低自己的奋斗目标，要量力而行，要把目标确定在自己能充分发挥潜能，而又不导致精神崩溃的限度之内。将目标降低，轻装前进，能收到出人意料的好结果。

2. 自我锻炼法。

神经衰弱是能够治愈的，虽然需要较长时间。合理安排生活，改变不良习惯，起居定时，生活有序，劳逸结合，加强体育锻炼和工作学习的计划性，并积极配合医生，是治疗神经衰弱的主要环节。下面介绍一些具体的方法，供参考。

（1）自我按摩法

有头痛者，可擦颜面，按摩太阳穴；有头晕者，可加用"鸣天鼓"手法；有失眠、心悸者，可于临睡前擦涌泉穴。具体操作方法如下：

鸣天鼓：两手心掩耳，食指放在中指上，然后让食指滑下，弹击脑后（风池穴附近）20～30次，可听到击鼓样的声音，这对减轻头昏、头痛有一定作用。

擦涌泉：两手搓热后，用右手中间三指擦左足心，至足心发热为止，然后依法用左手擦右足心。一般以擦 4 次为佳，按摩这个穴位，有助于失眠、心悸症状的缓解。

（2）冷水浴

冷水的刺激有助于强壮神经系统，增强体质。因此，神经衰弱病人适宜于洗冷水浴，在早晨起床后进行。早期先用温水擦身，经过一段时间锻炼，习惯以后改用冷水擦身，最后用冷水冲洗或淋浴，每次 30 秒到 1 分钟左右。从夏天起可以参加游泳，如能坚持到秋冬，效果更佳。

（3）散步和旅行

根据实验研究，神经衰弱病人进行较长距离（2 ～ 3 公里）的散步，有助于调整大脑皮质的兴奋和抑制过程，使精神振作、心情舒畅、头痛减轻。

（4）优化你的睡眠

要想改善睡眠，首先要养成良好的睡眠习惯，注意生活有规律。晚饭不宜过饱，临睡前不要进食，不饮用具有兴奋作用的饮料，不要进行大运动量的体育锻炼，不听节奏感太强的音乐等，不睡觉时尽量不进入卧室，没有睡意时不上床。

3. 药膳改善法。

在我国医学宝库中，有不少关于药膳的论著，积累了丰富的经验，是一项宝贵的医学遗产，数千年来为我国人民和世界人民的保健事业做出了很大的贡献，至今对不少慢性疾病的防治，仍有很大的实用价值。现就有关改善神经衰弱的药膳配方介绍如下。

（1）桂圆红枣粥。

桂圆 15 克、红枣 5 ～ 10 枚、粳米 100 克，煮粥。有养心、安神、健脾、补血之功效。适用于心血不足，有心悸失眠、健忘乏力和自汗盗汗的病人。

（2）百合粥。

用百合 30 克，先用清水浸泡半日，去其苦味，再加大米 50 克，共煮至米熟有清香气味，加冰糖适量，早晚各服一次。百合内含有少量淀粉、脂肪、蛋白质、微量生物碱（秋水仙碱），具有清热养阴、润肺安神的功能，是治疗神经衰弱的有效药物。

（3）糯米山药莲子粥。

鲜淮山药 90 克（切片）、莲子 30 克、粳米 250 克，共煮粥，加少许糖渍桂花，即可服食。有补中益气、健脾养胃、宁心安神之效。

（4）桂圆莲子汤。

取龙眼肉 15 克、莲子米 15 克，同时放进瓦锅内，加水后煮成汤汁，添入适量的冰糖，每天早晚各食一次，可长期坚持，无不良反应。有养心、宁神、健脾、补肾的功效。对心血虚亏的失眠、心悸、自汗、神志不安、食欲不振有一定治疗效果。

恐惧症的自我调适

恐惧症又称恐怖性神经症，是以恐怖症状为主要临床表现的神经症。恐怖对象有特殊环境、人物或特定事物，每当接触这些恐怖对象时即产生强烈的恐惧和紧张的内心体验。病人神志清醒，明知其不合理，但是一旦遇到相似情境时，就会反复出现恐怖情绪，无法自控，并且产生回避行为。脱离该情境，症状就会逐渐缓和消失，间歇期基本如常。

恐惧也是一种正常情感成分。恐惧性情绪反应是一种具有自我防护，回避危害，保证生命安全的心理防卫功能，人皆有之。例如人们对黑暗、僻静处、高空环境、毒蛇猛兽都可能产生恐惧性回避反应。儿童、女性、胆小者和某些心理缺陷者，恐惧心理尤为明显。恐怖症病人呈现异常的、强烈的恐惧和紧张不安，假若不予治疗，症状越来越重，恐怖对象和内容有泛化倾向，影响生活质量和社会功能。

心理医生治疗恐怖症有许多种方法，常用的有认知疗法、行为疗法和强迫疗法。认知疗法对患者的刺激强度最弱，强迫疗法最强。

认知疗法是通过解释、疏导，告诉病人他之所以对某种物体、情境或人恐惧，是因为他自己的主观意念。如社交恐惧，就是自己的一种强迫性的消极观念占上风，总担心与别人谈话、交往，别人会嘲笑或看不起自己，不管事实上是否真如此，总觉得很不自在、很尴尬、很恐慌。所以，要消除恐怖症，就要勇敢地面对引起恐怖的事物，学会控制、调节自己的害怕情绪。

行为疗法主要采用系统脱敏法。所谓系统脱敏法也称缓慢暴露法，是一种常用的行为治疗方法。其基本原则是交互抑制，即每次在引发焦虑的刺激物出现的同时，让病人做出抑制焦虑的反应，这种反应就会削弱，最终切断刺激物同焦虑反应间的联系。采用系统脱敏法治疗恐怖症要求有计划、有目的地指导、鼓励病人去接触使他产生恐惧的人群、事物或情境，即使病人暂时会产生恐惧，也要忍受和适应，直到恐惧情绪全部消失为止。此法可以在医生指导下进行，也可以进行自我脱敏训练。

强迫疗法实际上是行为疗法的一种。医生会让病人站在车水马龙的大街上，或者站在自己很惧怕的异性面前，总之是直接面对患者恐惧的对象，利用巨大的心理刺激对病人进行强迫治疗。这种方法必须由富有经验的心理医生在对病人做出谨慎的评估后进行。因为强迫疗法对病人的心理刺激非常强烈，容易使病人产生其他心理疾病，但是疗效非常显著。

药物治疗主要是针对恐怖症所引起的焦虑和忧郁情绪。三环类抗忧郁剂可以减轻空间恐怖症的症状，但病人一旦停止服药则有较高的复发率。故药物治疗只是一种辅助疗法。